乌兰布和沙漠绿洲化过程与防护林研究

郝玉光
包岩峰 ◎ 著

Study on Process of Oasification
and Shelterbelt Construction
in Ulan Buh Desert

中国林业出版社
China Forestry Publishing House

内容简介

本书系统、全面地介绍了乌兰布和沙漠绿洲化过程及防护林防风效益相关研究。共分 13 章，第 1~2 章介绍了绿洲的概念、分类，国内外研究进展及研究区概况；第 3 章对乌兰布和沙漠东北部人工绿洲的演变历史进行了详细阐述；第 4 章分析了磴口县绿洲化与荒漠化景观格局变化；第 5 章系统阐述了人工绿洲外缘天然植被变化及其生态作用；第 6~7 章利用野外观测方法对绿洲几种典型的防护林防风效果进行了系统研究；第 8~10 章重点利用风洞模拟方法对单行林带、单个林网、多个林网叠加的防护林进行系统研究；第 11 章对绿洲典型研究区小气候与土壤质量进行动态分析；第 12 章阐述了绿洲防护林体系建设对风尘天气的抑制与降减作用；第 13 章为结论。

本书是国家自然科学基金青年科学基金项目"梭梭人工林配置结构对防风固沙效果的影响及机理"（31600581）、"十二五"国家科技支撑计划课题（2012BAD16B01）、中央级公益性科研院所基本科研业务费专项资金资助（CAFYBB2017ZE005）、国家重点研发项目"风沙入黄防治关键技术研究与示范"（2016YFC0501004）研究成果的总结。

本书可供生态学、林学、水土保持与荒漠化防治、气象、土壤、环境保护等方面的科技工作者及从事相关领域的工作人员参考，也可供高等院校相关专业的师生参考。

图书在版编目（CIP）数据

乌兰布和沙漠绿洲化过程与防护林研究／郝玉光，包岩峰著．

—北京：中国林业出版社，2020.11

ISBN 978-7-5219-0462-8

Ⅰ．①乌… Ⅱ．①包… Ⅲ．①乌兰布和沙漠–防护林–造林–研究

Ⅳ．①S727.2

中国版本图书馆 CIP 数据核字（2020）第 021140 号

中国林业出版社·自然保护分社（国家公园分社）

策划编辑：刘家玲

责任编辑：刘家玲　宋博洋

出版　中国林业出版社（100009　北京市西城区德内大街刘海胡同 7 号）

　　　　http：//www.forestry.gov.cn/lycb.html　电话：（010）83143625

印刷　河北京平诚乾印刷有限公司

版次　2020 年 11 月第 1 版

印次　2020 年 11 月第 1 次

开本　787mm×1092mm　1/16

印张　16.75

彩插　12P

字数　360 千字

定价　90.00 元

前言 PREFACE

中国是受风沙和荒漠化严重危害的国家之一，全国荒漠化土地面积 261.16 万 km²，沙化土地面积 172.12 万 km²，荒漠化直接影响着我国 4 亿多人民的生活，每年因荒漠化造成大量的经济损失。绿洲作为干旱区特殊的自然地理景观，是干旱区人民赖以生存的基础，也是维系干旱区经济和人民生活的命脉。

荒漠化与绿洲化始终是干旱区两个相互对立的地理过程，荒漠化的发展将导致绿洲的萎缩，绿洲化的加强将有利于遏制荒漠化。沙漠绿洲面积往往仅占干旱区面积的 3%~5%，却担负着养育干旱区 90% 以上的人口和 95% 以上工农业产值的重任。沙漠绿洲作为干旱区开发的核心，承载着资源开发和生态保护的双重压力，荒漠化与绿洲化对立矛盾突出，沙漠绿洲面临着干旱、风沙、盐渍化、土壤贫瘠、污染等众多严峻的生态环境问题，所以维持和保护沙漠绿洲的生态不仅关乎遏制干旱区沙化土地不断扩张，也关系着广大干旱区人民群众的生产和生活安全、区域经济发展和人民增收以及我国的生态文明建设等核心问题。

防护林对保护绿洲特别是人工绿洲的生态安全，维护绿洲生产建设和稳定发展等方面具有重要意义。目前，我国绿洲防护林的类型多种多样，由不同林带结构、配置类型构建的防护林体系发挥了较好的生态效益。绿洲外围是营造防护林的重要区域，绿洲外围的植被、防护林带（网）不仅可以有效地减轻风蚀、风积对绿洲农田的危害，同时对改善绿洲小气候环境、涵养水源及防风固沙等方面具有重要作用。作者主要以乌兰布和沙漠磴口绿洲这个典型的干旱区人工灌溉绿洲为研究对象，对其多年来绿洲化过程中的生态效益及绿洲外围几种典型防护林带（网）的防风效益展开研究。以期相关研究结果对乌兰布和沙漠绿洲乃至全国干旱区绿洲的生产建设提供理论依据和实践模板。

本书通过大量的文献资料和实验数据详细介绍了乌兰布和沙漠磴口绿洲悠久的开发治理历史，磴口绿洲化与荒漠化景观格局动态变化，绿洲外缘天然植被变化及其生态效益等研究内容，并以乌兰布和沙漠绿洲 5 种不同配置结构的防护林带为研究对象，利用野外观测和风洞模拟等实验方法，系统分析了不同配置结构林带、林网的防风效果，获取了绿洲防护林体系对沙尘天气抑制与降减的野外实时数据。本书吸收了国内外先进的研究方法，尤其在推动基于流场分析的防护林防风效益研究方向进行了有益探索，并用林网"防护面积"为主要参考指标的防风效益评价方法，提出了乌兰布和沙漠磴口绿洲防护林空间配置与结构优化模式，为磴口绿洲防护林体系建设提供了全面、先进、可行的技术支撑，对研究人工绿洲系统的生态效益及动态变化、提高绿洲防护林经营管理水平、提高绿洲防护林生态环境服务功能、维护绿洲的可持续发展等具有重要意义。

本书得以出版，是中国林业科学研究院沙漠林业实验中心、中国林业科学研究院荒漠化研究所、北京林业大学等多家单位的多位团队成员辛勤劳动的结果。非常感谢这些年来一起学习和工作的课题组全体研究人员，从野外调查、数据分析，到研究成果的整理出版，他们都倾注了大量的心血。借此机会，对全体无私奉献的有名和无名英雄致以诚挚的谢意；特别感谢北京林业大学丁国栋教授审阅书稿，并为本书提供了宝贵意见，在此表示感谢。

限于编著人员水平，书中难免存在错误和不足之处，敬请读者批评指正。

编著者

2020 年 6 月

目录 C O N T E N T S

第7章／ 风向变化对不同配置绿洲防护林网防风效果的影响 ······ 65

第8章／ 单行林带防风效果风洞实验 ················· 86

第 1 章
国内外研究进展

绿洲是干旱区人民赖以生存的基础，是维系干旱区经济和人民生活的命脉，在人类社会发展历程中的作用极为突出。

中国干旱区的面积（含半干旱区）占国土面积的 52.5%，而由灌溉形成的人工绿洲是干旱区的精华，虽然面积仅占干旱区面积的 3%~5%，却养育干旱区 90% 以上的人口、创造了 95% 以上的工农业产值（申元村等，2001）。因此，绿洲在我国的区域经济发展中占有极其重要的地位，干旱区人类的繁衍、经济的发展和社会的进步都与绿洲息息相关。相应的按照人类活动对绿洲的影响程度，绿洲可分为三类：即天然绿洲、半人工绿洲和人工绿洲。

我国绿洲面积广阔，分布范围广泛，总面积约 $2.3 \times 10^7 hm^2$，集中分布于贺兰山—乌鞘岭一线以西的干旱地区，基本上分为三个区：东部河套平原绿洲区、西北干旱内陆绿洲区和柴达木高原绿洲区（封玲，2004）。其中，以内陆流域绿洲为主体，占绿洲总面积的 93%，而以黄河流域为主的外流型绿洲，包括著名的内蒙古河套绿洲、银川绿洲和中卫绿洲等，仅占绿洲总面积的 7%。

我国干旱区生态环境处在"局部改善，总体恶化"之中，绿洲的总体环境趋好，但由于绿洲生态环境的脆弱性决定了绿洲抵御自然灾害以及人为破坏的能力极其有限，而绿洲作为干旱区开发的核心，正在承受着资源开发和生态保护的双重压力，绿洲化与荒漠化的对立矛盾有所激化，绿洲普遍面临着干旱、风沙、盐碱、土壤贫瘠、污染加重等生态环境问题，已引起政府、产业部门和科技界的莫大关切。

荒漠化与绿洲化始终是干旱地区两个相互对立的地理过程，荒漠化的发展将意味着绿洲的萎缩，绿洲化的加强表明荒漠化受到遏制（Gui et al., 2010；Wang, 2007；杜海燕等，2013；郝玉光，2007）。绿洲的荒漠化进程主要表现为绿洲内生态系统的退化及经济生产力的下降或丧失（Pan, 2001；Yang X, 2001；UNEP, 1994；Verón, 2006；马彦琳，2003；潘晓玲，2001；杨金龙，2005），荒漠化不仅造成了绿洲植被退化，生物多样性丧失，风沙活动加剧，土壤质地沙化，以及沙尘暴等灾害性天气（Bagnold, 1941；Bao, 2013；Bruelheide, 2003；Normile, 2007；Kim et al., 2006；Gillette, 2004；Huang, 2009；Martinez - Fernadez and Esteve, 2005；Normile, 2007；钱正安等，2002；包岩峰，2013），而且还造成了绿洲农田的风蚀、沙埋，农牧业的减产及人民物质生活水平的下降（Saier, 2010；Zhao et al.，2006；哈斯，1997；丁国栋等，2005；张志国，2012；董光荣等，1999）。在近代人口数量膨胀以及不合理利用资源环境的现状面前，我国荒漠化过程一直处于发展状态之中，这势必会对绿洲的生态安全构成威胁。据第五次荒漠化监测结果显示：截至 2014 年，全国荒漠化土地面积 261.16 万 km^2，占国土面积的 27.20%，较上次监测 5 年间年均减少 $2424km^2$；沙化土地面积 172.12 万 km^2，占国土面积的 17.93%，较上次监测 5 年间年均减少 $1980km^2$。我国土地荒漠呈现整体遏制、持续缩减、功能增强的良好态势，但局部地区荒漠化和沙化状况仍旧严峻，防治工作依然任重道远。绿洲内部的盐渍化也有不同程度的增加，河西走廊的民勤绿洲、居延海绿洲、宁夏平原的银川绿洲、柴达木盆地绿洲，盐渍化的扩展趋势均十分明显。荒漠化发展对绿洲的威胁，直接结果一是绿洲面积的缩小乃至消亡；二是绿洲质量下降，导致土地盐渍化加重，土壤质地沙化，土地生产潜力下降。由此可见，荒漠化的日益加剧，是绿洲发展的最大挑战。

1.1　绿洲的研究

1.1.1　绿洲的概念

绿洲的概念随着社会进步、生产力的发展和绿洲的研究不断深入，其内涵也在不断扩展，原有辞典类工具书中对绿洲的诠释显现出明显的局限性。

关于绿洲的原有定义在《辞海》《地理学词典》《环境科学大词典》和《简明不列颠百科全书》等工具书中都有大同小异的解释。"绿洲"（英文 Oasis）又称"沃洲""沃野""水草田""博斯坦"（维吾尔语），是指存在于荒漠之中，有丰富的水源和肥沃的土壤，草木繁茂，农牧业发达和人口集中的地方。

20 世纪 80 年代后期以来，一批自然地理学者纷纷为"绿洲"赋予新的定义，直到目前仍在讨论。有代表性的是高华启（1987）、沈玉凌（1994）、刘秀娟（1994）、张林源（1994）、陈隆亨（1995）、贾宝全（1996）和韩德林（1992）等。通过广泛讨论，学术界对绿洲的广义和狭义概念，取得了许多共识：①要从发展的、动态的观点来考察绿洲；②绿洲存在于干旱区、半干旱区的荒漠背景条件下，荒漠地区才有正宗的"绿洲"，为强调这一点，樊自立（1993）和文子祥（1995）分别还冠以"荒漠绿洲"或"沙漠绿洲"；③有水源保证或稳定的水资源（非天然降水）供给是绿洲存在的基本条件；④适宜于植物（中生植物）繁茂生长和人类聚集繁衍，生物过程与社会经济活动频繁；⑤绿洲中一般水、土、气候、地貌等条件优化组合，但属于一种非地带性生态地理景观。

申元村等（2001）集众家之长，提出"绿洲是干旱地区具有稳定水源对土地的滋润或灌溉，适于植物（或作物）良好生长，单位面积生物产量高，土壤肥力具有增强的趋势，适于人类从事各种生产及社会活动的明显区别于周围荒漠环境的独特地域"。它明确了绿洲发生的空间限制（干旱地区）和存在的保障条件（稳定的水源），揭示了绿洲与荒漠在生物产量上的本质区别（具有较高的生产力），同时指出绿洲是一种独特的地理景观，也是荒漠地区人类生存、发展的空间。

与此同时，自然地理学家赵松乔（1984）首次提出"绿洲化"的概念，并将绿洲化与荒漠化相对应。"绿洲化"概念的提出，纠正了仅强调干旱地区"荒漠化"的片面性，指出了人类的主观能动性。自然地理学家汪久文（1995）提出"绿洲化过程与荒漠化过程是干旱区最基本的两个地理过程，重视和加强对绿洲及绿洲化过程的研究，有着比荒漠化研究对人类的生存更积极、更直接的作用"。争取绿洲系统向稳定性、有序化方向演化，并实现可持续发展是干旱区人类生存发展所追求的基本目标。但由于受自然和人文等动力因素的叠加影响，绿洲系统总是处在活化、变动状态，绿洲的稳定性问题应该引起人们的高度重视。绿洲的稳定性主要是指绿洲生态系统的稳定性，是确保绿洲生态系统的能流、物流、人流、信息流处在良性循环，绿洲生命体的生存环境不断优化，绿洲系统功能处在持续稳定发展中的一种绿洲化状态（韩德林，1999）。

尚需指出，当今人们通常所说的绿洲即为人工绿洲。很显然，我们所研究的绿洲是干旱、半干旱地区一定的地貌、气候、水文、土壤等自然地理要素和人类社会、经济活动等综合影响、共同作用、不断演化的产物。

1.1.2　绿洲的分类

关于绿洲类型的划分及其命名，当前许多学者的意见基本一致（热合木都拉·阿迪拉，2000）。归纳起来有以下分类：①按人类活动影响程度分为天然绿洲（或待开发绿洲）、人工绿洲、半人工绿洲；②按时间序列分为古绿洲（形成于古代的绿洲）、老绿洲（大体在20世纪50年代以前就已存在的绿洲）、新绿洲（20世纪50年代开垦建设的绿洲）；③按地貌部位分为山间盆地绿洲、冲洪积扇绿洲、河流冲积平原绿洲、山前谷地台地绿洲、河流干三角洲绿洲、扇缘绿洲、湖滨绿洲、沿河绿洲；④按水源分为外流型绿洲、内流型绿洲；⑤按主导经济成分划分为农业绿洲、牧业绿洲、工业绿洲。为了特别强调绿洲的背景，一般文献中常出现荒漠绿洲、沙漠绿洲和人工绿洲。

1.1.3　绿洲研究的总体进展

干旱区自有人类以来，人们就在绿洲上生活和繁衍生息。但长时期以来，并未引起人们足够重视，对绿洲真正有科学意义的研究却是近代的事情，20世纪40年代开始，陈正祥撰写了《塔里木盆地》，地质学家黄汲清著有《吐鲁番绿洲》，周立三发表了《哈密——一个典型的沙漠沃洲》，他们对新疆的绿洲进行了系统的考察与分析，揭开了我国绿洲近代科学研究的序幕。

20世纪50年代末，中国科学院率先组织了新疆、甘肃、青海、宁夏和内蒙古治沙综合考察，并在全国成立了6个治沙综合试验站，对干旱区的沙漠及绿洲农业自然资源的调查、绿洲土壤普查、土地利用详查和规划、绿洲人口普查、绿洲农业区域考察、农业经济调查及各类综合考察。除此以外，上述省（自治区）的农、林、牧、水等生产部门组织的专业调查队也做了大量的工作，积累了丰富的绿洲信息，提高了人们对绿洲研究的认识。

改革开放以来，随着我国经济的快速发展，在"科教兴国""西部大开发"和"可持续发展"战略带动下，地理、生物、环境、生态、气象、经济等学科的学者和专家纷纷从不同视角和领域涉足干旱区的研究，绿洲成为焦点和热点之一，开展了绿洲的内涵、绿洲的形成与演变、绿洲的功能、绿洲的区域经济等领域的深入、广泛的观测和实验研究，开创了我国绿洲研究的新局面，绿洲研究取得了丰硕的成果。

解决绿洲的稳定性与可持续发展是一项复杂的系统工程。近年来已受到广大学者们的关注，他们感兴趣的主要问题是绿洲水土资源的合理开发利用、适宜绿洲规模与绿洲承载力、绿洲生态经济与绿洲生态农业、绿洲—荒漠过渡带及防护林体系、绿洲管理与绿洲地理建设、绿洲地域系统及 PRED 的调控等。

由于我国绿洲分布相对比较广泛，我国学者在绿洲研究领域的工作，不论是数量还是质量在世界同类研究中都是名列前茅的（贾宝全，2000）。特别是我国地球科学工作者，从地理角度开展了大量很有成效的研究工作（张林源等，1994；韩德麟，1992；程国栋等，1999）。大气科学工作者也提出了绿洲"冷岛效应"（苏从先等，1987；胡隐樵，1987）和微气象特征（张强等，1992）等一些重要成果，并且用中尺度数值模式模拟了绿洲内、外因子对诱发中尺度环流的贡献（张强等，2001）。还有学者用非线性热力学的熵平衡理论研究了绿洲的维持和演化机理（Xue et al. , 2001；张强等，2001），为绿洲研究开辟了新思路。

总体来看，截至目前对绿洲的研究在许多方面仍然非常薄弱。首先，大量的研究偏重于定性的描述，并没有形成对绿洲比较完整的定量认识。其次，虽然找到了一些简单的统计规律，但远没有建立起真正的具有普遍性的绿洲动力学理论。

而同期的国外绿洲研究的成果不多（贾宝全等，2000），其研究内容大多集中于生物资源调查（Bornkamm，1986）、水资源利用对绿洲的影响（Faragalla，1988；Pankov，1994）、环境变化（Aranbaev，1977；Faragalla，1988）、景观分异与结构（Abdulkasimov，1991）、经济开发等方面。Abd-EI-Ghani（1992）从植被的角度，把埃及的加拉绿洲划分为外围荒漠带、边缘弃耕带和内部农作物种植带 3 个带。Eckart（1981）对伊朗中部绿洲退化的原因及后果作了剖析，Wolfram 则对沙特阿拉伯哈萨绿洲的沙漠化治理作了论述。

1.2 绿洲小气候效应的研究

气候资源是绿洲赖以发展的最基本和重要的再生资源。绿洲气候资源具有光能丰富、热量充足、水量较稳定和独特小气候（即"绿洲冷岛效应"）等特点，且光温生产潜力大。20 世纪 80 年代，林业科技工作者主要开展了绿洲内部小气候的观测研究工作，进入 20 世纪 90 年代以后，随着科技进步，把绿洲作为一个整体进行气候效应研究日益受到重视。

在绿洲小气候方面，早在 1984 年对河西地区张掖绿洲进行的风、温、湿对比观测中，苏从先等（1987）通过对绿洲小气候特征的分析，发现戈壁或沙漠环境中小片绿洲存在一种绿洲"冷岛效应"，即绿洲相对周围的戈壁和沙漠而言是一个"冷源"。同时还指出，绿洲与戈壁之间的局地环流和平流都可以将戈壁和沙漠上空的热空气输送到绿洲上空，形成绿洲上空的所谓"映象热中心"。黄妙芬等（1991）发现，在绿洲与荒漠交界处，近地面层无论冬夏均存在逆温现象，而且冬季逆温强度和持续时间均较夏季大。但风速则随着距地面高度的增加而增大，其日变化规律是：16m以下为单峰值，32m处为双峰值。李新（1992）对绿洲麦田小气候参数的实际观测和分析显示，干旱区农田气温日变化比非干旱区幅度大，特别是受绿洲边缘干燥空气平流的影响，绿洲边缘麦田日平均气温和气温日较差均与裸地气象场接近。而且小气候形成的时期只出现于小麦（*Triticum aestivum*）叶面积最大的扬花到乳熟期，其出现的垂直高度在小麦冠层25cm以上。同时还发现，在作物冠层以上空气湿度与裸地上方相差较大，而且作物上层空气湿度的垂直梯度大，从而对作物蒸发蒸腾和吸收土壤水分具有促进作用。

吕世华等（1995）采用NCAR纬向二维数值模式和BATS陆面过程方案耦合，模拟研究了绿洲、沙漠下垫面状态对大气边界层特征的影响。结果表明，绿洲中大气可产生"冷湿效应"，使绿洲上空形成冷湿气柱；而绿洲之间的沙漠则对大气产生"暖干效应"，使沙漠上空形成热干气流。在大气水平平流作用下，在绿洲下游的沙漠边缘形成降水峰值，有利于降水的形成。但处于沙漠区下游的绿洲相对于整个绿洲而言，降水偏少。绿洲的这种"冷湿效应"与沙漠"暖干效应"的相互作用，可产生局地环流，这种局地环流可将沙漠地区上空的热空气输送到绿洲上空，从而在绿洲上空形成逆温稳定层结，进而使下层较凉空气得以稳定保持，形成有利于绿洲内作物生长的凉湿小气候（张林源和王乃昂，1994）。

在绿洲与沙漠地区辐射收支的季节变化研究中发现，绿洲地区的反射率明显小于沙漠地区，且其季节变化明显；而地面有效辐射绿洲小于沙漠，沙漠地区季节变化明显；而绿洲则季节变化不明显，地面净辐射绿洲大于沙漠，不论冬夏，绿洲地面均为热源（季国良和邹基玲，1994）。尽管干旱区以降水稀少、蒸发量极大而著称，但在绿洲内部，其蒸发量仅是戈壁地区的40%~50%，并没有显现出比湿润区有显著增大的特征，一天之内，夜间蒸发力所占比重较大是一种普遍现象（吴敬之和王尧奇，1994）。绿洲气候效应的空间尺度也是绿洲景观尺度上研究的一个重要方面，王俊勤等（1994）通过农田绿洲、戈壁、沙漠3种下垫面的边界层探测研究表明，绿洲在垂直空间200~300m以下边界层内，温度低于周围环境、湿度大于周围环境，即在此以下空间范围上，绿洲"冷岛效应"明显。这与孙祥彬（1990）对新疆塔里木盆地绿洲气候效应在垂直高度上的研究结果完全一致。除以上大尺度绿洲气候效应研究外，在绿洲近地层气候、气象研究中，也取得了一定进展。

黄妙芬（1996）利用实验观测资料，详细讨论了辐射平衡公式 $R_n = Q(1-A) - F_0$ 中各参数项在绿洲内部以及绿洲和荒漠之间的变化情况。结果表明，从日变化进程看，绿洲内部以及绿洲与荒漠间的反射率差异均较大。在数量上，$Q(1-A)$差异都较小，这说明反射率 A 不是造成荒漠、绿洲间净辐射（R_n）差异的重要原因。绿洲的长波辐射低于荒漠，但不同农田之间差异不大，因此，有效长波辐射 F_0 是造成绿洲—荒漠间净辐射差异的主要原因。这一结果完全解释了绿洲内部水热对比不明显，而绿洲—荒漠间水热对比强烈的原因。而对绿洲内部农田显热、潜热输送的研究结果表明（黄妙芬，1996），绿洲的潜热和显热输送过程没有同步性。潜热输送的日变化规律明显：一般夜间为负，日出后转为正，正午稍后达最大值，日落后又转为负；而显热输送则无统一的变化规律。不同的作物区，其潜热输送均远大于显热输送。因此，在一定程度上绿洲农田是一个较强的水汽源，并在一定程度上可视为一个显热的汇。

周宏飞等（1996）根据监测资料，对绿洲农田与裸地土壤水分动态规律进行了分析，并用水量平衡法对上述两种类型的蒸发量进行了研究。结果显示：非灌溉的绿洲裸地，其土壤水分动态变化具有季节性变化特点，地下水位越高，土壤初始含水量越大，则变化过程越明显；灌溉农田土壤水分变幅要大于非灌溉裸地；在新开垦的农田上，土壤水分因土壤的非均质性而存在空间变异性。李新（1994）研究了绿洲蒸散量的日变化规律，并与其他区域进行了对比研究，结果显示，绿洲蒸散量的变化过程曲线远较其他区域和缓，且其峰值历时较长。由于干旱区土壤水分蒸散是作物水分消耗的最大项，故周宏飞和黄妙芬（1996）还就绿洲蒸散与土壤水热状况、地表热量平衡的关系进行了分析。

1.3 绿洲防护林防护效益研究

防护林的防护效益包括：生态效益、经济效益及社会效益（卢琦，2004）。国内外对防护林防护效益的研究非常多（William，1997；Qi，2001；McNaughton，1988；Plate，1971；Raupach，1980；George，2000；Lin，2007；McAneney，1991；Zing，1950；Wang，1997b；Sturrock，1969；李成烈等，1991；毛东雷等，2012；李永平等，2009；朱廷曜等，2000；张劲松等，2004；王广钦等，1981），但是对绿洲防护林生态效益方面的研究相对较少。有研究者（Cook，1995；Townsend，1956；Wang，1996b；关德新等，1998；韩致文等，2000）已经对防护林的空气流动机理机制方面做了一些研究，但为了更深入地研究不同防护林带（网）的防护机理，更好地指导和把握绿洲防护林体系的建设方向，必须结合流体力学、地学等各学科及交叉学科的综合知识理论来指导防护林体系的进一步研究，从而总结出对现实具有实践指导意义的防护林体系。

1.3.1 防护林的生态效益

（1）防风效应

林带的防风效应是通过有效防护距离来体现，而有效防护距离即林带内所保护对象不受风沙危害的距离（曹新孙，1983）。朱廷曜等（1992）关于单条防护林带的防风效应方面的研究表明，林带后 $15 \sim 20H$（H 为树高）范围内有效防风效能在

30%左右，林带后 25~30H 树高范围内有效防风效能在 40% 左右，林带后 30H 范围内有效防风效能在 40%~50%，林带后 20H 树高范围内有效防风效能在 50%~60% 左右。刘建勋等（1997）对张掖、高台、临泽三个地区成片的农田防护林网防风效应的研究得出，防护林林网的总防风度为 42.8%，单个林网的防风度为 28.2%，年大风日数降低近 68.4%，年沙尘暴日数降低近 66.1%。郭学斌（2002）通过对晋西北地区防护林的防风效益研究得出，当林带疏透度为 0.3 时，林带后的最大有效防护距离为 13.8H 树高，以新疆杨（*Pinus alba* var. *pyramidalis*）为林带第一高度建设的防护林林带，其最大有效防护距离为 221m，以合作杨（*Populus opera*）、油松（*Pinus tabuliformis*）及樟子松（*Pinus sylresris* var. *mongolica*）为林带第一高度建设的防护林林带，其最大有效防护距离分别为 193m、83m 和 110m。在绿洲外围营造防护林可以有效地减少风沙危害，减少沙尘暴或黑风暴对绿洲的侵害（何洪鸣等，2002）。绿洲外围防护林及植被的建设，不仅可以有效地减轻风蚀、风积对绿洲内农田地表的危害，同时对改善小气候环境、涵养水源及防风固沙具有重要的作用（王式功等，2000）。申元村等（2001）研究表明，当植被盖度达到 30% 左右，就可以基本固定流动的沙丘；当植被盖度达到 60% 左右，地表处的风蚀量非常小，风蚀带来的危害也相对减少。可见，在水土资源的有限承载力范围内，科学合理地营造及配置植被对减轻风沙危害、防治沙尘暴等灾害具有重要意义。

（2）热力效应

防护林的热力效应主要是由于林带树木枝叶等对气流的交换作用直接影响林内的乱流失热和蒸发散失，从而使林网内的热量收支平衡，林带内外的总辐射变化，下垫面的水平一致性等发生变化。在一定空间范围内，这些变化主要表现在林带对林网内的空气温度、太阳辐射及土壤温度等气象要素上。野外研究表明，林缘处的有效辐射值约为对照旷野处的 1/2，在林带 2H 范围内均有影响（Eimern，1964）。有学者认为林网内的直接辐射主要取决于林带的庇荫作用，并且散射辐射的变化与林带距离的平方成反比（曹新孙，1983）。林带的庇荫作用对林网内直接辐射量的影响主要在南林带北缘最大，在林带 0.5H 范围内的太阳直接辐射总量是空旷处的 99.7%，在 0.1H 处却只占 24.8%；北林带的南缘对太阳直接辐射总量的影响最小，在林带 0.5H 树高范围内的太阳直接辐射总量是空旷处的 91.3%，在 1H 树高处太阳直接辐射总量与空旷处接近；林带东西方向在林带 3H 树高范围内对太阳直接辐射的影响较大，但其递减率远不如其他两个林带方向（宋兆民，1981）。有学者就旱柳林带对气温影响的研究表明，在 4 月林带内的气温提高了 0.2℃，保证了林带的发芽并防止了低温的胁迫；在 5~7 月，林带内的气温变化极为复杂，8 月林带内的温度降低，9 月林带内的温度回升，起到了很好的保温作用（向成华，1998）。可见，尽管林带内的温度变化受各种因素的影响，但林带对温度的调控为作物的正常生长发育提供了有利条件（曹新孙，1983）。由于林网内热量收支平衡的差异性，导致了林网内空气温度及土壤温度在空间上分别的响应，并在林缘及林网内各个部分的分布呈明显差异。在林带的不同生长阶段，林带对土壤温度有显著的影响

（Jenson，1961；张一平，2001）。在陕北安塞县退耕林网模式的研究中得出，不同林网模式均可以降低空气温度及土壤温度，其中乔灌混交林林网要高于乔木林，灌木林程度最低（姜艳等，2007；王平平等，2010；徐丽萍等，2010）。科尔沁沙地的小叶锦鸡儿（*Caragana microphylla*）灌木林带在降低空气温度及土壤浅层温度方面比流动沙丘要显著得多（贺山峰，2007）。董旭（2011）对青海高原黄土丘陵区不同退耕还林模式改善土壤温度方面进行了研究，朱雅娟（2014）研究表明在沙丘上栽植的沙蒿（*Artemisia desertorum*）和柠条（*Caragana korshinskii*）林带可以有效地降低空气温度和土壤温度。

（3）水分效应

土壤蒸散、植被蒸腾、空气湿度等气象要素受防护林的影响非常大。随着林带距离的增大，林网内的蒸发量不断增大，且在林带后 5H 处降至最低（Eimern，1964）。林带对可能蒸发散的影响主要由林带网格的大小决定，并与林带网格的大小成反比，即林带网格越小林网对可能的蒸发散影响越大（A. P. 康斯坦季诺夫，1974；赵宗哲等，1993）。复合防护林对蒸散势有显著的削弱作用，对在干旱区缓解干旱、增加土壤湿度具有重要作用，如在较大的防护林网格内蒸散势平均减小22%，蒸散势最大可减小46%；防护林小网格内的情况为蒸散势平均减小27%，蒸散势最大可减小49%（宋兆民，1990）。研究表明，防护林带通过降低风速，从而导致林网内的水汽浓度垂直梯度发生一定变化，进而影响土壤水蒸发及植物蒸腾（Paxie，2007；Robert，2007；David，2010；王广欣等，1988；裴步祥等，1989）。研究发现防护林网格内空气湿度每增加 1mb，相应的林网内的土壤含水量提高2%～3%左右（Brandle，2004；郭志中等，1994）。与旷野中的空气湿度相比较，林带内由于风速得到了有效地削弱，空气湿度比旷野增加了6%左右（翁笃鸣等，1981；李成烈等，1991）。研究表明在沙丘地区营造的柠条和沙蒿灌木林带内，5 月、6 月及 7 月的土壤含水率明显增加（朱雅娟，2014）。在临泽绿洲内，两种乔木林网内的土壤含水率要明显高于天然雨水浇灌的天然荒漠草地和人工梭梭（*Haloxylon ammodendron*）灌木林（牛瑞雪等，2012）。在古尔班通古特沙漠沙拐枣（*Calligonum mongolicum*）和梭梭构成的防护林体系初期，其土壤水分条件要明显高于自然沙垄，在地表下 20～40cm 深度范围内其土壤含水量是自然条件下沙垄的近 2 倍，有利于植被的生长；造林 5 年后，地表下 0～50cm 深度范围内的土壤含水量接近于自然状态，地表 50cm 下的土壤含水量则小于自然状态；造林 5 年后，防护林体系内地表 30cm 下的土壤含水量则均小于自然状态（王雪芹等，2012）。

1.3.2　防护林的经济效益

大规模营造农田防护林在我国已有 60 余年历史，农田防护林项目的实施除提供大量的木材外，也在很大程度上促进了农作物丰产，获取了可观的经济效益。曹新孙等（1983）定量描述了农田防护林从营造开始，直到某一年获取的经济效益。据赵宗哲（1985）研究报道，农田防护林的经济效益主要集中在木材和林副产品，

1979 年江苏省林木蓄积总量达 1260 万 m³，其中 72% 集中于农田林区。农田林网建设较好的地方，木材基本实现自给。很多树种的果实和树叶可以做饲料，也是经济收益的重要部分。叶小云等（1999）通过研究农田防护林迎风面和背风面多处样点的有效穗数、千粒重和单穗实粒数等指标，指出处于速生期的意杨农田防护林网对作物的有效穗数无不利影响，而迎风面的单穗实粒数高于对照组，在距林缘 5m 处的背风面有所下降，千粒重基本无变化，背风面作物的增产部分足以补偿迎风面减产部分。张改文等（2006）研究表明，小麦产量在不同规格林网内的产量均有明显增加，其中 300m×400m 林网对小麦增产效果最优，增产达 31.6%，其次是 260m×300m、130m×300m 的增产效果相对较小；徐鹏等（2012）对吉林省农安地区防护林的经济效益进行了调查研究，结果表明林网内玉米产量比对照区增加 14.1%。3~10H 增产幅度为 17%~25%，属增产率最高区。

在国外，农田防护林的营造不仅有效地保证了农业生产活动，而且对农作物增产丰收起到明显的促进作用，带来较好的经济效益。据 Frank et al（1976）报道，农田防护林的建设，使大豆（*Glycine max*）产量提高 22.2%，而在气候干旱地区增产率仅为 7.7%，增产并不明显。在美国内布拉斯加，由于防护林的防护作用使冬小麦产量平均增加 15%，在防护林营造 15 年后，即可得到正的净现值，有防护林带保护的甜菜比空旷农田增加了 15% 的收入，同时还能促进作物早熟，使大豆、番茄、草莓等作物的产量平均增加 12.5%、16% 和 30%。Pelton（1976）曾在加拿大两个州开展了一项长达 4 年的研究，他指出林带的防护作用可使农作物增产 47kg/hm²。Fhussein 通过对比在埃及河谷及三角洲有无农田防护林条件下农作物产量发现，农田防护林可以使水稻、玉米等农作物增产 10%~47.13%。Vinogrado 等（1986）通过大量研究工作后指出，苏联北部经济区在开展农田防护林建设项目之后，带来的经济效益达 7500 万卢布。Mize et al（2005）对长时间序列的农作物产量进行跟踪研究，结果发现干旱年份下农田林网对农作物增产的促进作用更为明显。

1.3.3 防护林的社会效益

科学地营造防护林体系，能够为当地的工业提供发展所需的原料，为广大农牧民提供大量生产资料、木材等产品，满足人们的基本生活需求，此外，对促使作物秸秆还田、提高土地生产力起到积极作用。同时，防护林体系的营造还能够使人们的周边生活环境得到明显改善。目前，关于农田防护林社会效益的研究还鲜有报道，有些学者从景观角度对防护林开展一些研究，包括从审美角度对防护林进行研究（赵德海，1990）以及从景观生态学角度对防护林的空间格局和功能进行研究（孙保平等，1997；周新华，1994），打开了农田防护林研究的新视野。

1.4 防护林风速流场研究

防护林林带（网）内的风速流场分布情况可以直观地反映林带内的风速流结构，通过分析林网风速流场结构的变化，可以进一步了解不同规格林带（网）内的水平风速分布及防护林带防风效果等，将传统的"线"状测量风速的思想拓展到了"面"的层次，弥补了将整个林网内的风速变化规律与垂直于主林带样线上的风速变化规律等同化的缺陷。杨文斌（2007）对覆盖率在20%左右的3种不同水平配置格局的灌木丛内的风速流结构及固沙效果进行了风洞模拟实验，并得出行带式配置具有非常显著的削弱风速的作用，风速约减弱36%～43%，低覆盖度灌木丛次之（风速减小7%～28%），随机不均匀配置的灌木丛内风速在局部有增加的现象；行带式配置的灌丛带内风速流场呈波状分布，而随机不均匀灌丛模式内形成了由多个风速加速区和风影区叠加后的复杂流场；将灌丛覆盖度降至11%～13%，行带式灌丛在低覆盖下仍可以发挥较好的防风效果。董慧龙（2009）通过对覆盖度为20%和25%的2种单行一带模式固沙林内的水平风速流场分布和垂直空间风速变化进行风洞模拟，并通过风速流场图直观反映了两种配置模式内风影区和风速加速区所形成的复杂流场结构，并将垂直高度的风速划分为加强层、微变化层、显著变化层及稳定变化层。梁海荣（2010）通过风洞模拟实验，对单行一带和两行一带乔木林带前后的水平风速流场及垂直风速变化情况进行了分析，得出单行林带前对风速的削弱要强于两行一带林带，两行一带林带后的风速削弱情况要高于单行一带，两种模式均形成了复杂的由风影区和风速加速区叠加产生的风速流场。杨文斌（2011）通过风洞模拟实验对覆盖度为20%和25%的3种两行一带式固沙林内水平和垂直两个方向的风速流场及防风效果进行分析，并根据风速在垂直方向上的变化规律将林带内的风速划分为三个层，分别是微变化层、显著变化层和稳定变化层。防护林带（网）前后风速流场的分布也可以通过数值模拟的方式进行分析（Wang，2001；Wilson，1985；Wilson，1990；Wang，1995；Wang，1997；Blocken，2007；李小明，2000）。唐玉龙（2012）选取了10组不同高度和疏透度的林带模型，通过风洞模拟实验就其垂直风向上的风速变化绘制了风速加速率图，分析了不同结构单排林带有效防护距离。王元（2003）对单排林及单排林与灌草搭配的2种林带的绕林流场进行了数值模拟，分析了两种情况风速流场中沿流相对风速、湍流动能及不同断面风速廓线的变化等，实验得出有无灌草对林带整个流场有较为明显的影响作用，灌草通过增大粗糙度，加强湍流，从而削弱风速增强了林带防护效果。

以上防护林带（网）风速流场的研究均是在风洞模拟和数值模拟的基础上开展研究的，而在野外防护林林带（网）内观测风速流场的实验还相对较少。范志平等（2006）通过空间多点风速测量得出了单条林带后的风速流场分布情况，并给出林带后2.5～19H范围为风速减弱区，是林带后的主要防护距离。范志平等（2010）通过对农田防护林带组合方式林网内的风速流场分析，得出网状配置的防护林林带防护效果最佳，林带内最低风速出现在林缘4～8H范围内。有研究人员运用水平风速流场及垂直风速流场分析了乌兰布和沙漠绿洲防护林单林带及单网格内的防风效果（张延旭等，2011；吕仁猛等，2014）。以上大部分实验风速测量的仪器采用的多是精度差、误差大的手持风速仪或不能精确反映风速同步数据的风速仪，并且不能完成在防护林网内多个点的同步观测。风速流场数据不能准确地呈现林网内的风场真实情况，容易导致防护林带（网）模式优化配置过程中的误判，影响防护林带（网）的优化过程。

1.5 绿洲土壤质量研究

申元村等（2001）指出，人工绿洲不论哪一种类型的种植措施，都将使土壤有机质增多，土壤养分元素相对富集于土体上层，改善土壤结构，提高土壤肥力，使土地逐渐熟化。防护林的防护作用，使土壤的水热条件有相应的改善，同时，树木根系活动及枯落物分解，必然对土壤微生物的区系组成及其活动产生影响，并导致土壤特性、肥力和结构的改变。朱德华（1979）测定，防护林带背风面防护范围（$20H$）内，腐殖质、全氮、全磷含量分别为对照区的 182.0%、178.4%、145.4%。研究证实，坡面防护林体系配置后，林地有机质、全氮、水解氮均分别比荒草坡提高 141.55%、68.76%、78.57%。桑以琳等（1995）根据当地自然条件与土壤肥力状况，提出了建设有灌溉的农、林、牧、草业相结合的荒漠绿洲的可能性合理对策。

李福兴（1995）根据对河西走廊绿洲灌淤土的剖面特征及理化性状，对绿洲灌淤土的形成和分类系统进行了系统探讨，并提出了合理利用的原则。化肥或有机肥是否存在潜在的硝酸盐污染，杨生茂（2005）经 20 年定位观测研究表明：荒漠绿洲灌漠土单施氮肥，作物产量急剧下降，单施氮肥只能在较低水平或试验初期维持一定的土壤肥力和生产力。连续 20 年不施肥料导致绿洲农田系统土壤肥力严重衰退，土壤生产力降低 74%。氮、磷配合，特别是氮、磷、钾处理，不论小麦还是玉米，均保持产量增加的趋势，说明在绿洲灌区氮、磷、钾化肥连续配合施用 20 年并没有引起土壤肥力的衰退。单施氮肥对当季作物具有显著的增产效果，特别是在试验开始的前 10 年，但随着试验的延续，土壤磷、钾的消耗逐渐增大（金绍龄和马永泰，1996）。芦满济等（2001）对张掖市绿洲土壤养分含量的测定结果表明，1999 年张掖市农田土壤中有机质、全氮、碱解氮、速效磷和速效钾的平均含量，较 1986 年依次提高 22.9%、28.4%、23.5%、224.3% 和 67.8%，而较 1990 年相应提高 55.8%、46.4%、207.6%、14.6% 和 159.6%，但全磷的平均含量较 1990 年仅提高 7.0%。

韩清（1982）最早研究了乌兰布和沙漠区域的土壤化学类型，为人工绿洲土壤的研究提供了依据，指出本地区土壤的主要矿质元素供给是充足的，进入生物循环中的重要元素钙、钾、硫、镁，含量均高。但氮、磷不足。王学全等（2005）对河套绿洲土壤盐渍化的调控与水资源的关系研究表明，由于黄河水灌溉，每年绿洲的积盐量为 $168.26 \times 10^7 kg$，可作为水资源调控的依据，亦可作为礠口绿洲的参考。

第 2 章
研究区概况

2.1 乌兰布和沙漠绿洲自然概况

2.1.1 地理位置

研究区位于我国八大沙漠之一的乌兰布和沙漠东北部，行政区绝大部分隶属磴口县（40°9′~40°57′ N，106°9′~107°10′ E）管辖。磴口县位于内蒙古自治区巴彦淖尔市西南部，全县总面积为 4166.6km²，东西长约 92km，南北宽约 65km。乌兰布和沙漠贯穿全县的中部和南部，县境内沙漠面积占全县总面积的 68.3%，属于农牧交错、风蚀水蚀复合的典型生态脆弱区。

2.1.2 地质地貌

磴口县地质地貌复杂，地质上由于南北向区域压应力的增强，形成了东南方向上的密梳状褶皱及断层群，并在新生代时期活动频繁，伴有岩浆入侵及变质作用等。该区位于贺兰山经向构造带和阴山纬向构造带的交接处，并在其共同作用下形成了狼山弧形漩涡，而此漩涡的下沉作用与河套盆地的形成具有密切的关系。第四纪初期，河套盆地的地质活动异常活跃，湖盆不断沉降，湖积物不断积累，最大深度可达 1200~1500m。而复杂的地质变化与积累的湖积物和冲积物为该区后来沙漠的形成提供了丰富的物质基础。第四纪以来，河套地区地势下降，汇聚了径流，形成了大面积的湖泊，各种动植物丰富，生态环境达到较好的状态。但到了晚更新世至全新世时期，气候变化、干旱加剧及黄河横穿而过，使湖水出现了一定面积的缩小，这也是后来乌兰布和著名景观黄河古道牛轭湖及一些残留湖泊形成的主要原因。地貌主要为山地地貌、沙漠地貌、平原地貌和河流地貌四种类型。

古湖盆与黄河早期冲积形成的乌兰布和地区的辽阔平原，为此后的人工绿洲建设创造了有利条件。目前，平原上广泛分布固定沙丘、半固定沙丘、丘间低地与流动沙丘相间分布，且以固定、半固定沙丘为主，其面积占 50%，沙丘间平地占 23%，流动沙丘占 20%，洪积扇占 5%，海子、风蚀坑占 2%。固定、半固定沙丘多为高 1~3m 的沙垄和 1m 左右的白刺（*Nitraria tangutorum*）沙堆，丘间多分布有黏土质平地，是乌兰布和沙漠中最优越的区域，现许多地方已开发成为沙漠中的绿洲。

2.1.3 气候

乌兰布和沙漠东北缘属于温带荒漠大陆性气候，冬、春季受西伯利亚—蒙古冷高压控制，夏秋季为东南季风所影响。该地区降雨较少，且降雨分配极不均匀，多年平均降水量为144.5mm，主要集中在6~9月，降水量占全年总降水量的78%；年际降水量差异较大，最多年降水量为288.4mm，最少年降水量为59.4mm。年平均蒸发量为2397.6mm，约为年平均降水量的16.6倍，年平均湿润系数为0.094。

磴口县水热同期，故降水、积温的有效性高；冬季寒冷漫长且较为干燥，夏季炎热降水稍多，春秋两季时期短。年平均气温7.6℃，最热月即7月历年平均气温为23.8℃；最冷月即1月历年平均气温为零下10.8℃。历年平均年日照总时数达3209.5h，光能资源较为丰富，其中在农作物生长发育的4~9月总日照时数达1758.2h。全年太阳总辐射为153.69kW/cm^2，全年有效光合辐射为75.29kW/cm^2，其中4~9月有效光辐射达47.71kW/cm^2。

磴口县冬春季节季风时间较长，风力强劲且带来的灾害较大。全年平均风速3~3.7m/s，4月大风日数最多，其中最大瞬时风速可达24m/s。大风主要是春季蒙古高原冷空气向亚洲大陆西北收缩而造成，当冷风过境时常出现西北或东北大风。该地区风沙活动剧烈，1970—2003年年平均沙尘暴天数为10.9d，大风天数为12.5d，扬沙天数为30.2d，其中起沙风速每年达到200~250d以上（董智，2004）。冬季各月多西南风，开春及盛夏则以东北风为主。3~5月为大风扬沙期，也正值耕地裸露，农作物播种幼苗出土期，大风导致土壤肥力受损，种子裸露，农作物、林木幼苗死亡等，故风大、干旱严重影响着当地春季造林的成活率。

2.1.4 土壤

磴口县土壤类型丰富，土壤类型多样，共有6个土类，10个亚类，31个土属，258个土种。该地区土壤主要分为五类，主要有灌淤土、草甸土、风沙土、灰漠土、棕钙土，其中灌淤土主要分布在平原地区，其中盐化灌淤土面积为128.7km^2，面积大于草甸灌淤土；草甸土主要分布在河漫滩和沙区的低湿洼地；而风沙土则主要分布在牧区和农区的西部边缘地带。该地区有部分沙区，故风沙土的比例较大，其中流动沙丘有972km^2，占风沙土的62.3%；半固定沙丘有512km^2，占风沙土的32.8%；固定沙丘有73.3km^2，占风沙土的4.7%。

2.1.5 水文

磴口县天然降水较少但由于紧邻黄河，地表水资源较为丰富，具有较好的引黄灌溉条件，为该地区农业用水及绿化建设提供了较好的灌溉条件。三盛公水利枢纽工程的建设为该地区形成完整的灌溉体系奠定了基础，该段黄河年平均流量为889m^3/s，年径流总量为280×10^{8}m^3，但径流量年内变化大，随季节差异性显著，最大最小径流量可达十几倍的差异。黄河水的化学成分主要有：Ca$^+$、Mg$^+$、K$^+$、Na$^+$等

阳离子和 HCO_3^-、Cl^-、CO_3^{2-}、SO_4^{2-} 等阴离子,年平均离子总量为420mg/L。地表灌溉同样为地下水的补给提供了丰富的来源,同时天然降水,黄河水侧渗,山地基岩裂隙水及山洪等都是地下水的来源。

2.1.6 植被

磴口县大部分地区属于草原化荒漠亚带,境内生态环境多样,植被类型较为丰富,植物群体基本上由东向西逐渐变稀。目前,包括绿洲内人工植被,已收集到的种子植物共计342种,分属53科176属(刘芳,2000)。其中仅含1属的科有23个,占总科数的43.4%。含属、种较多的前10个科为菊科、禾本科、豆科、藜科、蒺藜科、十字花科、莎草科、蓼科、唇形科和玄参科。仅含1种植物的属共103属,占总属数58.52%;单种属有驼绒藜属、梭梭属、假木贼属、合头草属、沙冬青属等;含种数最多的属为杨属14种,其次为柽柳属9种。

2.1.6.1 自然植被

受温带荒漠大陆性气候控制,研究区发育的自然植被以荒漠植被种类较多,区内植物群落中的建群种均为旱生植物,优势种多半为强旱生植物。常见植物群落类型有油蒿沙质荒漠、籽蒿(Artemisia sphaerocephala)沙质荒漠、白刺沙质荒漠。这些群落一般可达到郁闭和半郁闭的结构,形成固定、半固定沙地。其次还分布有沙冬青(Ammopiptanthus mongolicus)沙质荒漠、梭梭沙质荒漠、霸王(Zygophyllum xanthoxylon)沙砾质荒漠、柠条锦鸡儿沙质荒漠等。按其生物学特性划分为以下几个主要类群。

旱生灌木、半灌木类主要分布于固定、半固定沙丘,盖度为35%~40%。灌木类植物有柠条、霸王、沙冬青、梭梭、白刺、红砂(Reaumuria soongorica)等。半灌木植物代表种有油蒿(Artemisia ordosica)、籽蒿、冷蒿(A. frigida)、珍珠柴(Salsola passerina)、松叶猪毛菜(S. laricifolia)、木地肤(Kochia prostrata)、驼绒藜(Ceratoides latens)、花棒(Hedysarum scoparium)、沙拐枣等。

旱生、中生多年生草类主要分布在半固定沙丘,丘间平沙地或覆盖在各种基质上的薄层沙地上,个别植物种出现在半流动、流动沙丘上。旱生小型禾草类植物有小针茅(Stipa klemenzii)、戈壁针茅(S. gobica)、沙生针茅(S. glareosa)、短花针茅(S. breviflora)、无芒隐子草(Cleistogenes songorica)、蒙古冰草(Agrophyron mongolicum)等;旱生杂类草有蒙古葱(Allium mongolicum)、多根葱(A. polyrhizum)、苦豆子(Sophora alopecuroides)、叉枝鸦葱(Scorzonera divaricata)、砂蓝刺头(Echinops gmelinii)等。中生多年生植物主要有拂子茅(Calamagrostis epigeios)、早熟禾(Poa annua)、野大麦(Hordeum brevisubulatum)、碱茅(Puccinellia distans)、赖草(Aneurolepidium dasystachys)、沙芦草(Agropyron mongolicum)、沙竹(Psammochloa villosa)等。

盐生灌木、半灌木类主要分布在沙漠边缘和沙漠与湖盆相接地段或湖盆低地的厚层覆沙地、丘间积水滩地,是盐渍低地主要建群植物种,主要包括柽柳(Tamarix spp.）、着叶盐爪爪（*Kalidium foliatum*）、细枝盐爪爪（*K. gracile*）等。

沼生多年生草类主要分布于水分条件较好的丘间低地、下湿地等草甸和盐化草甸。常见的种类有芦苇（*Phragmites australis*）、香蒲（*Typha orientalis*）、水麦冬（*Triglochin palustris*）、野稗（*Echinochloa crus-galli*）等。

一年生草类主要分布于流动沙丘或与灌木、半灌木相伴生长。常见的种类有猪毛蒿（*Artemisia scoparia*）、雾冰藜（*Bassia dasyphylla*）、碱蓬（*Suaeda glauca*）、猪毛菜（*Salsola collina*）、灰绿藜（*Chenopodium glaucum*）、虫实（*Corispermum* spp.）、沙米（*Agriophllum squarnosum*）、画眉草（*Eragrostis pilosa*）、冠芒草（*Enneapogon borealis*）、沙芥（*Pugionium cornutum*）、三芒草（*Aristida adscensionis*）、狗尾草（*Setaria viridis*）、西伯利亚滨藜（*Atriplex sibirica*）等。

2.1.6.2 人工植被

人工植被主要由两部分组成。一部分为绿洲内部防护林网、小面积片林和农作物，这是绿洲的主体部分，构成防护林网的主要人工植物种有小叶杨（*Populus simonii*）、箭杆杨（*P. nigra* var. *thevestina*）、钻天杨（*P. nigra* var. *italica*）、加拿大杨（*P. canadensis*）、新疆杨、二白杨（*P. gansuensis*）、旱柳（*Salix matsudana*）、北沙柳（*S. psammophila*）、榆（*Ulmus pumila*）、沙枣（*Elaeagnus angustifolia*）、梭梭（*Haloxylon ammodendron*）、柠条、花棒（*Hedysarum scoparium*）等。另一部分为绿洲开发时在绿洲外围营造的许多固沙林、防护林带、防护林网等，主要以花棒、沙木蓼（*Atraphaxis bracteata*）、柽柳（*Tamarix chinensis*）、沙拐枣（*Calligonum mongolicum*）、梭梭、乌柳（*Salix cheilophila*）等大灌木构成。

2.2 乌兰布和沙漠绿洲社会经济概况

磴口县面积为4166.6km²。辖有巴彦高勒镇、隆盛合镇、渡口镇、补隆淖镇4个镇和沙金套海苏木。有中国林业科学研究院沙漠林业实验中心（以下简称沙林中心）、巴彦淖尔市农垦管理局5个农场、巴彦淖尔市林业治沙工作站等单位。2016年末，磴口县总人口11.59万（户籍人口），由汉、蒙、回、满等12个民族组成。2016年磴口县生产总值52.78亿元，比2015年增长7.6%，人均生产总值45422元。全年农业总产值完成140389.8万元，畜牧业产值47686.92万元，全年完成人工造林面积3.6万亩，飞播造林3万亩，封山育林面积121.78万亩，经济增长势头良好，保持农林牧业高效、全面发展。

2.3 典型研究区概况

选取中国林业科学研究院沙漠林业实验中心下属的四个实验林场为研究区，主要以沙林中心不同时期在沙漠腹地建设开发的人工绿洲为研究对象。

沙林中心是根据1978—1985年全国科技发展纲要于1979年经国家农委、科委批准成立的11处农林牧业现代化综合科学实验基地之一。20世纪50年代末，曾是全国最早成立的 6 个治沙综合试验站之一，目前是全国典型地区荒漠化监测点。

沙林中心地处乌兰布和沙漠东北部，行政区划在内蒙古磴口县境内，总面积 3.13 万 hm^2，是中国林业科学研究院设在西北干旱半干旱地区唯一的现代化综合科学实验基地。其主要工作任务是研究解决干旱区林业建设中有关科学技术问题；运用先进的技术装备，应用和推广国内外先进技术；采用科学的生产、管理方法，开展沙荒土地的综合治理与开发，大幅度提高劳动生产力和水土资源利用率，为干旱区林业生态建设工程提供科学依据。

中心成立 40 年来，一直从事以林业为主体的生态治理与开发实验研究，逐步建成了全国最大的集科研、示范、推广为一体，树种丰富、结构多样、功能较为完备的人工绿洲科学试验基地。基地的创建不仅为我国荒漠化防治科学研究提供了实验场所，同时为荒漠化防治树立了示范样板。自"六五"以来，中心参加完成各类科研课题 120 余项，开展了绿洲气象、土壤、水文和风沙流运动、防沙治沙等专项课题的研究，这些研究成果所涵盖的生态、社会和经济效益已得到国内外学术界的认可。

沙林中心第一实验场位于磴口县城西 10km 的沙漠边缘，前身为北京生产建设兵团一团六连、七连，于 20 世纪 60 年代开发建设而成。沙林中心接管后，开展了大规模的林业生态建设，乔、灌、草相结合，带、片、网相配合，建成了生态功能完善的人工绿洲。绿洲内农田防护林配套完善，绿洲边缘建立了固沙阻沙带，外围有大面积的灌木固沙林和封沙育草带。绿洲内开展绿洲农业种植及多种经营，种植业以经济作物为主，农业种植面积约 380hm^2。乔木防护林 304.1hm^2，结构多样，防风固沙灌木林 887.5hm^2，绿洲防护林体系良好的生态功能不仅有力地改善了绿洲生态环境，也对磴口县城的生态环境产生了有益的影响。

沙林中心第二实验场位于磴口县城西北 35km，1979 年由沙林中心组建，人工绿洲开发的原始地貌为固定沙丘、半固定沙丘，沙丘高 1~3m。是沙林中心在荒漠中实施以农田防护林体系为主体的绿色开发建设工程，目前开发区经营面积 1487.3hm^2。防护林网建设以宽林带为主，主要造林树种以二白杨为主，主副林带均为 8 行一带式组成，主副带宽均 32m，主带间距 98m，副带间距 398m，方田 3.9hm^2。防护林大部为 20 世纪 80 年代初栽植，兼有不同结构多树种窄带式防护林，乔木防护林面积达 279.7hm^2。

沙林中心第三实验场，位于距磴口县城西北 42km，原始地貌为固定、半固定沙丘，1995 年开始开发建设，受到国家农业综合开发项目资助，人工绿洲面积约 670hm^2，农田防护林采用两行窄带渠道式林带，株行距为 1m×2m，树种为对光肩星天牛具有较强抗性的新疆杨，在乔木下栽植沙柳等小灌木，主林带间距 140m，副林带间距 300m。

沙林中心第四实验场，位于距磴口县城西北 40km，原始地貌同样为固定、半固定沙丘，1997 年开始建场，目前已形成以林为主体，农、林、牧相结合的生态经济型人工绿洲，面积约 280hm^2，绿洲呈半岛状嵌入沙漠腹地。农田防护林网以人工栽植的新疆杨为主，林带主带间距 180m，副带间距 300m，株行距 1m×2m；还有以小乔木沙枣、旱柳、白榆及灌木沙柳等树种形成的带间距为 60m×180m 小网格，株行距不等，采用两行渠道式配置，并栽植了梭梭、沙木蓼、柠条、沙冬青、花棒等固沙灌木片林。

沙林中心经过 40 年建设，人工绿洲基础设施比较完善，林、田、渠、水、电、路相互配套；防护林结构多样、树种丰富、功能较为完备，时间序列完整。不同时期人工绿洲防护林体系结构的多样性，必然表现在生态功能和效益的多样性。同时，沙林中心具有长期的野外观测基础，积累了大量的资料，为本研究提供了丰富的素材，奠定了良好基础。

第 3 章
乌兰布和沙漠东北部人工绿洲的演变历史

　　内蒙古后套绿洲有着悠久的灌溉农业历史，首次规模开发可追溯到公元前 211 年的始皇三十六年（封玲，2004），它是黄河流域最负盛名的绿洲，目前是我国重要的粮油生产基地之一。乌兰布和沙漠东北部人工绿洲是后套绿洲的一部分，是自然与人文因素综合作用的结果，其中，人为活动在绿洲形成和演变中留下了深刻烙印。由于本区自然条件相对优越，水土光热资源丰富，资源利用和区域开发治理与我国西北其他沙漠相比具有得天独厚的优势。目前，在乌兰布和沙漠东北部建成了大面积的人工绿洲。

3.1　绿洲的兴衰与沙漠成因分析

3.1.1　乌兰布和沙漠绿洲的历史

　　根据考古资料推测（侯仁之，1965），乌兰布和沙漠东北部早在新石器时代就有人类活动。文字资料表明，汉代移民在这里着手垦荒，在社会条件比较安定的情况下，汉代垦区稳定地发展起来，成为中国北方著名的农垦区，人类垦殖活动造就了人工绿洲农业景观。但在人类历史的长河中，这里大部分时间被游牧民族所占据，汉代之后，直至明清时期才有大量的移民进入本区继续进行绿洲农业的开发。

　　乌兰布和沙漠北部地区，在历史上原是黄河洪积、冲积和湖积平原。早在汉王朝建立后，至汉武帝，国力强盛，开始对匈奴采取了一系列的军事行动，于公元前 127 年汉武帝元朔二年，汉将攻取了河套地区，设置了朔方郡，使汉朝的势力沿阴山南麓向西推行到今乌兰布和沙漠北部，由于古黄河（现今黄河以西）流经此地，并在此外泄形成有名的湖泊——屠申泽，东西长 40km（任世芳，2003）。另外，由于这里土地辽阔，便于开垦，曾在此地先后设立了临戎（磴口县河壕西）、三封（磴口县哈腾套海陶升井）、窳浑（磴口县沙金套海土城子）三个县，这也正是朔方郡中最西的三个县（侯仁之，1965）。现今这三座古城遗址尚有残存，从那些断壁残垣中可推想它们当时的繁荣。

　　朔方郡的设置，不但要屯兵守卫，还需要解决军粮自给。为降低屯兵的成本，不得不开始移民垦荒，正是在当时形势的驱使下，现今乌兰布和沙漠东北部第一次出现了大规模的农业垦殖活动——人工绿洲开发建设。在西汉中后期至东汉前期曾一度被开辟为农业垦区，鼎盛阶段是西汉宣、元之际，当时的汉王朝采取了怀柔的政策，结束了长期纷争的局面，边塞和平安宁60余年，促进了这一地区人工绿洲的发展和繁荣。《汉书·匈奴传》有记为证："北边自宣帝以来，数世不见烟火之警，人民炽盛，牛马遍野。"从现有资料看，该垦区经营时间长达260年，当时垦区人口约有4.1万人（任世芳，2003），部分地区可能已有灌溉，成为乌兰布和北部地区历史上的第一个繁盛时期。

以上说明，乌兰布和沙漠东北部大部分地区应非沙漠景观，而临戎、三封、窳浑三县城正是这一农业垦区的中心，根据现今发现的三座遗址、古居点遗迹及密集分布的古墓群，佐证了当时垦区的兴盛。

3.1.2 绿洲衰落与沙漠化的发展

3.1.2.1 绿洲衰落的社会因素

西汉后期王莽新政以后，朔方郡西部的垦区开始进入衰落时期，这主要是由于沿边诸郡安定局势破坏（侯仁之，1965），史称："莽扰乱匈奴，与之构难，边民死亡系获。又十二部兵久屯不出，吏士罢弊，数年之间，北边虚空，野有暴骨矣。"长期边境战事，纷扰不断，使这一垦区的人口不断减少。特别是东汉和帝永元之后，东汉王朝国势日渐衰落，多个游牧民族南下侵入，乌兰布和北部垦区朔方郡的农业较西汉大为衰退，垦区急剧减少。根据史料记载（侯仁之，1965），朔方郡在后汉统辖六县，包括将西河郡划入的大城县，人口仅为7843人，较之前汉该郡管辖的十县、人口13.66万人相比，可见一斑。后汉永建元年后（公元126年），由于地区战乱，朔方长吏被杀，随后游牧民族南侵，朔方郡治被迫从临戎东撤到五原郡，随着西汉王朝衰亡与汉族移民撤离，磴口绿洲农垦一度衰落，在乌兰布和沙漠东北部长期经营绿洲农业的临戎、三封汉代垦区，被完全放弃。

与此同时，在匈奴等游牧民族主导下，磴口绿洲成为游牧的天然草场，初具规模的单一农业经济转化为单一游牧为特点的牧业经济。持续数百年后，至辽代又设富民县，元代时期畜牧业大发展，至明、清时期，磴口绿洲一直是北方少数民族游牧的天然草场。赵珍（2004）的研究史料表明，内蒙古高原部分，远古至秦汉时期具有良好的农牧业自然生态环境，魏晋隋唐至宋元以来内蒙古地区是以牧业为主的生态环境。明王朝建立以后，宁夏以北至河套的大部分地区处于蒙古后裔的控制之下，此时的生态景观以荒漠、半荒漠草原为主，即便是农牧交界处开辟的绿洲，也因当时明王朝中央政治势力的衰退，农田悉数荒芜。清政权建立初期，为恢复战乱后的河套地区社会经济，对包括内蒙古河套的西北广大地区实行以安抚为主、因俗而治等民族政策，因此内蒙古河套基本上保持了原有的农牧业生态状况。至清代康雍乾时期，清王朝大力实施移民、安置旗民，使习农业，宁蒙河套这里虽临近黄河，但由于沙漠的侵袭而撂荒，加之生态脆弱，恶性生态经济循环已持续不断出现。

资料表明：乌兰布和沙漠东北部的汉代垦区在西汉元朔二年至东汉永和五年200余年的经营过程中，战乱时期与和平时期数度交替。和平时期，大规模地毁林草开荒，而战乱时期，大面积的垦区农田弃耕。反复弃耕与复耕，必然造成天然植被严重破坏，致使地表裸露，为沙漠化的发展创造了物质条件。

3.1.2.2 古绿洲衰亡自然成因及沙漠化发展

沙漠化的发生、发展必然导致绿洲化过程的衰退，关于乌兰布和沙漠形成和发展的主要原因，一直还有分歧（赵松乔，1987；侯仁之等，1973；贾铁飞等，2002）。一种观点认为乌兰布和沙漠形成的主要原因是汉代大规模开垦（汉代元朔二年至东汉永和五年）之后的弃荒，即人为因素而致。早在汉武帝元朔二年开始，经过历代农垦开发与战争，继后毁林毁草开荒，反复弃耕与复耕，破坏了原生植被和表土，使冲积平原的下伏沙层暴露于地表，经强烈风蚀就地起沙，反复扩展蔓延，形成了沙漠。另一种观点认为乌兰布和沙漠形成是自然环境演化的结果，是干旱、多风的气候与本区域丰富的沙源共同作用形成。

后一种观点得到了近年来研究成果的实证，根据乌兰布和沙漠全新世风成砂的沉积记录和湖相沉积中风积物的沉积记录及其^{14}C测年分析（贾铁飞，1998；贾铁飞，2002）表明：中全新世以来乌兰布和沙漠风沙活动的活跃期始于2255aB.P~2550aB.P.（其间的误差可能是由^{14}C年龄与沉积速率推测年龄之间的差异而导致的），这与相邻的毛乌素沙地风沙活跃期（2300aB.P.~2400aB.P.）同期，说明是一个以自然环境变化为主要原因的风沙活动过程。按物候学分析，该时期仍处于我国第二个寒冷期，据董光荣（1983）、马义娟（1996）、苏志珠（1996）等对邻近的鄂尔多斯、晋西北地区的研究，自2300±90aBP到现代，进入干冷期，主要时段为风成沙和黄土沉积的干草原-荒漠草原气候，干冷多风。因此，乌兰布和北部在汉代大规模垦荒（汉代元朔二年至东汉永和五年，即2077aB.P.~1810aB.P.）显然是在以自然原因为主的风沙活动期起始之后，永和五年（1810aB.P.）不得不放弃了垦荒，应与气候干旱、风沙活动强烈有关。根据贾铁飞（2002）研究结论，自2550aB.P.乌兰布和沙漠存在一个较为活跃的风沙活动过程，并在1211aB.P.之后，进入了晚全新世中风沙活动的最强烈时期，一直至近代。这便不难理解公元981年（宋太宗太平兴国六年），王延德出使高昌（今吐鲁番）道经本地区时，已是"沙深三尺，马不能骑，行人皆乘骆驼"之实了。而在毛乌素沙地北部的孟家湾、城川等地，均有起始于1265aB.P.或1560aB.P.之后的一期风成砂沉积（贾铁飞，1996），这应与乌兰布和沙漠的这次风沙活动旺盛期相当，亦说明这一风沙活跃期是广泛存在的，并非局部地区人为原因所致；近代乌兰布和沙漠风沙活跃期起始于约300年以来，在近200年中风沙活动持续加强，这是近100年来中亚地区干暖化加强（施亚山，1990）、中国北方季风气候与内陆气候过渡地带干暖化波动造成沙漠化程度加强的具体表现（马义娟，1996）。

综上所述，乌兰布和沙漠北部自中全新世以来（2255aB.P~2550aB.P.），风沙活动开始进入活跃期；1211aB.P.之后的晚全新世进入风沙活动最强烈时期，一直到近代还在持续加强，说明该地区的气候长期以来在持续向干旱化方向发展，为沙漠化发展提供了源源不断的动力条件。

从沙源物质方面来看，由于该区域黄河河段地处黄河中游，比降较小，松散沉积物较厚，主要有新风成沙、黄河冲积物、湖积物以及老风成沙，这些松散的沉积物为乌兰布和沙漠的形成提供了充足的物质基础。根据乌兰布和沙漠地区的沉积物调查，风成沙沉积与下伏沉积物的接触关系有3种形式（贾铁飞等，2002）：新风成沙形成于老风成沙的下风方向并覆盖于老风成沙之上；新风成沙堆积于以河流、湖泊沉积为基底的风蚀洼地的下风向，且河湖沉积物层多已被侵蚀穿透而露出了其下的老风成沙；新风成沙堆积于河湖沉积之上。这三种接触关系表明（贾铁飞等，2002）：乌兰布和沙漠北部的沙漠化过程是以就地起沙为主的，而非单纯物质的迁移形成。同时也表明，沙漠化的自然过程就是风力作用下的"老沙翻新"和"暗沙（即被河湖沉积物封盖的老风成沙）投明"的过程。

在乌兰布和沙漠北部，自古而今绿洲农业垦殖的土壤基底是中全新世河湖相沉积层（当地农民称"红胶泥"），这层红胶泥各处厚度不一，基本为0.5~3m（贾铁飞等，2002）。这层"红胶泥"不但是农业耕作的土壤母质层，也是乌兰布和沙漠封盖老风成沙、阻止"老沙翻新"和"暗沙投明"的保护层。如果农业耕作使这层"红胶泥"层耕透，其下面原来被封盖的老风成沙就会出露，在风力作用下，形成新的流沙。

由于乌兰布和沙漠北部自中全新世以来（2255aB. P~2550aB. P.），风沙活动开始进入的活跃期，长期处于干旱气候控制之下，且沙源物质丰富，自然演化的必然结果是形成沙漠。根据[14]C测年分析结果（贾铁飞等，1997），乌兰布和沙漠北部晚全新世风成沙的形成年代为2255aB. P~2630aB. P. 之后，但从绝对年龄上看，是在西汉前的东周至秦时期。初步断定，沙漠形成的年代，就其最早形成时期而言，是在晚更新世晚期至全新世初期；就其全新世晚期的风成砂而言，是在汉代之前，而非汉代大规模垦荒的汉代元朔二年至东汉永和五年。

3.2　近代乌兰布和沙漠绿洲概况

据史料记载，磴口县在中华人民共和国成立前有1.7万余人口，耕地6000hm^2。民国时期地方军阀战乱与封建地主剥削，外国传教士也乘虚染指磴口，于1875年建立教会教堂，直至中华人民共和国成立前，教会势力强大，掌控部分土地经营权，盘剥佃农，导致磴口绿洲地区农民处于深重的灾难中。磴口地区东临黄河，三面环沙，是一个频繁遭受风沙、洪水等严重灾害的地区。土地荒漠化十分严重，沿黄两岸大约25km宽的地带，流沙入侵农田和村庄，平均每年向前移动10~15m，最快每年向前移动70~80m。据1950年调查材料显示，三四十年的时间，流沙由西向东移动了约20~25km。中华人民共和国成立前的30年间，沈家河大干渠因流沙入侵被迫改道七次，沙压的支、斗渠到处可见。道路因流沙阻塞不通，大量流沙倾泻黄河。据记载，40余年时间被流沙压埋的农田达2666.7hm^2，因沙打庄稼年年减产的农田约3333.3hm^2，被流沙压没的村庄有14处，400余户人家受到影响。1944年平均亩产仅10kg有余，因产的粮食还不够交地主的租粮，农民只好背井离乡，逃荒在外。

沿沙漠边缘的农田，遇上风多风大年头，风沙往往把播下的种子刮走或把幼苗打死，或连根刮走，常常是"十种九空"，几乎没有收成。即使在风沙较小的年头，亩产也仅 30~45kg。

3.3 乌兰布和沙漠绿洲的现代化进程

乌兰布和沙漠东北部地区历史上第二个繁盛时期是在中华人民共和国成立后，在党和政府的领导下，进行了具有真正科学意义的大规模农业综合开发，开展了一系列有计划、有组织的配套建设工程，主要有防治风沙灾害、农田防护林体系建设工程和解决农业灌溉的大型水利建设工程，为该地区绿洲农业的持续发展奠定了坚实的基础。

3.3.1 人工绿洲防护林体系建设工程

中华人民共和国成立初，磴口县缺林少树，1949 年统计，全县共有 54295 株树，仅合 20.6hm^2，天然林也只在黄河滩岸有几片柽柳。加之樵柴，破坏天然植被，流沙每年以 8~10m 的速度向河套平原侵袭，埋压农田、村庄和道路，直接威胁着农牧业生产发展和交通水利畅通，威胁人民的生产发展。

中华人民共和国成立后，磴口县人民在党和政府的领导下，为治理风沙危害，保护绿洲农业，提出了"沿沙设防，植树造林，营造防沙林带，保护草林；沿河筑堤，沿堤栽树，营造黄河护岸林带"的建设方案。1951 年完成了从磴口县粮台乡至杭锦后旗召庙乡全长 156km、面积为 1004.7hm^2 的大型防沙林带的勘测设计任务。随后，全民动员，一场有组织、有规划、有领导的防沙造林运动在全县展开，经过 8 年的艰苦奋战，到 1959 年末，沿乌兰布和沙漠东北前缘营造起一条长达 154km、宽 30~100m 的大型防沙林带。对保护农田、保护黄河、保障包兰铁路的畅通发挥了重要作用。特别是三北防护林工程建设以来，营造了大面积的防护林，区域内一个以防护林为主体、由各林种组成的防护体系已初具规模。近年来，磴口县抓住国家实施西部大开发战略的机遇，先后实施了三期国家生态建设工程、天然林资源保护工程、退耕还林工程，治理面积分别为 13400hm^2、19333.3hm^2、12000hm^2，治理区域植被覆盖度明显提高，生态环境逐步改善。

经过 60 多年的林业建设，风沙危害得到了有效治理，有力地促进了本地区生态环境改善，为各行业的发展提供了有利条件。有效地防治了风沙对农田的危害，改善了区域小气候，风沙灾害性天气得到了有效控制，为干旱沙区人工绿洲的可持续经营奠定了良好的基础，为当地经济发展的可持续性提供了有力的生态保障。

3.3.2 人工绿洲水利建设工程

黄河三盛公水利枢纽工程坐落于磴口县城巴彦高勒镇南 2km，是当时国家 28 项水利建设工程之一，也是内蒙古自治区历史上为数不多的一个大型水利工程，是国家根治和开发黄河的主要工程之一。

黄河三盛公水利枢纽工程是一座以灌溉为主，兼有发电、工业、供水等综合利用效益的大型水利枢纽工程，包括拦河闸、总干渠进水闸、总干渠、沈乌灌区进水闸等工程。1958年经国务院第78次会议通过，于1959年6月开工建设，1961年5月建成并投入使用。结束了河套平原绿洲引黄灌溉无坝自流引水、水患频发的历史，实现了河套平原绿洲灌溉"一首制"控制引水，有效根治黄河水患。黄河三盛公水利枢纽工程建成和运行，同时为乌兰布和沙漠东北部的绿洲开发建设开启了新的纪元。

同期，原巴彦淖尔盟行政公署为保护河套灌区的农田、村镇、公路、铁路以及水利设施免受乌兰布和沙漠的风沙危害，决定利用黄河水资源、开发乌兰布和沙漠北部地区，成为巴彦淖尔市西部一个灌区。这个灌区的骨干渠道定名为"包尔盖灌渠"，并成立了"巴盟包尔盖灌渠筹办委员会"。同期，黄河三盛公水利枢纽工程也为该灌渠设计了沈乌灌区进水闸，按照该灌渠的渠系规划设计，干渠长18km，引水量70m³/s，在18km处设分水闸，设分干渠2条，支渠14条，控制灌溉面积7.3万hm²。1961年工程基本完成，5月23日起闸输水，至1967年新扩建完善，桥闸配套，共计开挖支渠以上渠道231.37km，使乌兰布和沙漠东北部灌溉系统初具规模，为绿洲农业的发展和兴盛奠定了坚实的基础。

3.3.3 大规模沙荒土地开垦历史

乌兰布和沙漠东北部的磴口县是我国干旱沙漠地区自然条件较好的具有较大开发价值的地区之一（侯仁之，1965）。既有搞开发性农业的许多资源优势，也有沙漠化土地整治建设绿洲的有利条件。本区自然条件相对优越，水土光热资源丰富，资源利用和区域生态建设与全国各大沙漠相比具有得天独厚的优势。因此，在沙漠的东北缘建成了大面积的人工绿洲。

20世纪60年代后期至70年代，内蒙古生产建设兵团在这里进行了大规模移沙造田垦荒活动；80年代后期，乌兰布和沙区开发再一次形成高潮，成为国家农业综合开发的重点地区之一。

根据磴口县文史资料，1949年磴口县的人口为17807人，农业播种面积4554.5hm²，粮食产量平均每亩70kg；1959年人口已增加至37917人，农业播种面积达1.25×10⁴hm²，平均亩产增加到225kg，10年间人工绿洲扩大了2.7倍。

1966年7月在乌兰布和沙漠东北部，组建内蒙古军区生产建设兵团一团、二团，1969年扩建为北京军区生产建设兵团一师，7个团100个连队，人口2.7万，在乌兰布和沙漠腹地进行沙荒土地的大规模开垦。大面积砍伐人工林，垦荒造林影响深远，据统计毁损梭梭林面积3.4×10⁴hm²，砍伐人工林7734hm²。截至1970年末，开垦耕地面积1.33×10⁴hm²，但播种面积仅为6733.3hm²。绿洲经营广种薄收，单产最高的1972年，各团的平均产量仅有45.1kg，1973年的六团平均亩产只有14kg，连种子也收不回来，兵团的农业种植连年亏损，截至1975年建设兵团一师累计亏损5158.6万元。惨痛的教训，值得记取。1975年以后，生产建设兵团解体，改为 7 个农场，区域内沙漠治理与绿洲开发又进入科学治理的阶段。

由于本区处于干旱地区，生态环境十分脆弱，大规模毁林毁草开荒造田，导致生态环境恶化，土地沙漠化愈演愈烈，风沙侵袭严重。加之，大水漫灌，造成土壤盐碱化，弃耕农田 6666.7hm^2。由此产生了一系列的生态环境问题，一度曾出现沙进人退的被动局面。不仅给当地人民生产生活带来极大的危害，而且成为制约全县经济社会发展的主要因素。

1980 年我国农村实行家庭联产承包责任制，极大地解放了农村生产力，激发农民农业种植的积极性，形成了农民大量开垦土地的热潮。到 1990 年，磴口县耕地面积已由 1980 年的 2.20×10^{4}hm^2 增加至 2.93×10^{4}hm^2。

20 世纪 90 年代，农产品价格呈上扬趋势，农业种植效益较高，激发了广大农民开发沙荒土地的积极性。与此同时，这一时期国家实行的农业综合开发政策，鼓励沙荒土地的规模开垦，从 1996 年开始，当时的巴彦淖尔公署为振兴地方经济，实施"再造河套"的土地开发战略，为适应这一战略的需要，磴口县党委和政府提出了"一县变两县"土地开发规划，制定了一系列优惠政策、奖励办法及相关规定，以此促进和引导全县的沙荒土地综合开发。特别是 1997 年后，国家实施西部大开发战略，磴口县加大了招商引资的力度，对乌兰布和沙荒土地的农业开发采取政府宏观控制、企业实施、带动农户广泛参与的新模式，先后引进了诸多企业实施沙荒土地的规模开发，出台了相关政策，保护了土地开发商（者）的利益，调动了他们的积极性，再次推动沙荒土地农业开发的高潮，使磴口县人工绿洲的面积大幅增长。截至 2005 年，磴口县耕地面积 4.29×10^{4}hm^2，比 1990 年增加了 1.36×10^{4}hm^2。

20 世纪 70 年代后期以来，乌兰布和沙漠东北部的人工绿洲实行以农为主的经营策略，不但获得了较大的经济效益，也使沙区面貌发生重大改观；片状人工绿洲面积正在逐步扩大，以渠道、农田、居民点为主的防护林网已逐步形成，沙进人退的局面得到逆转。总体来看，局部治理效果显著，但区域生态环境总体恶化趋势并没有得到根本的改善，人工绿洲的可持续性还有待系统观测，以农业开发为主的人工绿洲化与沙漠化相互转化的进程还需进一步予以关注。

第 4 章
磴口县绿洲化与荒漠化景观格局变化研究

　　干旱区的人工绿洲是自然与社会经济的综合体，绿洲寓于荒漠基质之中，两者
既相互依存又相互排斥，互为转化，呈现对立统一属性，而绿洲化和荒漠化是其转
化的特征（黄培佑，1998）。人类活动的影响，使干旱区的景观格局产生了深刻的
变化。地处乌兰布和沙漠东北部的磴口县，虽然地表大部分为流动程度不同的各类
沙丘覆盖，形成典型的沙漠景观，但该县具有的引黄河水灌溉条件及其东北部地区
平坦、肥沃的冲积平原环境，是建设人工绿洲的有利条件。目前原有荒漠生境经开
垦和灌溉耕作形成了以农业为主导的大面积人工绿洲，同时在绿洲外围营造了大面
积的人工固沙林以维护绿洲的农业生产安全，这些措施对促进当地经济和社会的协
调发展发挥了重要作用。

　　然而，本地区长期大规模的人工绿洲化过程，水、土资源的高强度利用，导致
生态环境恶化，反而不利于人工绿洲的可持续发展。人工绿洲开发往往是大规模开
垦植被覆盖较高的固定、半固定沙丘，致使生长良好的天然灌丛植被大面积消失，
或原来较高大的多年生灌木群落演替为一年生草本短命植物群落，固沙防护能力严
重下降，很大程度上破坏了当地生态平衡赖以维持的植被基础，降低了区域生态系
统质量；大规模开垦造成灌溉水资源紧张以及新垦农田防护林体系配套程度低，致
使农田弃耕大量发生，大量土地再次沙化；灌、排水设施的不配套，绿洲土地的次
生盐渍化等，对人工绿洲及当地经济的可持续发展形成威胁。

　　本章旨在运用遥感技术和人工调查相结合的手段，对磴口县土地沙化和绿洲化
进程开展监测，掌握本地区绿洲化进程中各类土地的动态变化，分析其发生过程和
发展趋势，为维护区域生态平衡和绿洲可持续发展决策提供数据支撑。

4.1　研究方法

4.1.1　卫星影像数据及其处理

　　研究选用 Landsat TM 影像为基本数据源，可满足区域或县级尺度沙漠化和土地
利用监测的需要（刘玉平，1998）。选用分别成像于 1990 年 8 月 27 日和 2003 年 9
月 7 日的两景无云影像为基础数据，两景影像的成像时间都在秋季，且时间非常接
近，保证了两个时期土地沙化和土地覆盖状态的可比性。基于项目区 1：50000 比例
尺地形图，对影像数据进行几何校正，校正精度控制在 1 个像元以内，并用最小邻

近法重采样，建立起我国大比例尺地图常用的 Gauss-Krüg 投影坐标系统。

4.1.2 景观类型划分和成图

根据磴口县土地沙漠化和土地覆盖的特点，将研究区划分为人工绿洲、流动沙地、半固定沙地、固定沙地、盐碱地、戈壁及裸地、山地、水域和居民地等 9 个景观类型。采用监督和非监督分类相结合的方法，对两景影像做了分类处理。通过野外踏勘和抽样调查，对分类结果进行了验证。为使分类更准确，根据野外踏勘和抽样调查数据对分类结果做了后处理并成图。通过两景影像的分类处理，获得了研究区 1990 年和 2003 年的各景观类型现状图（图 4-1 和图 4-2，彩版）。

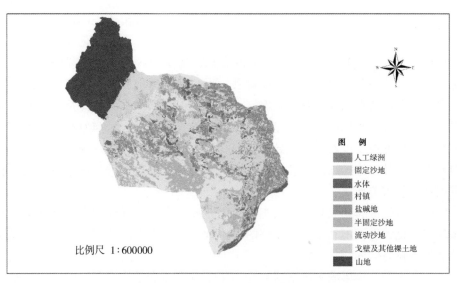

图 4-1（彩版）　磴口县 1990 年各景观类型现状图

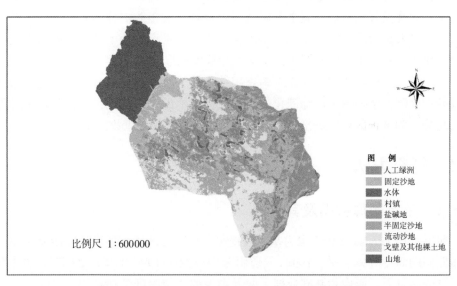

图 4-2（彩版）　磴口县 2003 年各景观类型现状图

4.1.3 人工绿洲相关景观类型的空间变化分析

借助 ERDAS IMAGINE 软件的 Model Maker 模型设计工具，进行两期分类结果栅格数据的空间叠加（Overlay）分析。根据以下算式计算各景观类型 1990 年至 2003 年的空间转化率（王秀兰等，1999）。

$$K_i = \frac{\Delta U_i}{U_i} \times 100\% \qquad (4-1)$$

式中：K_i 为在研究时段内第 i 类景观类型的空间转化率；U_i 为第 i 类景观类型 1990 年的面积；ΔU_i 为至 2003 年第 i 类景观类型转化为某类其他景观类型的面积（hm^2）。

4.1.4 各景观类型的景观格局分析

以 1990 年和 2003 年两个年份的碛口县景观类型现状图为数据源，通过计算反映不同年份研究区景观类型的景观变化的指标，分析研究碛口县 1990 年和 2003 年景观类型的景观格局变化过程。

选择了 10 个景观指标作为本研究的景观格局分析指标（李哈滨等，1992；傅伯杰，1995）。

（1）类型面积（TA_i）：反映各斑块类型在景观中的面积，从一个侧面反映斑块类型的优势度。

$$TA_i = \sum_{j=1}^{n} a_{ij} \qquad (4-2)$$

式中：a_{ij} 为斑块 ij 的面积；n 为斑块类型 i 的斑块数量（n_i）。

（2）斑块类型面积比例（PA_i）：反映斑块类型优势度的指标。

$$PA_i = A_i/A \times 100 \qquad (4-3)$$

（3）斑块数量（NP_i）：反映斑块数量多少的最直观指标，是表征破碎化的重要指标。

（4）斑块平均面积（MPS_i）：反映斑块大小的直观指标，也是指示破碎化的重要指标。

$$MPS_i = \frac{\sum_{i=1}^{n} A_i}{n_i} \qquad (4-4)$$

（5）景观形状指数（LSI_i）：反映景观形状的复杂程度和景观结构的形状特征。

$$LSI_i = \frac{0.25E^*}{\sqrt{A}} \qquad (4-5)$$

式中：E^* 为景观的边缘总长度（m）；A 为景观面积（m^2）。

（6）斑块的分维指数（$PFDI_i$）：是度量斑块形状复杂程度等级的指标，是反映斑块形状和斑块大小相互作用的综合指标。

$$PFDI_i = \left[\sum_{j=1}^{m} \frac{2\ln(0.25p_{ij})}{\ln(a_{ij})} \right] / n_i \qquad (4-6)$$

（7）蔓延度指数（$CONTAG_i$）：反映斑块或斑块类型的聚集或扩展状况的指标，如蔓延度指数数值大，说明景观中有连通性好的优势斑块类型存在，否则，就表明景观由连通性差的多种斑块类型组成，景观的破碎化程度高（王根绪等，2002）。

$$CONTAG_i = \frac{g_{ii} / \sum_{k=1}^{m} g_{ik} - 2P_i + 1}{2 - 2P_i} \times 100 \tag{4-7}$$

式中：g_{ii} 为同类型斑块 i 之间相邻的像元数；g_{ik} 为斑块类型 i 和斑块类型 k 相邻的像元数；P_i 为斑块类型 i 所占的面积比例。

（8）景观结合度指数（$COHESION_i$）：是一种量测斑块的物理连接度的指标。它存在一个临界值，在达到靠近临界的渐近线以前，结合度指数会一直增加，结合度越大，物理连接程度越大。同时它对斑块的聚集也特别敏感，数值越大，斑块聚集程度越高，物理连接度越好，破碎化程度越低。

$$COHESION_i = \left[1 - \frac{\sum_{j=1}^{n} p_{ij}}{\sum_{j=1}^{n} p_{ij} \sqrt{a_{ij}}} \right] \times \left[1 - \frac{1}{\sqrt{Z}} \right]^{-1} \tag{4-8}$$

式中：Z 为景观的总像元数。

（9）Shannon 多样性指数（$SHDI$）：反映景观的组成和结构的指标。景观由单一要素构成时，多样性指数为 0，由两个以上要素构成，且占的比例相同，景观多样性最高，各景观类型所占比例的差异增大，则多样性下降（傅伯杰，1995）。

$$SHDI = - \sum_{i=1}^{n} (P_i \ln P_i) \tag{4-9}$$

（10）Shannon 均匀度指数（$SHEI$）：用于测度景观结构中一种或几种景观类型支配景观的程度（Baker, W. L., 1989；C. Loehle and G. Wein, 1994）。描述景观的均匀程度，数值越大，均匀程度越高，反之说明景观受控于少数的斑块类型。

$$SHEI = \frac{SHDI}{\ln(m)} \tag{4-10}$$

采用 FRAGSTATS 软件计算上述指标在研究区不同年份的数值。

4.2 结果与分析

磴口县 1990 年和 2003 年的各景观类型现状解译结果见图 4-1 和图 4-2，其动态变化的分析结果如下。

4.2.1 景观类型的数量变化

表 4-1 是根据 1990 年和 2003 年的景观类型图统计获得的两个年度各类景观的面积变化数据，可以看出，1990 年至 2003 年间，磴口县的各类景观发生了很大的变化，主要变化特点如下。

表4-1 磴口县景观类型的面积变化统计（1990—2003年）

土地利用类型	面积（hm²）		面积变化（hm²）	变化率（%）
	1990年	2003年		
人工绿洲	53746.92	84808.44	31061.52	57.79
流动沙地	55455.21	67483.17	12027.96	21.69
半固定沙地	50392.44	44516.25	-5876.19	-11.66
固定沙地	92370.42	63261.63	-29108.79	-31.51
盐碱地	9159.03	3004.65	-6154.38	-67.19
戈壁及裸地	2291.76	4459.68	2167.92	94.60
山地	56069.64	56069.64	0.00	0.00
水域	16213.59	12162.78	-4050.81	-24.98
居民地	1031.58	964.35	-67.23	-6.52
合计	336730.59	336730.59		

4.2.1.1 沙荒地大规模开垦，人工绿洲面积急剧扩大

1990年磴口县的人工绿洲面积为53746.92hm²，到2003年大幅增加至84808.44hm²，13年间净增加了31061.52hm²，增长率57.79%，年增长4.45%，新增加人工绿洲主要集中在西北部和北部地区。表明磴口县在这一期间开展了大规模的沙荒土地开垦，人工绿洲面积迅速扩张。然而，根据磴口县统计资料，磴口县种植业的产值1990年和2003年分别为21460.0万元、23995.6万元，农业产值13年间仅增加了11.8%，说明多年来大规模的绿洲开发建设，并未取得预期的经济效果，这种简单的规模扩张，并不能实现把土地资源优势转化为经济优势的战略构想，而这种缺乏系统规划设计的大规模绿洲开发建设必然会给区域生态环境带来负面影响，干旱区人工绿洲的发展应走资源节约、环境保护、集约经营之路。

4.2.1.2 流沙扩展，土地沙漠化明显加剧

1990年至2003年间，沙漠化土地（流动沙地、半固定沙地和固定沙地）的总面积从1990年的198218.07hm²减少到2003年的175261.05hm²。从总量上看，沙漠化土地减少了22957.02hm²，下降了11.58%，但这只是一种表象，事实上却隐藏着潜在的生态危机。从不同类型沙漠化土地的面积变化数据来分析，这种隐藏的生态危机便会显现出来。由表4-1和图4-3可知，流动沙地的面积显著增加，从1990年的55455.21hm²增加到2003年的67483.17hm²，增加了21.69%，表明沙漠化正处在迅速扩张之中，这种扩张必然会给人工绿洲的持续发展带来威胁；而固定、半固定沙地的面积显著减少，从1990年的142762.82hm²减少到2003年的107777.88hm²，减少了24.51%。其中固定沙地减少了31.51%，而固定沙丘类型正是区域内灌丛植被覆盖度最高、对绿洲最具生态保护功能的景观类型，长期来看，它的减少也必然给人工绿洲的健康稳定带来威胁；而半固定沙地减少了11.66%。可见研究区1990年至2003年的沙漠化土地面积减少主要是固定和半固定沙地面积

的减少，而流动沙地的面积则持续增长，主要表现为北部和中部地区的流沙扩展和人工绿洲面积增大，究其原因主要是大规模的绿洲开发所致。

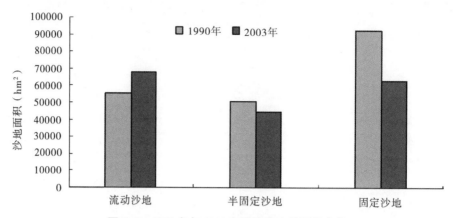

图4-3 1990年与2003年沙漠化土地面积变化

虽然近10多年来，磴口县在生态建设过程中，先后实施了3期国家生态建设工程、天然林资源保护工程、退耕还林工程，沙化土地治理总面积达44733.30hm²，治理区植被覆盖度明显提高，但从全县总体看，生态环境整体仍呈逐渐恶化的趋势，沙漠化的发展还没有从根本上得到遏制，要实现生态环境整体改善必须付出长期不懈的艰苦努力。

4.2.1.3 盐碱土地减少，盐渍化程度改善

磴口县的盐碱地主要分布在区域内湖泊边缘、人工绿洲低洼地带和引水灌溉的支渠、干渠两侧等。1990年至2003年的13年间，盐碱地的面积由1990年的9159.03hm²减少到2003年的3004.65hm²，减少幅度高达67.19%。

20世纪90年代以来，当地政府开始实施以农田水利设施配套为主的中低产田改造工程，平整土地、缩小灌溉地块、渠道防渗砌衬、管道灌溉、喷灌等新技术逐渐推广，井渠双灌逐渐成为普遍采用的灌溉方式。与此同时，黄河过境平均径流量由90年代初的1.77×10¹⁰ m³下降到近年来的1.00×10¹⁰ m³左右，1998年开始国家对黄河水资源实行全流域统一管理、统一调度，包括研究区在内的河套灌区分配的用水额度逐年调减，到2003年，用水额度已从5.86×10⁹ m³降至3.90×10⁹ m³，磴口县灌溉用水也相应调减。为了缓解灌溉水资源减少与灌溉面积不断增加的现实矛盾，当地开始大量开发地下水资源，导致地下水位明显下降，土地盐渍化明显改善，部分轻度盐渍化土地被改良复垦。

4.2.1.4 湖泊干涸，水域面积明显缩减

研究区黄河过境，地下水位高，有众多面积大小不等的沙漠湖泊。以沙漠湖泊为主的地表水域面积1990年为16213.59hm²，2003年减少到12162.78hm²，减少了24.98%。水域面积缩小的直接动因：绿洲扩大导致单位面积灌溉量相对减少，地下水补给相应减少；二是灌溉水资源减少，大规模开采地下水导致的地下水位下降。

湖泊的面积减少和地下水位的降低，虽然有利于绿洲土壤盐渍化改善，但同时也可能导致土地沙漠化的进一步发展。

4.2.1.5 戈壁和裸地面积有所增大，居民地面积有所减小

表 4-1 显示，虽然研究区的戈壁和裸地基数不大，但其面积从 1990 年的 2291.76hm² 增加到 2003 年的 4459.68hm²，增加了 94.6%。面积增大区域主要分布在研究区西北部，一方面是弃耕土地和新垦未利用土地变为裸地，另一方面是流动沙丘前移使较大面积的下覆古冲积平原裸露形成。

在监测期内，居民地面积减少了 6.52%，其原因可能是农村小康村建设中，住宅集中建设，节约了部分土地，也与居民用地附近土地开垦有关。

4.2.2 景观类型的空间格局变化

对某个景观类型而言，其空间转化包括两种过程，一种是该类型转化成其他景观类型（转移部分），另一种为其他景观类型转变为该景观类型（新增部分）。对这两种转化过程的综合比较分析，能清楚地了解区域内绿洲相关景观类型动态变化的趋势与特点。

表 4-2 和表 4-3 分别是研究区 1990 年至 2003 年间绿洲相关的不同景观类型的转化面积矩阵和转化率矩阵。两个表中的对角线数字分别代表各景观类型的未转化面积及其比例，它表明各景观类型变化的稳定程度，其余数字代表各地类转化成其他地类的面积和比率，反映了不同景观类型随时间向其他景观类型转化的强度和速度。

表 4-2　1990 年至 2003 年磴口县各类景观的转化面积矩阵 （hm²）

2003 年 1990 年	人工绿洲	流动沙地	半固定沙地	固定沙地	盐碱地	戈壁及裸地	山地	水域	居民地
人工绿洲	51092.64	522.00	55.98	1459.71	66.15	0.99	0.00	491.67	57.78
流动沙地	5811.75	43444.44	619.56	3727.08	190.62	1082.61	0.00	577.17	1.98
半固定沙地	3446.01	7424.19	31989.33	6907.86	77.94	135.18	0.00	406.53	5.40
固定沙地	14781.51	15082.11	11688.21	46515.06	473.4	1686.24	0.00	1996.92	146.97
盐碱地	4143.78	566.73	60.84	1428.21	2124.81	25.65	0.00	781.74	27.27
戈壁及裸地	203.94	197.37	55.53	301.59	3.15	1525.32	0.00	4.86	0.00
山地	0.00	0.00	0.00	0.00	0.00	0.00	56069.64	0.00	0.00
水域	5022.81	246.33	46.80	2834.1	67.23	3.69	0.00	7887.6	105.03
居民地	306.00	0.00	0.00	88.02	1.35	0.00	0.00	16.29	619.92

由表 4-2 的数据进一步统计分析发现，1990 年至 2003 年的 13 年中，磴口县 71.65% 的景观类型没有发生变化，以人工绿洲、各类沙漠化土地景观类型和山地占的比例最高，而其他 28.35% 面积的景观类型发生了转化。

转化率最高的是盐碱地，转化率高达 76.80%，主要是转化为人工绿洲和固定

沙地。其中，转化为人工绿洲的面积为 4143.78hm²。水域的转化率也很高，达51.35%，大部分转化为绿洲农田，面积达 5022.81hm²，转化率为 30.98%，说明由于大规模开采地下水导致的地下水位下降，使很多沙漠湖泊干涸，土壤盐渍化危害程度下降，很大部分干涸的湖盆和原来的盐渍化土地被开垦耕种。

人工绿洲的转化率很低，13 年中只有 4.94% 的人工绿洲转化为其他景观类型。虽然转化率较低，但转化后的主要景观类型为固定沙地、半固定沙地、流动沙地和盐碱地。人工绿洲逆转为沙漠化土地的面积达 2037.69hm²，其中以逆转为固定沙地为主，面积为 1459.71hm²，占沙化面积的 74.4%；但这种转化不仅是量的变化，更是质的转变。绿洲未开发前，景观多为灌木、半灌木为主的植被类型，群落稳定性强，而逆转后的固定沙地则多为一年生草本为主，群落稳定性差，生态功能下降；逆转为流动沙地的面积为 522.00hm²，尽管面积不大，但它与绿洲相邻，对现存绿洲的危害却是很大的。人工绿洲逆转盐渍化的面积仅为 66.15hm²，对绿洲危害不大，但仍应引起足够的重视。总之，研究区绿洲化的逆转形式表现为沙漠化和盐渍化，尽管荒漠化面积不大，但对现存人工绿洲造成的生态威胁是巨大的，同时，所造成的经济损失也是十分巨大的。

表 4-3　1990 年至 2003 年磴口县各类景观转化率矩阵（%）

2003年 ＼ 1990年	农田	流动沙地	半固定沙地	固定沙地	盐碱地	戈壁及裸地	山地	水域	居民地
农田	95.06	0.97	0.11	2.72	0.12	0.00	0.00	0.91	0.11
流动沙地	10.48	78.34	1.12	6.72	0.34	1.95	0.00	1.05	0.00
半固定沙地	6.84	14.73	63.48	13.71	0.15	0.27	0.00	0.81	0.01
固定沙地	16.00	16.33	12.65	50.36	0.51	1.83	0.00	2.16	0.16
盐碱地	45.24	6.19	0.66	15.59	23.20	0.28	0.00	8.54	0.30
戈壁及裸地	8.90	8.61	2.42	13.16	0.14	66.56	0.00	0.21	0.00
山地	0.00	0.00	0.00	0.00	0.00	0.00	100.00	0.00	0.00
水域	30.98	1.52	0.29	17.48	0.41	0.02	0.00	48.65	0.65
居民地	29.66	0.00	0.00	8.53	0.13	0.00	0.00	1.58	60.10

与人工绿洲的转化相比，各类沙漠化土地的转化比例却都很高，转化率在21.4%~49.6% 之间。一方面，大面积的沙漠化土地转化为人工绿洲，13 年间，总计有 24039.26hm² 沙化土地转化为人工绿洲，其中，流动沙地 5811.75hm²，半固定沙地 3446.01hm²，固定沙地 14781.51hm²，转化为人工绿洲的沙化土地面积远大于由人工绿洲转化为沙化土地的面积，这是造成人工绿洲面积快速增加的根本原因，特别是有 16% 的固定沙地和 6.84% 的半固定沙地被开垦，直接大面积破坏了绿洲外围的天然灌丛植被。另一方面，不同沙化土地景观类型之间的转化比率也很高，转化过程可分为退化型转化（较高盖度植被转为较低盖度植被）和恢复型转化（较低盖度植被转为较高盖度植被）两类，退化型转化包括固定沙地转为半固定沙地和流动沙地以及半固定沙地转为流动沙地，共有 26770.32hm² 的固定沙地转化为流动和

半固定沙地，有 7424.19hm² 的半固定沙地转为流动沙地，总面积 34194.51hm²，而同期的恢复型转化（流动沙地转为固定和半固定沙地以及半固定沙地转为固定沙地）面积为 11254.5hm²，远小于退化型转化的面积。

大面积开垦沙化土地、大量开采地下水造成的地下水位下降以及天然植被的过度利用，固定、半固定沙地的破坏和严重退化，使绿洲逐步失去重要的天然保护屏障，对绿洲的工农业生产和人民生活安全构成严重威胁。

4.2.3　景观格局的稳定性评价

4.2.3.1　区域景观格局的总体变化

表 4-4 为计算获得的代表 1990 年至 2003 年磴口县土地利用类型景观格局变化的 9 个指标数据，这些数据从不同侧面反映了 13 年中研究区土地覆盖景观格局变化的过程和特点，这种变化对评价绿洲的稳定性和安全性具有参考作用。

表 4-4　1990 年至 2003 年磴口县各类景观格局指标变化

年份	斑块数 (NP)	斑块密度 (PD)	斑块大小 (MPS)	形状指数 (LSI)	分维指数 (FDI)	蔓延度 (CONTAG)	结合度 (COHESION)	多样指数 (SHDI)	均匀度 (SHEI)
1996	9341	2.774	36.049	75.654	1.102	50.624	0.993	1.823	0.830
2003	7470	2.218	45.079	66.547	1.100	52.477	0.994	1.786	0.813

（1）景观破碎化程度降低

由表 4-4 中数据表明，2003 年与 1990 年相比，斑块数量明显减少，斑块的密度降低，斑块平均面积增大，说明景观的复杂程度下降；代表景观形状复杂性程度的景观形状指数和分维指数都有所降低，表明斑块形状的复杂性下降，表现出干扰条件下的扩张性和变化潜力降低，这两方面的变化是景观破碎化程度降低的典型体现（王根绪，2002）。景观蔓延度和结合度指标的升高，说明优势斑块的统治地位有增强的态势，斑块的聚集程度、不同斑块或斑块类型间的连通性以及物理连接程度都在增强，这也从另一个侧面说明了景观的破碎化程度有所降低。一般地说，植被的破坏或退化首先导致景观的破碎化程度升高，可能由于大规模的绿洲开发建设使绿洲边缘相对破碎的天然和人工植被完全转化为农田，造成斑块数量的急剧减少，使景观的破碎化程度降低。

（2）景观多样性和均匀性下降

景观多样性指数和均匀度指数是反映景观组成和结构的指标。1990 年至 2003 年，景观的多样性指数值减小，说明各景观类型所占比例的差异增大，景观多样性下降；研究期内，景观均匀度数值呈减小趋势，说明景观更受控于少数的斑块类型，景观均匀程度在逐步下降（贾宝全等，2000）。这两个指标的降低，可能与随着农田和流动沙地面积的大幅增加破坏了分布相对分散的固定和半固定沙地植被、降低了景观的复杂性、使景观变得更加单一化有很大关系。

景观的破碎化和多样化程度降低，都使景观的异质性下降。从理论上讲，景观的异质性降低，使景观对外界因素干扰变得更不敏感，一定程度增强了景观的稳定性（罗格平等，2002）。对沙漠化土地景观类型而言，盖度较高的植被地类与盖度较低的植被地类相比，更易受外力作用和水、营养条件等变化的影响而演替或退化，所以，虽然流动沙地的比例越高，生态环境质量越差，但沙化土地景观格局应该越稳定。对人工绿洲而言，其稳定性直接受控于人力主导下的水、肥以及防护林体系的完善程度等，绿洲景观格局变化的自身规律很难体现，而磴口县又主要靠外部水源提供水力条件保证，水资源利用对本区地下水等情况的负面影响相对小，只要今后根据可利用黄河水量适度控制农田的规模，即可保证绿洲的稳定发展。

4.2.3.2　各景观类型的格局变化

由表4-5所示1990年至2003年磴口县不同土地景观类型的9个景观指标的变化数据不难发现，不同土地覆盖类型的景观格局变化有很大差异，其变化的特点如下。

表4-5　1990年至2003年磴口县不同土地景观类型的格局指标变化

景观指数	年份	农田	流动沙地	半固定沙地	固定沙地	盐碱地	戈壁及裸地	山地	水域	居民地
TA	1996	53746.92	55455.21	50392.44	92370.42	9159.03	2291.76	56069.64	16213.59	1031.58
	2003	84808.44	67483.17	44516.25	63261.63	3004.65	4459.68	56069.64	12162.78	964.35
PA	1996	15.96	16.46	14.96	27.43	2.72	0.68	16.65	4.82	0.31
	2003	25.19	20.04	13.22	18.79	0.89	1.32	16.65	3.61	0.29
NP	1996	878	1839	1661	2663	1299	158	1	790	52
	2003	1188	1950	1053	2334	338	169	1	375	60
PD	1996	0.261	0.546	0.493	0.791	0.386	0.047	0.000	0.235	0.015
	2003	0.353	0.579	0.313	0.693	0.100	0.05	0.000	0.111	0.018
MPS	1996	61.215	30.155	30.339	34.687	7.051	14.505	56069.64	20.524	19.838
	2003	71.389	34.608	42.276	27.108	8.889	26.294	56069.64	32.435	16.073
LSI	1996	26.710	48.407	11.394	2.154	10.982	29.397	28.540	3.248	1.837
	2003	31.487	38.353	8.921	2.111	4.240	25.003	28.540	4.270	1.848
PFDI	1996	1.100	1.100	1.106	1.106	1.096	1.107	1.055	1.098	1.083
	2003	1.094	1.100	1.102	1.104	1.091	1.112	1.055	1.103	1.084
CONTAG	1996	0.952	0.949	0.944	0.939	0.909	0.938	1.000	0.945	0.955
	2003	0.959	0.957	0.947	0.938	0.923	0.947	1.000	0.946	0.956
COHESION	1996	0.995	0.992	0.993	0.995	0.935	0.954	0.999	0.973	0.984
	2003	0.997	0.994	0.994	0.992	0.938	0.980	0.999	0.984	0.982

随着人工绿洲景观面积的持续扩展，绿洲斑块数量增加，斑块密度增大，但斑块的平均面积也增大，说明绿洲的破碎化程度降低，其景观复杂性下降。绿洲景观形状指数和分维指数变化的趋势不一样，前者升高，后者下降，由于分维指数的计算可能受斑块大小和所用计量单位的影响较大（Rogers，1993），所以景观形状指数

的变化可能更代表农田形状特征的变化，其升高表明农田景观斑块的形状复杂性和干扰条件下的扩张性增强，景观格局趋于复杂。景观蔓延度和结合度指标的升高，说明优势人工绿洲斑块类型更加明显，统治地位增强，斑块的聚集性、物理连接性增强，也表明了人工绿洲景观的破碎化程度有所降低。这可能与人工绿洲植被特征的非自然演变性有关。

沙漠化土地是研究区景观的主体，其面积1990年占研究区总面积的58.85%，2003年有所下降，但仍占52.05%，因此，沙漠化土地的景观格局变化对整个研究区的变化有重大的影响。在研究期内，随着流动沙地面积的快速扩展，流动沙地的斑块数量和斑块密度呈小幅增加的趋势，但斑块平均面积增大，景观形状指数和分维指数减小，蔓延度和结合度升高，这些都表明流动沙地的破碎化程度降低，通透性增强，景观复杂性下降。相对于流动沙地，虽然半固定沙地的面积呈显著减小趋势，斑块数量和斑块密度降低，但与流动沙地一样，斑块平均面积增大，景观形状指数和分维指数减小，蔓延度和结合度升高，也表现出破碎化程度降低的趋势，说明半固定沙地的面积减少可能首先表现为是小斑块的消失和生物性扩张潜力的削弱。而固定沙地的变化与流动和半固定沙地的变化有较大差异，随着面积的下降，斑块数量和斑块密度下降，但斑块平均面积也减小，形状指数减小，蔓延度和结合度下降，这表明随着固定沙地的面积减小，破碎化加剧，同时扩张性、连通性和抗干扰能力也下降。

水域、盐碱地和居民地的面积总体都呈下降的趋势，但景观格局变化的特点有差异。水域和盐碱地的变化趋势总体表现为斑块数量和密度的下降、斑块平均面积的增大、蔓延度和结合度的升高、景观的破碎化和复杂性程度降低；二者的形状指数和分维指数变化不同，水域的两个指数呈增大的趋势，而盐碱地的呈减小趋势，说明水域斑块的形状复杂性较盐碱地大，其发展变化潜力更大。而居民地的变化体现为随着斑块数量和密度的下降、斑块平均面积的减小、表示形状复杂性的指数升高，说明一方面居民地的面积和斑块数量减少，可能与当地政府推行小康村建设有很大关系。另一方面斑块的平均面积减小，与形状有关指标的数值升高，说明居民地的斑块复杂性和破碎化程度增强，这可能与小康村建设进程紧密相关；蔓延度和结合度变化的不一致性，也说明了居民地变化的过渡性特点。

戈壁及裸土地的面积虽有增加，但其面积基数小，对整个景观变化的贡献率很低。该地类的景观格局变化规律与前述流动沙地基本一致。

4.3 小结

（1）1990年至2003年的13年中，磴口县的土地覆盖状况发生了很大的变化，最大特点是人工绿洲和流动沙地面积大幅度增加，固定、半固定沙地以及水域和盐碱地面积迅速减少。13年中流动沙地增加了21.69%，人工绿洲增加了57.79%，与之相反，固定沙地减少了31.51%，半固定沙地减少了11.66%，水域减少了24.98%，盐碱地减少了67.19%。这种变化虽然一定程度上推动了当地经济的短期发展，但也直接导致生态环境质量持续恶化，威胁区域的长久生态和经济安全。

（2）磴口县土地景观变化的空间转化过程分析发现，在 13 年中，总计有 24039.26hm² 的沙化土地被开垦为人工绿洲，其中，流动沙地 5811.75hm²，半固定沙地 3446.01hm²，固定沙地 14781.51hm²，沙地开垦的面积远大于农田退耕或弃耕的面积，这是人工绿洲面积快速增加以及固定和半固定沙地减少的根本原因。固定、半固定沙地的开垦，直接大规模破坏了群落稳定、对人工绿洲具生态保护功能的白刺、沙冬青、梭梭和油蒿群落等天然植被构成危害。但土地的沙漠化与绿洲化的相互转化，不仅是数量的转变，更是生态环境的质变。20 世纪 90 年代以来，当地政府实施的大规模人工绿洲开发建设战略，不仅未能实现其将土地资源转化为经济优势，更给当地生态环境增大了压力，使人工绿洲的可持续发展受到威胁。

（3）盐碱土地和水域的减少是磴口县土地景观变化的另一重要特点。13 年中，水域减少 4050.81hm²，占原面积的 24.98%；盐碱地减少 6154.38hm²，占原面积的 67.19%。20 世纪 90 年代以来，国家实行黄河全流域用水统一管理，研究区引黄水量明显减少，由于人工绿洲面积扩大，灌溉用水相对紧张，造成很多地方大量开采地下水，使区域地下水位普遍下降 0.6~1.1m，大量沙漠湖泊干涸，盐渍地水位降低，而被开垦建成人工绿洲。水域（湖泊）的干涸将对当地生态环境乃至经济的长远发展造成难以估计的影响。

（4）对磴口县 13 年来土地覆盖景观格局变化的研究表明，2003 年与 1990 年相比，研究区斑块数量明显减少，但斑块平均面积增大，景观的形状复杂性降低，景观蔓延度和结合度指标升高，说明研究区景观的破碎化程度明显降低，景观具明显的简单化趋势。这主要体现为具非生物或非自然演变特点的流动沙地、人工绿洲等优势斑块的统治地位显著增强，而具一定生物扩张性的固定沙地斑块，不但面积大幅度缩减，而且破碎化程度增强。这从景观生态学角度阐明了磴口县 13 年来土地覆盖变化的生态演变过程和结果。

第 5 章
人工绿洲外缘天然植被变化及其生态作用

　　干旱区的植物资源是人类赖以生存发展的宝贵资源之一，不仅是传统畜牧业经济发展的源地，而且与现代绿洲共同构成了临近地区的生态屏障与边际农牧业经济区，对该地区居民的生活、生产与发展起着重要的作用。然而，随着气候变化与人类活动干扰强度的不断加大，荒漠绿洲面临着严重的退化问题。研究显示（王涛，2005），荒漠绿洲、草原区和农牧交错带是中国北方土地沙漠化最为严重的地区和主要的沙尘源区之一。由于人工绿洲的扩张和水资源的过度利用，以生物多样性减少、土地盐渍化、水资源可利用性减少为主要过程的土地荒漠化正在威胁着中国北方广大地区的生态与环境、生活与生产、稳定与发展。

　　乌兰布和沙漠东北部绿洲是在沙漠基质上经人工建立引用黄河水灌溉系统基础上建成的人工绿洲。绿洲处于沙漠包围之中，无时无刻不受到外围沙漠环境的干扰和影响，特别是风沙危害，威胁绿洲生态、生产安全。其外围的沙漠天然植被不仅是建设人工绿洲的环境与生物基础，也是人工绿洲的安全保障体系及重要有机组成部分，对沙漠向绿洲的侵入及其影响起着吸纳和缓冲的作用。这里分布有荒漠和半荒漠植被，人工灌溉绿洲镶嵌分布其间，长期以来，由于不合理的开发利用，原来的荒漠与绿洲植被遭受了严重破坏。

　　荒漠绿洲外围的天然植被是生态系统长期演变的结果，其变化首先反映在植被群落的演替与消长（王根绪，1999）。这种变化不仅记载了绿洲荒漠生态系统的演变过程，而且对于未来演变趋势的预测和人工绿洲的建设具有重要的参考价值。绿洲寓于荒漠又异于荒漠，与荒漠构成对立统一体，依一定的条件转化，绿洲与荒漠有着广泛的交错带（王玉朝等，2001）。这一生态交错带受绿洲生态系统与荒漠生态系统的双重影响，且具有敏感的退化趋势。根据黄培祐（1990）对绿洲外缘荒漠生境的划分，将此生态交错带称之为绿洲界外区，其范围为 10～40km，甚至可达60km，破坏最严重地段为贴近绿洲 6km 范围。因此，研究绿洲-荒漠生态交错带植被动态及其生态功能具有重要意义。本章中所称的绿洲外缘天然植被即为绿洲-沙漠交错带，通过对乌兰布和沙漠人工绿洲外缘天然荒漠植被组成、结构和演变特征及其生态功能的研究，揭示天然植被的演替规律，为乌兰布和沙漠人工绿洲与类似绿洲区的保护与持续利用服务。

5.1 研究方法

调查分析方法包括植被调查与风沙流测定，具体方法如下。

5.1.1 植被调查及分析方法

植被调查主要采取样带和随机样方相结合的办法，样带自东南向西北垂直于黄河走向，穿越人工绿洲。样带根据地貌类型、水分和土壤要素的梯度变化而设置。但是，由于受人工绿洲镶嵌的影响，样带的空间连续性受到一定的影响。按照地表覆盖类型及其成因，调查样地分别选自荒漠区、绿洲外围及绿洲内受人为干扰的天然群落类型，便于对比分析。样方规格为 10m×10m。植被调查的内容包括：高度、冠幅、生物量、植物种类、个体数、盖度等。共调查样方 72 个。

植物生物量调查采用标准株或标准枝法，群落结构分析采用物种多样性指数、均匀度和生态优势度 3 个指标，计算方法如下。

（1）物种多样性指数

由于不同学者的研究目的和所关注的对象不同，对计算生物多样性指数所采取的指标和方法也有所不同。在我国，通过对森林和草地群落植物种多样性的研究发现，Shannon-Wiener 指数较佳（彭少麟等，1983，1989）。

$$D = - \sum_{i=1}^{s} n_i \log n_i \qquad (5-1)$$

式中：n_i 是第 i 个种的个数，s 是种数。

这个函数预测从群落中随机选出一个种的平均不定度，当物种的数目增加，已存在的物种的个体分布越来越均匀时，此不定度明显增加（彭少麟等，1989）。

（2）均匀度

均匀度指样方中各个种的多度的均匀程度，即观察多样性与最高多样性的比率（彭少麟等，1983）。

$$J = [N(N/S - 1)] / \sum_{i=1}^{S} n_i(n_i - 1) \qquad (5-2)$$

式中：N 是所有种的个数，n_i 是第 i 个种的个数，S 是种数。

（3）生态优势度

生态优势度是指群落优势集中于一个或几个植物种的程度。它把群落作为一个整体，而把各个种的重要性总结为一个合适的度量体，以表示群落的组成结构特征（彭少麟，1983）。

$$C = \sum_{i=1}^{S} [n_i(n_i - 1) / N(N - 1)] \qquad (5-3)$$

式中：N 是所有种的个数，n_i 是第 i 个种的个数，S 是种数。

5.1.2 风蚀与风沙堆积测定

不同沙地类型样地选在绿洲外缘的天然植被区，选择天然灌丛白刺、油蒿两种主要群落类型，两种植物是乌兰布和沙漠东北部最常见的建群种。2005年从绿洲边缘向外围，选取由天然灌丛白刺、油蒿组成的固定、半固定沙地3块作为样地，植被盖度分别为50%、30%和15%，以绿洲当年新垦沙荒地为对照，相当于流动沙地（盖度为0%），每类样地设5个标桩，绿洲外围约每500m设1个标桩，新垦沙荒地约每50m设1个标桩，利用标桩法测定各类样地的风蚀沙埋厚度，作为风蚀量和堆积量的测定单位，确定各类样地地表最终的风蚀和堆积状况，其每月平均值称之为蚀积量。具体观测方法为每次大风扬沙天气过后，及时观测记录各标桩观测面与原始标高的差值，以标桩原始高度与观测高度之间的差值表示每次风沙天气的风沙侵蚀与堆积量变化，称之绝对风蚀量和绝对堆积量。当差值为正时表示堆积，差值为负时表示风蚀。

5.1.3 大气降尘测定

2005年在沙林中心选择第四实验场边缘人工灌木林、绿洲外围的油蒿半固定沙地和距离绿洲边缘2km的流动沙丘3个观测样地，以期反映人工灌木林、天然植物群落及流沙区沙尘的沉降差异及其影响程度。各类样地设1个测点，在每一测点设置一组集尘装置。集尘缸为内径15cm、高30cm的圆柱形铁皮桶，按月收集各测点的降尘量，分析其水平与垂直沉降分布特征。

在各测点集尘架的0.5m和1.5m高度处布设一组集尘缸，上下两层集尘缸的位置相互错180°夹角。样品收集采用干法收集，每月进行一次测定。

将每次收集到的沙尘样及时在105℃条件下烘干，烘8h后用电子天平称重，并计算降尘量。降尘量为单位面积单位时间内沉降的颗粒物的重量，其计量单位为每月每平方公里面积上沉降颗粒物的吨数（$t \cdot km^{-2} \cdot mon^{-1}$）。用下面公式进行降尘量的计算：

$$M = \frac{W}{s} \times 10^4 \tag{5-4}$$

式中：M——降尘总量（$t \cdot km^{-2} \cdot mon^{-1}$）；

W——月降尘量的烘干重（g）；

s——集尘缸缸口面积（cm^2）。

5.1.4 风沙流测定

风沙流测点选在第四实验场，2004年3~4月，在绿洲外缘选择固定沙丘、半固定沙丘和流动沙丘3个样地类型，采用中国科学院寒区旱区环境与工程研究所研制的十路风速风向自动采集仪测定沙丘不同部位0.5m和2.0m高的风速。同时，在各沙丘上的相应位置分别设置阶梯式集沙仪，收集0~40cm高度内的输沙量。采集时间间隔为10min。采样完成后将沙样带回室内，用1/1000g感量的电子天平称量，计算单位时间内单位面积的输沙率和粗糙度，分析不同植被盖度条件下各沙丘的输沙量和风速降低状况，探讨天然灌草的防蚀阻沙效果。

粗糙度（Z_0）是水平风速为零的高度，它反映地表的粗糙程度，其计算公式为：

$$\lg Z_0 = \frac{\lg Z_2 - A\lg Z_1}{1 - A} \qquad (5-5)$$

$$A = \frac{V_2}{V_1} \qquad (5-6)$$

式中：Z_0 为粗糙度；V_1 和 V_2 分别为同一时刻任意两个高度 Z_1（0.5m）、Z_2（2.0m）处的风速（Bagnold，1943）。

5.2 绿洲外围荒漠植被的空间变化

植被的空间变化特征是气候、地表物质与能量分配的结果，因此，植被特征的变化也反映出环境因素的变化及其作用。

5.2.1 山前→绿洲的植被变化

干旱区山前地带景观自然分异的规律为戈壁、绿洲和沙漠，从山体到绿洲一般都具有明显的植物分布特征。山前绿洲一般分布在山前洪水溢出带，其植被具有典型的隐域植被特征。但是，由于人类活动的影响，这种植被分布格局也常常缺失（汪久文，1994）。乌兰布和沙漠东北部的阴山支脉—狼山山前地带景观类型荒漠植被带、沙漠和人工绿洲。由于山体高度较低，再加降水稀少，山前形成地表径流少，戈壁带发育受限，天然绿洲发育缺失，沙漠有一定的发展，山前平原为第四纪湖积层或古黄河的冲积层，大多被开发为人工绿洲。而山前平原开发的人工绿洲的地势向山前倾斜，灌溉渗漏补给地下水的运动，必然对荒漠植被发育产生影响。乌兰布和东北部山前→绿洲植被分异及其群落结构特征见表5-1，植被分异规律为柠条锦鸡儿群落→白刺群落→白刺+梭梭群落→柽柳+盐爪爪群落，而柠条锦鸡儿群落是山前典型的隐域植被。

柠条锦鸡儿群落分布在狼山山前洪积扇上缘，其上缘还有蒙古扁桃群落（*Prunus mongolica*）分布，虽然它在本区分布面积极少，但它是戈壁荒漠特有种。柠条锦鸡儿属于亚洲中部荒漠的阿拉善地方种，群落在山前呈带状分布，宽度约3km，主要伴生植物有小禾草 [小画眉草（*Eragrostis minor*）、冠芒草（*Pappophorum boreale*）、三芒草（*Aristida adscensionis*）等]，盖度20%~50%，表明水分条件较好。而分布区地下水埋深在十几米至几十米，区域的年自然降水在100mm左右，但群落生长旺盛，自然更新较好，山前地形的增雨作用应是在山前带状分布的主导因素。

白刺群落也呈带状分布在柠条锦鸡儿群落的下缘，与柠条锦鸡儿群落呈过渡分布，分布部位属于山前洪积扇的下缘，宽度约3km，生长郁郁葱葱，盖度在60%，自然更新良好，长势明显好于区域内白刺种群，说明这里是它的适生环境，分布机理与柠条相近，同时也可能与这里地下水埋深较浅有关。

白刺+梭梭群落分布于白刺群落下缘，属于地带性景观分异的沙漠部位，梭梭散生于白刺群落中，局部梭梭有集中分布，有的地方也有沙冬青出现，伴生植物有盐爪爪、沙米等，梭梭是乌兰布和沙漠东北部人工绿洲外围防风固沙性能最优良、生产应用最广泛的树种，其根部可人工接种经济价值较高的药用植物——肉苁蓉

（*Cistanche deserticola*），梭梭分布的出现，表明了典型荒漠植被特征。

柽柳+盐爪爪群落分布远离山体靠近人工绿洲边缘及其外围的低洼地段，伴生植物有角果盐蓬（*Suaeda corniculata*）、芦苇等，这里地下水位较浅，在0.5~1.5m。

上述表明山前→绿洲边缘构成群落植被的优势种明显不同，水平空间尺度上群落变异性大，反映了山前→绿洲边缘植被的环境变化较大。由表5-1可知，山前天然植被柠条锦鸡儿群落平均生物量最大，为53.72kg/100m²；优势度较高，为0.581；而多样性指数和均匀度指数均不高，分别为1.1043和0.3934。白刺群落多样性指数和均匀度指数均比柠条锦鸡儿群落略高，优势度略低，盖度最大，达60%，表明其环境条件要好于柠条锦鸡儿群落，稳定性也较高。绿洲边缘及外围的柽柳+盐爪爪群落，多样性指数和均匀度在4个植被类型中最高，分别为2.2840和0.7205，优势度最小，为0.254，生物量较大仅次于柠条群落，说明其生境条件较好，群落稳定性较高，有利于正向演替。沙漠基质上发育的白刺+梭梭群落多样性指数和均匀度在4个植被类型中最低，分别为0.6255和0.1808，而优势度最高，为0.818，生物量也最小，反映出群落结构性简单、稳定性差。由此可见，乌兰布和沙漠的山前植被带和绿洲边缘带依然具有比较好的植被构成，凭借山前良好的水分条件和局部地形的保护，可以为绿洲的发育提供天然屏障，并在植被恢复过程中起到一定的种源作用。

表5-1 山前→绿洲边缘植物群落特征

植被类型	样地类型	总盖度（%）	生物量（kg）	丰富度（R）	多样性指数（D）	均匀度（J）	优势度（C）
柠条锦鸡儿群落	山前	24	53.72	7	1.1043	0.3934	0.581
白刺群落	山前	61	31.76	5	1.3116	0.5649	0.463
白刺+梭梭	绿洲外围	22	26.90	11	0.6255	0.1808	0.818
柽柳+盐爪爪	绿洲边缘	33	47.74	9	2.2840	0.7205	0.254

5.2.2 绿洲边缘及其低湿地植被的变化

乌兰布和沙漠东北部大面积人工绿洲主要是在开发固定、半固定平缓沙丘基础上形成的，绿洲边缘及外围广泛分布天然植被为油蒿群落，是当地最主要的地带性植被，为进一步防治风沙危害，在绿洲边缘主要营造固沙灌木林；而绿洲边缘及绿洲间的低湿地主要发育盐生植被及耐盐的人工林。人工绿洲边缘和绿洲间低地由于长期受灌溉侧渗的影响，水分条件相对好，人工林下自然植被的侵入与演替进程也比较快，因此，绿洲外围的天然植被结构特征有明显的不同，见表5-2，绿洲边缘的固沙植物有梭梭、花棒、沙拐枣，绿洲低湿地植被人工林以柽柳、沙枣为主，天然灌木以柽柳为主，可呈群落分布，半灌木有盐爪爪，主要以多年生草本和一年生短命植物为主，如芨芨草、芦苇、盐角草。

绿洲边缘人工林梭梭、花棒和沙拐枣，具有良好的防风固沙作用，有效减轻了绿洲的风沙危害。调查区固沙林林龄多在22~25年，当年的原始景观为流动沙丘，灌木固沙林的营造，为其他天然植物种的侵入创造了有利条件，林间大空隙绝大部分为半灌木油蒿占据，白刺有少量侵入，短命植物多为五星蒿、虫实、画眉草。梭梭、花棒适应性强，目前林分未见衰退，而沙拐枣、杨柴适应性差，固沙林大面积死亡，仅有少量植株零散分布。以沙拐枣固沙林为例，造林12年后，林分开始衰退，逐年枯死，油蒿大量侵入，目前植被盖度可达60%，营养苗可占到植株数的1/5，说明更新良好，演替后的植被可持续性强，固沙作用反而有所提高，这正是我们所追求的生态目标。相反，这几种人工固沙灌木树种自身却无法完成自然更新，显现出人工林的弱点，即不可持续性。绿洲边缘及绿洲间低湿地，具有为绿洲排水排盐的作用，大面积的湿地也有改善气候的生态功能，地表自然发育或人工植被，具有降低地下水位的作用，柽柳群落在沙源丰富的绿洲边缘又具有显著的固沙作用，可形成3~10m高的固沙灌丛，对绿洲具有良好的生态保障作用。

从植被结构特征来看（表5-2），人工绿洲边缘经多年演替的人工固沙林，生物多样性指数和均匀度在4个植被类型中最低，仅有0.7380和0.2222，而优势度最高，达0.797，说明群落处于不稳定状态，正在演替之中，且演替的速度较快；其总盖度、生物量又是4个植被类型中最高的，较大生产力的特征有利于防风固沙作用的发挥，成为绿洲的重要屏障。两个绿洲低湿地植被类型，由于水分条件好，多样性指数和均匀度都比较高，而优势度较低，其中，天然群落柽柳-盐爪爪的多样性指数和均匀度明显高于人工林柽柳和沙枣林，而优势度较低，说明天然群落结构复杂、稳定性强，优于人工林群落。而同是绿洲边缘沙漠基质人工林与天然油蒿群落相比，油蒿群落多样性指数和均匀度分别为0.8960和0.6581，优势度为0.561；人工林（梭梭、花棒、沙拐枣）群落多样性指数和均匀度分别为0.7380和0.2222，优势度为0.797。虽然人工林经20余年的演替，多样性指数已有大幅提高，与油蒿群落接近，但均匀度明显小于油蒿群落，优势度明显大于油蒿群落，同样表明天然群落各项指标优于人工林。

表5-2 绿洲边缘及其低湿地植被特征

植被类型	样地类型	总盖度（%）	生物量（kg）	丰富度（R）	多样性指数（D）	均匀度（J）	优势度（C）
人工林：梭梭、花棒、沙拐枣	绿洲边缘	51	106.49	10	0.7380	0.2222	0.797
人工林：柽柳、沙枣	绿洲低地	42	13.26	17	1.7636	0.5309	0.415
柽柳-盐爪爪	绿洲低地	36	25.13	9	2.3261	0.7338	0.225
油蒿	绿洲边缘	45	13.17	6	0.8960	0.6581	0.561

这里需要注意的是虽然人工林具有比较好的防风固沙效果，但是，群落稳定性差，如果树种选择不合理，配置方式不适宜，或者是密度过大，就会造成人工林过早衰退死亡。

5.2.3 绿洲→沙漠方向上植被的梯度变化

乌兰布和沙漠东北部人工绿洲开发的另一种模式是绿洲建设在流动性较强的沙漠边缘，由于绿洲直接受到沙漠侵袭及风沙危害严重，往往在绿洲边缘建立大型的防风固沙基干林带，对保护绿洲免受沙漠危害发挥着重要的生态屏障作用，同时，基干林带外围天然植被的好坏又直接影响其生态功能的持续性。绿洲和沙漠是一对矛盾的统一体，矛盾的转化最终体现在植被的消长上。通过这种模式开发的绿洲在磴口县占有相当的面积，而且建设的年限较早，绿洲边缘、外围直至沙漠由于长期受绿洲的影响，天然植被的演替相对充分，群落变化特征显明，绿洲→沙漠的水平方向上呈现梯度分布规律，群落特征见表5-3。

表 5-3 绿洲至沙漠植被梯度特征值

植被类型	样方类型	总盖度（%）	生物量（kg）	丰富度（R）	多样性指数（D）	均匀度（J）	优势度（C）
白刺群落	绿洲边缘	83	102.30	6	0.9341	0.6341	0.533
白刺+油蒿	绿洲过渡带	40	44.15	8	1.3129	0.6564	0.482
油蒿群落	绿洲外围	25	22.27	5	1.3901	0.5987	0.504
籽蒿-沙竹	绿洲外围（近沙漠）	15	6.34	4	0.6216	0.3108	0.791

天然白刺群落紧靠绿洲边缘的大型基干林带外围，由于经常受绿洲灌溉侧渗补给，生长旺盛，枝叶茂密，枝条呈匍匐状或半直立，枝条受沙埋后，易发不定根，阻截流沙，以其风积聚沙作用，形成连绵起伏的沙山，向外分布的范围40~100m，高度3~6m，固沙作用十分强大。同时对保护绿洲及其大型基干林带具有良好的作用。在调查区发现，凡是在绿洲外围有白刺群落保护的基干林带，生长相对较好，而没有白刺群落保护的基干林带生长不良，甚至大面积死亡，主要原因在于外围没有白刺固定流沙，流沙直接侵入基干林带，积沙过高，水分条件变差，导致林木死亡。表5-3表明，绿洲边缘白刺群落具有高盖度、高生物量的特点，盖度高达83%，样方生物量干重高达102.30kg，接近表5-2中人工灌木林106.49kg，多样性指数和均匀度均低于其外围的白刺+油蒿群落，仅比绿洲最外围沙漠边缘的籽蒿-沙竹群落低，而优势度则正好相反；白刺+油蒿群落和油蒿群落两个群落相比，多样性指数、均匀度和优势度均相差不大；籽蒿-沙竹群落位于沙漠边缘的流沙区，多样性指数和均匀度均较低，分别为0.6216和0.3108，而优势度最高，为0.791。从生物量来看，绿洲至沙漠方向，随远离绿洲生物量显著下降，白刺群落→白刺+油蒿群落→油蒿群落→籽蒿-沙竹群落的样方生物量干重分别为102.30kg、44.15kg、22.27kg和6.34kg，紧靠绿洲边缘的白刺群落生物量是沙漠边缘籽蒿-沙竹群落的16.14倍，各群落的盖度变化与生物量的变化趋势相一致，究其原因在于水分条件逐渐变差。

绿洲边缘向沙漠方向上，天然植物群落在空间尺度上的梯度演变过程与格局分布特点，是绿洲–荒漠系统演变的结果，这对绿洲荒漠植被的恢复与重建具有重要的指导作用。这种变化也反映了绿洲外荒漠植物物质与能量转化的差异性变化。同时也表明绿洲与沙漠植被之间存在相互依存关系。因此，在绿洲经营管理和开发利用方面，应该全面考虑二者之间的联系和相互影响，正确处理开发与保护的关系，绿洲的开发不能无节制地建立在掠夺绿洲→沙漠过渡带上的资源，绿洲化是荒漠生态系统良性演变的过程，但是超越绿洲–荒漠生态系统承载力的人工绿洲化过程是危险的。同时要特别重视绿洲边缘白刺群落的固沙作用以及对绿洲防护林体系的保护作用，要采取技术措施，加强保护，这对绿洲防护林体系的可持续发展有重要意义。

5.2.4 绿洲内弃耕地植物群落变化

弃耕地作为绿洲的组成部分，一般可分为两类：一类因为土壤贫瘠，生产力低下而弃耕，称贫瘠型弃耕地；另一类因为土壤盐渍化加重，导致生产力低下而弃耕，称为盐渍化弃耕地。以沙林中心第二实验场为例，分析讨论绿洲弃耕地的植物群落演替变化。绿洲内的耕地一旦停止耕种，植物便开始了恢复演替。弃耕地演替是次生演替的一个重要类型，国内外学者对此都有过研究（张大勇等，1988）。

表 5-4　绿洲内弃耕地群落的阶段性特征

弃耕地类型	弃耕年限（年）	总盖度（%）	丰富度（R）	多样性（D）	均匀度（J）	优势度（C）
弃耕盐碱地	1	88	23	2.856	0.407	0.287
	4	43	16	2.277	0.646	0.227
	10	27	9	1.554	0.269	0.450
	17	38	8	1.517	0.309	0.461
弃耕贫瘠地	1	85	24	2.911	0.345	0.237
	4	34	13	1.932	0.299	0.478
	10	23	7	1.195	0.238	0.533
	17	21	8	1.143	0.238	0.650

弃耕地的次生盐碱化多发生在地势较低、排水不良的地方。既有自然的原因，也有管理不当的影响。本地区土壤母质是河湖相沉积物，本身含有一定量的盐分，地下水矿化度也较高（1%~3%）。当大量灌溉用水下渗，导致地下水位上升，土壤水分和浅层地表水分在强烈蒸发的作用下，把大量的盐分聚集于耕作层或者是地表，导致次生盐渍化的发生。而贫瘠型弃耕地主要是大面积开荒种植，粗放经营的产物。弃耕地随弃耕年限增加而土壤性状趋于恶化，即弃耕时间越长，土壤盐碱含量越高，弃耕地肥力越来越低。

从群落特征来看，两种弃耕地植物的丰富度、多样性指数、均匀度在弃耕初期随弃耕年限的增加而降低较多（表5-4），10年以后趋于稳定，即弃耕10~17年后，多样性指数、均匀度等变化不大。群落进入稳定期后，盐碱地植物群落多样性大于贫瘠地，贫瘠弃耕的群落总盖度一直趋于减小；盐碱弃耕地在前期减小，而在后期有所增大；群落优势度在这两种弃耕地中一直不断增高。一般说来，多样性指数随演替而趋于增大（May, 1982），而两种弃耕地植物群落的多样性指数呈下降趋势，应属于逆向演替，这是因为土地弃耕后，水盐的制约作用进一步加强的缘故。

干旱环境条件下，弃耕地植被演替主要受制于土壤水分及盐碱化程度。在弃耕初期，两者土壤水分条件都较好，制约农作物生长的盐碱程度对各类天然杂草生长基本无影响。随着弃耕时间的推移，地下水位的升高和强烈蒸发引起盐碱地土壤含盐量的持续增加，只有耐盐碱的植物种才能继续生存和发展，其他植物种类则最终被淘汰；而弃耕贫瘠地由于缺乏灌溉用水的补充，随着弃耕年限的增加，土壤水分越来越少。随着时间增加，原来中生或湿生的植物种逐渐被旱生、耐盐植物所替代。

从不同演替阶段植物种群组成的变化来看，弃耕地在初期是以一年生杂草占据优势地位，种类多，生长茂密；到了中期，次生盐碱地出现根茎型禾草及耐盐碱的一年生草本植物；最后演替向盐生（重盐碱地）或湿生（低洼下湿地）方向发展；贫瘠弃耕地上的植被则向旱生方向演替。

5.3 绿洲外围植被对风沙活动的降减作用

沙漠绿洲外缘植被既是荒漠生态系统的组成部分，又是人工绿洲生态屏障的重要组成部分，其防风固沙、降减沙尘的生态功能对减轻绿洲的风沙危害、改善绿洲环境具有重要功能。近年来，人们对风沙活动，特别是沙尘暴活动更加重视，开展对绿洲外缘天然植被防蚀、阻沙、降尘作用及效果的研究，有助于更好地指导和维护人工绿洲的生态健康，维持人工绿洲持续发展。

5.3.1 绿洲外缘植被的防蚀阻沙机理

防沙必须先防风（吴正，2003）。植被可以有效地减低风速，改变气流的搬运能力，阻挡风沙流和流沙移动，从而减轻绿洲风沙危害。在乌兰布和沙漠绿洲的边缘的天然灌草，由于近年来加大保护力度，通过禁牧、封育等措施，天然植被有所恢复，形成了绿洲防风阻沙体系的第一道屏障，对保持绿洲的稳定性具重要作用。

5.3.1.1 绿洲外缘植被对粗糙度和风速的影响

野外风速测定表明，沙丘和沙丘上生长的天然灌草具有增大地表粗糙度、降低风速的作用。当流动沙丘表面 2m 高处的风速为 8.4m/s 时，沙丘表面的粗糙度为 0.007cm，而天然灌丛的存在改变了地表形态，增大了地表粗糙度。半固定沙丘与固定沙丘的粗糙度分别为 1.536cm 和 5.873cm，为流动沙丘的 219~839 倍。

从风速变化分析，半固定和固定沙丘因地表生长有天然灌丛，增大了地表的粗糙度，使气流的运行及梯度发生变化，风速趋向于减弱。与流动沙丘 0.5m 处风速相比，半固定沙丘与固定沙丘在同一高度处的风速分别下降了 17.3% 和 29.8%。粗糙度增大和风速下降可使过境风沙流中的一部分物质被阻截而改变其运动性质和强度，并有效地降低风沙流的挟沙能力，从而起到抗蚀和固定流沙的作用。野外测定结果表明，地表 2m 高处风速均为 8.4m/s 时，半固定沙丘、固定沙丘 0~40cm 层内的输沙量分别为 120.908g 和 77.764g，是流动沙丘输沙量的 64.3% 和 10.2%。因此，通过恢复天然植被可有效增加下垫面粗糙度，从而达到防治风沙危害的目的。

5.3.1.2 天然灌草的阻沙效果

（1）不同植被盖度地表输沙率随风速的变化

地表下垫面植被盖度的不同对风沙流的影响作用不同，但输沙率随着风速变化的规律却相同，即输沙率均随风速的增加而增大，其关系符合幂函数形式 $Q = au^b$（图 5-4），且呈极显著相关（表 5-5）。

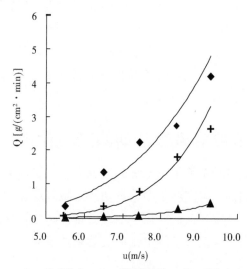

◆ 流动沙丘　＋ 半固定沙丘　▲ 固定沙丘

图 5-4 不同沙丘输沙率与风速的关系

表 5-5　不同沙丘输沙率随风速变化回归方程与相关系数

沙丘类型	回归方程	相关系数
流动沙丘	$Q_1 = 0.0002u^{4.4327}$	0.9255
半固定沙丘	$Q_2 = 7×10^{-6}u^{6.9735}$	0.9770
固定沙丘	$Q_3 = 5×10^{-8}u^{7.1636}$	0.9908

注：Q 为输沙率 [g/(cm² · min)]，u 为风速；30 组样本平均。

由图 5-4 可以看出，在 5.5~9.3m/s 的起沙风范围内，流动沙丘的输沙率均处于最大状态，半固定沙丘次之，固定沙丘最小。造成输沙率变化的原因是由于沙丘植被盖度变化而引起的。对于一定风速，其挟沙能力是一定的，但当下垫面盖度发生变化时，会引起地面供沙条件的差异，流动沙丘因地表裸露而供沙充足，而半固定和固定沙丘则因灌草覆盖供沙相对不足，因而造成不同沙丘类型输沙率的差异。

（2）不同植被盖度地表输沙率随高度的变化

以 9.3m/s 和 7.4m/s 两组风速为例，分析流动沙丘和生长有天然灌草的半固定、固定沙丘的输沙率随高度的变化规律。其结果表明，不同沙丘输沙率随高度的变化呈指数关系，其关系符合 $Q = ae^{bx}$（图5-5，表5-6），相关系数均为极显著相关。从图5-5可以看出，在0~10cm高度范围内，不同沙丘输沙率随高度的增大而迅速下降，尤其0~4cm层输沙率下降显著，而8~10cm层输沙率下降不明显。这表明沙粒主要在近地表运动。随着高度的升高，沙粒含量逐渐减少，并遵循输沙率随高度变化递减的指数分布规律。

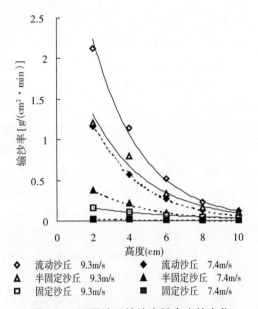

图5-5　不同沙丘输沙率随高度的变化

表5-6　不同沙丘输沙率随高度变化回归方程与相关系数

风速（m/s）	沙丘类型	回归方程	相关系数
9.3	流动沙丘	$Q = 4.7112e^{-0.3725x}$	0.9990
	半固定沙丘	$Q = 2.4547e^{-0.3678x}$	0.9950
	固定沙丘	$Q = 0.2426e^{-0.2109x}$	0.9988
7.4	流动沙丘	$Q = 2.5586e^{-0.3335x}$	0.9999
	半固定沙丘	$Q = 0.7419e^{-0.3290x}$	0.9979
	固定沙丘	$Q = 0.0467e^{-0.2756x}$	0.9962

注：Q 为输沙率 $[g/(cm^2 \cdot min)]$，x 为输沙高度（cm）。

（3）绿洲外缘天然植被对输沙量的影响

因天然灌草的存在，增大了沙丘地表覆盖度，从而导致流动沙丘与半固定、固定沙丘的绝对输沙量也随着沙丘固定程度的增加而呈明显下降（表5-7）。流动沙丘的输沙量在三者中最大，在5.5~9.3m/s范围内输沙量为17.712~181.404g；半固定沙丘的输沙量次之，为2.820~114.026g；固定沙丘最小，仅为0.747~27.540g。流动沙丘输沙量分别是半固定沙丘和固定沙丘输沙量的1.6~6.3倍和8.4~37.1倍，半固定沙丘输沙量是固定沙丘的3.8~10.5倍。因此，当风沙流速度相同时，20%覆盖度的半固定沙丘较流动沙丘可降低输沙37.5%~84.0%，平均降低59.8%；而在植被盖度为 40% 的固定沙丘上，其输沙量大为下降，仅为流动沙丘的 2.7% ~ 11.8%，平均为 6.4%，即 40% 植被覆盖度的固定沙丘可减少流沙输送量 93.6%，20% 植被覆盖度的半固定沙丘可减少流沙输送量 40.2%。

表 5-7　不同风速条件下各沙丘类型输沙量的变化

沙丘类型	风速（m/s）	不同高度层（cm）输沙量（g）							总输沙量（g）
		0~2	2~4	4~6	6~8	8~10	10~20	20~40	
流动沙丘	9.3	84.701	45.858	20.481	9.187	4.565	9.318	7.294	181.404
	8.4	61.694	24.840	11.028	6.893	2.475	4.296	9.682	120.908
	7.4	46.414	23.046	10.805	5.124	2.488	6.482	4.059	98.418
	6.5	30.491	12.419	5.406	2.712	1.756	4.525	5.725	63.034
	5.5	8.600	3.036	1.087	0.521	0.282	0.987	3.200	17.712
半固定沙丘	9.3	48.471	31.806	13.224	6.529	3.810	7.762	2.424	114.026
	8.4	34.263	20.222	9.660	4.578	2.824	4.663	1.554	77.764
	7.4	14.874	8.785	3.890	2.030	1.152	1.690	0.611	33.034
	6.5	6.560	3.498	2.074	1.246	0.625	1.109	0.331	15.444
	5.5	1.086	0.672	0.362	0.232	0.131	0.180	0.158	2.820
固定沙丘	9.3	6.45	4.22	2.587	1.84	1.185	2.862	2.395	21.540
	8.4	3.754	2.485	1.647	1.041	0.622	1.367	1.409	12.325
	7.4	0.996	0.668	0.389	0.193	0.118	0.349	0.421	3.134
	6.5	0.400	0.255	0.163	0.111	0.092	0.346	0.330	1.698
	5.5	0.148	0.094	0.066	0.055	0.047	0.099	0.238	0.747

不同沙丘类型输沙量的差异是由于植被覆盖的不同而引起的。当沙丘表面有植被覆盖时，植被可以削弱地表风力，增加沙粒的起动风速。其次，各种植物的根系对沙子也有一定的固结作用。此外，当沙面植被覆盖度较高时，植被可以起到隔离风沙流与地表的作用。因此，有天然灌丛地表的输沙量要比流沙小得多，而且随着植被盖度的增加，输沙量大大下降。

综上所述，绿洲外缘天然灌丛植被在风沙天气条件下，固沙、阻沙作用十分显著，这对减轻绿洲的风沙危害具有十分重要的作用。因此，必须加强绿洲外缘天然植被的封育管护，严禁人畜破坏，必要时辅以飞播、人工撒播、灌溉等人工更新措施加快天然植被更新复壮，增大带内植被盖度和地表覆盖，有利于控制绿洲边缘流沙的侵袭，维护绿洲可持续发展。

5.3.2　绿洲外缘植被对沙尘沉降的影响

干旱地区，地表沉积物干燥、松散，在风力作用下极易形成扬沙天气，而强风作用下，地表的粗沙粒可通过跃移方式进入地面以上数十厘米的高度，细沙可以进入地面 2m 以上高度。风沙运动过程中由于下垫面的改变，当植被覆盖的增加，地表粗糙度必然增大，风动力减小或消失，使气流携带沙尘能力减弱，自然会发生沙尘的沉降过程，下垫面状况的变化，必然导致沙尘沉降的差异。

人工绿洲外缘至沙漠不同下垫面条件下各月沙尘沉降变化见表5-8，人工灌木林位于绿洲边缘；半固定沙地为油蒿群落，位于绿洲外围，盖度15%；流动沙丘位于最外围，距绿洲3km。表5-8表明，在水平梯度上，绿洲边缘到沙漠，不同下垫面状况，沙尘沉降量显著不同，且垂直梯度上也有明显的差异。

表5-8　绿洲边缘不同下垫面各月降尘值

月份	半固定沙丘 1.5m	半固定沙丘 0.5m	流动沙丘 1.5m	流动沙丘 0.5m	灌木林地 1.5m	灌木林地 0.5m
3月	18.12	576.44	281.43	710.08	6.23	40.20
4月	607.02	2972.25	1007.93	13965.46	144.39	353.91
5月	488.67	2760.48	821.06	7580.41	95.13	269.54
6月	297.85	2681.77	553.79	4672.71	6.80	39.07
7月	47.57	1182.33	634.20	2074.18	3.96	36.81
8月	9.06	267.84	149.49	771.23	2.27	24.92
9月	32.28	355.61	175.54	1703.85	1.70	27.75
10月	53.79	464.89	189.69	1565.69	2.27	28.88
11月	35.67	288.22	281.43	1591.73	2.27	28.31
12月	6.80	288.79	537.37	1925.82	1.13	23.78
合计	1596.8	11838.6	4631.9	36561.2	266.1	873.2
月平均	159.68	1183.86	463.19	3656.12	26.61	87.32

注：表中观测值单位为$t/(km^2 \cdot mon)$。

总体上看，在观测期的3~12月，3个下垫面类型的沙尘沉降量的变化趋势相同，沙尘沉降量均表现为4月最大，8月最小，只有绿洲边缘的灌木林地表沙尘沉降量最小、且略有不同。4月的沉降量可占到总量的1/4~1/2，以4月0.5m高处的沙尘沉降量为例，流沙区13965.46$t/(km^2 \cdot mon)$，占其总量的1/3，比半固定沙地的2972.25$t/(km^2 \cdot mon)$高出4.7倍，而灌木林的沙尘沉降量只有353.91$t/(km^2 \cdot mon)$，是流沙区降尘量的2.5%，其10个月的总量也只有873.2$t/(km^2 \cdot mon)$，仅为流沙区4月的6.3%。3个下垫面类型各月的沙尘沉降量分布表现出共同的规律性，均集中在4、5、6三个月，其沙尘沉降量占全年的绝大部分，以0.5m高处的沙尘沉降量为例，流沙区为26218.57$t/(km^2 \cdot mon)$，占其总量的71.7%；半固定沙地为8414.50$t/(km^2 \cdot mon)$，占其总量的71.1%；而灌木林仅有662.51$t/(km^2 \cdot mon)$，占其总量的75.9%；流沙区的降尘量分别是半固定沙地和灌木林的3.1倍和39.6倍。而从整个观测期10个月总量分析，0.5m高处的沙尘沉降量，流沙区为36561.2$t/(km^2 \cdot mon)$，半固定沙地为11838.6$t/(km^2 \cdot mon)$，而灌木林仅为873.2$t/(km^2 \cdot mon)$，流沙区的降尘量分别是半固定沙地和灌木林的3.1倍和43.7倍；10个月1.5m高处的沙尘沉降量，流沙区为4631.9$t/(km^2 \cdot mon)$，半固定沙地为1596.8$t/(km^2 \cdot mon)$，而灌木林仅有266.1$t/(km^2 \cdot mon)$，流沙区的降尘量分别是半固定沙地和灌木林的2.9倍和

17.4倍。以上分析表明不同下垫面类型，同一高度上的沙尘沉降量有很大差异。而其在垂直梯度上的差异也是显而易见，以10个月的总量为例，0.5m高处与1.5m高处的沙尘沉降量相比，流沙区0.5m高处比1.5m高处的值高出31929.3t/（km² · mon），前者是后者的7.9倍；同理，半固定油蒿沙地前者是后者的7.4倍；灌木林地前者是后者的3.3倍。

综上所述，从绿洲边缘向沙漠的不同下垫面水平梯度上沙尘沉降量差异显著，不同下垫面的差异是由于植被盖度及树种不同引起，随着植被盖度的增大，相对高大的植物，由于其对气流的阻滞和摩擦作用增强，挟沙能力下降，输沙量也随之大大下降，并且上下层气流的湍流交换弱，因此，沙尘沉降作用减弱，造成高盖度植被区降尘少，同时，也引起同一下垫面不同高度上沙尘沉降量的差异。

5.4 小结

人工绿洲外围的天然荒漠植被不仅是建设人工绿洲的环境与生物基础，也是人工绿洲的安全保障体系及重要有机组成部分，对绿洲的可持续发展具有重要影响，通过对乌兰布和沙区东北部人工绿洲外围植被空间格局特征、植物群落物种多样性及其与环境的关系，以及乌兰布和沙漠绿洲外围天然灌草防风固沙、阻沙与风蚀及风沙沉降作用的研究，可以得出以下结论。

（1）人工绿洲外围的天然荒漠植被是长期适应自然环境演化的结果，其边缘附近的植被往往受到人工绿洲的影响，二者的交互作用，使天然荒漠植被局部的空间格局变化，产生有利于人工绿洲的生态作用，加强保护绿洲外围植被显得更加迫切。

山前→绿洲边缘植物群落呈明显的带状分布，分布规律为柠条锦鸡儿群落→白刺群落→白刺+梭梭群落→柽柳+盐爪爪群落，构成群落植被的优势种明显不同，水平空间尺度上群落变异性大，反映了山前绿洲边缘植被的环境变化较大。4个植物群落中绿洲边缘及外围的柽柳+盐爪爪群落，多样性指数和均匀度在4个植被类型中最高，分别为2.284和0.7205，优势度最小，为0.254，生物量较大仅次于柠条群落；沙漠基质上发育的白刺+梭梭群落多样性指数和均匀度在4个植被类型中最低，分别为0.6255和0.1808，而优势度最高，为0.818，生物量也最小，反映出群落结构性简单，稳定性差；天然植被柠条群落和白刺群落多样性指数、均匀度指数、优势度介于上述两者之间。

绿洲→沙漠方向上植被的梯度变化呈现白刺群落→白刺+油蒿群落→油蒿群落→籽蒿-沙竹群落的规律分布，群落多样性指数表现为两头小中间大，优势度则正好相反，样方生物量干重分别为102.30kg、44.15kg、22.27kg和6.34kg，生物量递减变化明显。绿洲边缘白刺群落具有高盖度、高生物量的特点，具有巨大的阻沙固沙生态功能，应做特别的保护。通过对绿洲边缘及绿洲间低湿的群落结构特征分析表明，绿洲边缘的流动沙丘栽植人工固沙林营造后，随环境的改善，加速了天然植物侵入和演替，人工灌木林树种选择不当，会导致短期内衰退和死亡，但油蒿灌丛可以在较短时期完成群落演替。绿洲边缘沙漠基质人工林和天然灌丛相比，多样性指数和均匀度低，而优势度高，说明人工植被的不稳定性差。

绿洲低湿地天然灌木以柽柳为主，半灌木有盐爪爪，主要以多年生草本和一年生短命植物为主，如芨芨草、芦苇、盐角草。具有多样性指数和均匀度都比较高、而优势度较低的特点，如柽柳–盐爪爪群落多样性指数为 2.3261，均匀度为 0.7338，优势度仅为 0.225，群落结构复杂，稳定性强。

弃耕地作为绿洲的组成部分，一般可分为两类。一类因为土壤贫瘠，生产力低下而弃耕，称贫瘠型弃耕地，从不同演替阶段植物种群组成的变化来看，弃耕地在初期是以一年生杂草占据优势地位，种类多，生长茂密；到了中期，次生盐碱地出现根茎型禾草及耐盐碱的一年生草本植物；最后演替向盐生（重盐碱地）或湿生（低洼下湿地）方向发展；贫瘠弃耕地上的植被则向旱生方向演替。

（2）绿洲外缘天然灌草能显著增加地表粗糙度，是防蚀、阻沙的内在机理。在 2m 高处风速为 8.4m/s 时，绿洲外缘的固定沙丘、半固定沙丘的粗糙度分别为 5.873cm 和 1.536cm，分别是流动沙丘粗糙度 0.007cm 的 839 倍和 219 倍；固定沙丘、半固定沙丘输沙量相对于流动沙丘输沙量分别下降了 93.6% 和 59.8%。

（3）绿洲外缘天然灌草对沙地的蚀积影响明显，防蚀、阻沙、固沙作用明显。流动性沙地表现为强风蚀、强堆积，而高盖度天然灌丛植被区表现弱风蚀、弱堆积特点，这对绿洲开发具有很好的启示作用。在绿洲开发初期，应采取绿洲农田与天然植被条带状间隔分布，可有效减弱风沙流的活动。从绿洲边缘向远处沙漠的不同下垫面在水平梯度上沙尘沉降量差异十分显著，随着植被盖度的增大，沙尘沉降量显著减少，同一下垫面垂直梯度上沙尘沉降量的差异明显。

不论绿洲内部还是外部，植被的组成种类、多样性、均匀度和优势度之间存在着比较大的差异，但荒漠与绿洲是一个系统内的有机组成部分，其功能与过程密切联系，相互作用。因此，沙漠绿洲的开发和经营，要从系统的角度出发，统筹安排，以最大限度地利用和发挥荒漠植被与绿洲系统的互惠和共生功能。

第6章
绿洲农田防护林防风效果研究

风沙危害是乌兰布和沙区最主要的自然灾害，对当地人工绿洲的生产构成威胁，制约着当地经济的发展，而农田防护林是绿洲最重要的生态屏障，其结构决定了防风效能的差异，影响着人工绿洲农业生产潜力等，防护林的经营与更新对人工绿洲生态的可持续发展具有十分重要的影响。中国林业科学研究院沙漠林业实验中心于1979年成立后，在乌兰布和沙漠东北缘实施以防护林体系为主体工程的人工绿洲建设，逐步建成了集科研、示范、推广为一体，树种丰富、结构多样、功能较为完备的人工绿洲科学试验基地。在沙林中心建设的不同时期受指导思想和科学研究的需要，建成了类型、结构多样的农田防护林，是研究绿洲防护林的天然试验场，同时也为研究防护林防风效应及其结构优化配置提供了丰富的素材。

在风沙灾害严重的干旱地区，农田防护林（林带与林网）最重要的作用是降低风速、有效防止或减轻风沙危害，为农业生产营造一个良好的生产环境。尽管防护林在保护环境，改善农田小气候方面发挥了重要作用。但是，由于忽视了防护林体系自身的经济价值，防护林的经济效益未能充分得以发挥，同时土地经营者往往更多关注其副作用——胁地效应，加之采伐受限，反过来又制约了防护林自身的建设和发展。

农田防护林降低风速是其主要的生态效益之一，也是其他效益的基础。林带的防护效能主要决定于林带的结构。疏透度是评价林带结构的重要参数。国内外对林带疏透度的观测研究较多，一般认为理想结构林带的疏透度应为35%～50%，国内有人认为，在风沙区林带疏透度为25%～30%的窄林带防护效能最佳（向开馥，1987）；王志刚（1995）测定表明乌兰布和沙漠东北部防护林冬季相疏透度应尽可能在0.35附近。不同树种构成的林带，即使配置相同，疏透度也会有很大差别，而且随季相变化其差异较大，从而影响林带的防护效能。多年来，绿洲防护林体系建设一直是绿洲开发治理和保护的核心问题，乌兰布和沙漠东北部人工绿洲是内蒙古河套平原绿洲的一部分，近60年来试验和营造了多种林网结构和模式的防护林体系，保障了乌兰布和沙漠绿洲内农田和人民的生产安全，同时也为我国干旱区绿洲防护林体系建设提供了丰富的造林模板。如绿洲建设初期采用的苏联的"宽林带，大网格"造林模式，20世纪60年代营造的"窄林带，小网格"模式及其他因地制宜的防护林模式等。面对繁多的防护林网模式如何科学评估其防风效果，从而测算出具有更好防风效果的防护林带（网）结构与模式，将对未来干旱绿洲防护林建设及植被恢复与重建具有重要意义。

6.1　研究内容与方法

绿洲农田防护林防风效果研究主要是基于风速流场测算防风效能的方法，分析风速流场分布特征、风速统计及频数、风速半方差变异函数模型等参数指标，同时揭示农田防护林防风效果，为科学评价不同结构配置的防护林提供科学依据，也为干旱区绿洲防护林建设提供理论基础和实践模式。

6.1.1　防护林带（网）概况

野外实验以内蒙古磴口县中国林业科学研究院沙漠林业实验中心第二、三、四实验林场的防护林带（网）为研究对象，所选的各防护林带（网）长势良好，无明显的残缺断口，防护林带（网）详细参数见表6-1。林网1是20世纪80年代普遍应用的一种模式，是由8行乔木组成的紧密型（疏透度为0.13）"窄林带，小网格"模式，主林带间距小；林网2是主林带由2行乔木组成的疏密型（疏透度为0.24）"窄林带，小网格"模式，在第三实验林场应用较多；林网3是乔灌混交的"窄林带，小网格"模式，林带是由2行乔木+2行灌木混交组成的疏透型（疏透度为0.27），常配置在绿洲外围；林带4是2行乔木组成的通风型（疏透度为0.39）"窄林带，小网格"模式，其配置与林网3相同，主林带经过抚育经营后林带枝下高较高，配置在绿洲外围；林网5的主林带是由2行乔木组成的疏透型（疏透度为0.27）模式，林网为"长方"型的窄长网格（图6-1）。

6.1.2　实验观测及布设方法

研究采用10通道HOBO小型气象站、三杯风速感应器及风向感应器（Onset Company，Bourne，MA，USA）对不同防护林网内的各点风速及林网风向进行观测，风速观测高度均为2m，每1秒记录1次风速数据，一次大风取一次数据。在绿洲外围上风向800～1000m外平坦处布设一台小型气象站（Tsingtao Lao Shan Electrical Instruments Co. Ltd，Lao Shan，Shan Dong，China）观测旷野风速及风向，可与防护林网内各观测点的风速进行对照。

防护林网内观测点的布设如图6-2所示，将主林带a设为X轴，副林带a设为Y轴，并在主林带a上，从中轴线向两侧以一倍树高H或2H长度均分X轴，在副林带a即Y轴方向以一倍树高H长度划分Y轴，各坐标点在平面内的交叉点设置为风速观测点。

表6-1 不同防护林网林带参数

林网编号	实验地	林带	树种配置	株行距（m）	树高（m）	枝下高（m）	冠幅（m）	胸径（cm）	林带走向	林网规格（m）	林网类型
林网1	二场	主林带a	新疆杨+箭杆杨	3×7	20	1.8	1.9×2.1	23.6	南北	300×90	网格
		主林带b	新疆杨+箭杆杨	3×7	20.6	1.7	1.5×1.7	23.8	南北		
		副林带a	新疆杨+箭杆杨	4×5	28.5	2.0	2.8×3.6	28.8	东西		
		副林带b	新疆杨+箭杆杨	4×5	24	2.4	3.1×3.8	30.3	东西		
林网2	三场	主林带a	新疆杨	1×1.5	24	3.0	3.1×3.8	27.5	南北	300×140	网格
		主林带b	新疆杨	1×1.5	22.5	1.9	2.7×4.0	20.5	南北		
		副林带a	新疆杨	1×2	23.3	2.8	3.0×2.2	24.3	东西		
		副林带b	新疆杨	1×2	25.5	4.3	4.2×2.4	26	东西		
林网3	四场	主林带a	小美旱杨+沙枣	2×6	14.2	4.2	3.1×4.7	18.7	南北	240×90	"U"型
		主林带b	小美旱杨+沙枣	2×6	14.5	3.8	3.3×4.2	19.1	南北		
		副林带a	—	—	—	—	—	—	东西		
		副林带b	新疆杨	1×2	22	2.6	2.2×2.8	21.5	东西		
林网4	四场	主林带a	小美旱杨	2×6	15.1	4.5	3.4×4.9	19.4	南北	240×90	"U"型
		主林带b	小美旱杨	2×6	15.6	4.2	2.9×4.1	19.2	南北		
		副林带a	—	—	—	—	—	—	东西		
		副林带b	新疆杨	1×2	20.4	2.7	2.1×3.4	20.8	东西		
林网5	四场	主林带a	新疆杨	1×4	18	1.9	1.4×2.8	20.0	南北	90×160	"长方"型
		主林带b	新疆杨	1×4	18.4	2.1	1.7×3.1	21.4	南北		
		副林带a	新疆杨	1×3	20.3	1.2	2.3×1.7	23	东西		
		副林带b	新疆杨	1×3	19.2	1.6	1.6×2.7	22.5	东西		

注："U"型表示缺一条副林带的防护林网格。

林网 1

林网 2

林网 3

林网 4

林网 5

图 6-1 不同类型防护林带（网）模式

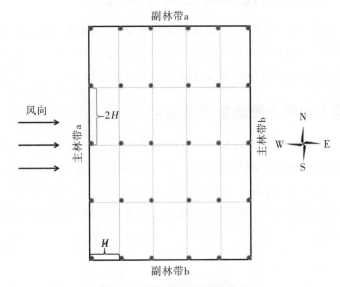

图 6-2 防护林网观测点分布

6.1.3 研究方法

6.1.3.1 风速数据分析

实验获取的风速数据为林网内均匀分布的多点风速同步观测数据，通过地学软件对风速数据进行克里金插值计算，可以得到防护林网内的风速空间分布特征，实现林网风速流场的可视化。

6.1.3.2 风速统计及频数分析

运用统计学软件对风速数据进行数理统计，分析不同配置规格林网内风速数据的最大值、最小值、平均值、标准差等常用数理统计参数。并通过风速频数直方图和变异系数（$CV = SD/Mean \times 100\%$）等指标进一步分析林网内风速分布特征和各样本间的变异系数。

6.1.3.3 风速变异函数

运用地学统计软件对不同配置林网内的风速分布格局及风速空间变异程度进行分析，风速半方差变异函数模型分析涉及的参数分别为块金值（C_0）、基台值（$C_0 + C$）、变程（A_0）和区域化变量的空间相关度（$C_0 / C_0 + C$）。

6.1.3.4 防风效能

防风效能是指观测点平均风速比旷野风速减小数值的百分比，是体现防护林（带）网防护能力的一项重要指标，防风效能的计算公式如下（曹新孙，1983）。

$$E_{hz} = (V_{fz} - V_{hz}) / V_{fz} \times 100\%$$

式中：E_{hz} 为防风效能，它是指在林（带）网前后 h 距离处，z 高度的平均风速值比旷野减小的百分比，反映风速削弱的程度；V_{fz} 是指在旷野 f 处，z 高度的平均风速值；V_{hz} 是指林（带）网前后 h 距离处，z 高度的平均风速值。

6.2 不同林网内风速流场空间分布特征

风速流场空间分布即林网内风速数值的变化情况，风速流场空间分布图可以直观地反映防护林带（网）对风速来流削弱作用及通过林带后风速数值的空间分布情况，也是分析林网内风速分布特征及规律的重要理论依据。

6.2.1 林网1内风速流场空间分布

林网1的风速流场分布相对整齐，风速等值线闭合成为圈层风影区（图6-3），风速自主林带后呈先增加再减弱的规律。在主林带背风侧 $1H$ 距离内风速等值线平行于林带走向，在 $1.5H$ 树高处形成了多个密集的风影区，风速分布在 $2.0 \sim 2.4 \text{m/s}$ 范围，并在 $1.5H$ 树高后风速明显逐渐减弱，风速在林网四角相对较小，形成了静风区（弱风区）。

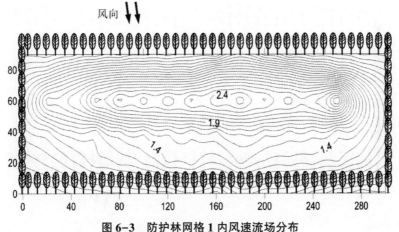

图6-3　防护林网格1内风速流场分布

6.2.2　林网2内风速流场空间分布

　　林网2内的风速流场分布相对整齐，在主林带后2*H*树高范围内风速等值线均匀减小且基本平行于林带走向（图6-4），在2*H*树高后风速显著减小，风速流场相互作用呈现出较大面积的风影区，形成了类似于倒三角形的风速减弱区（风影区）。

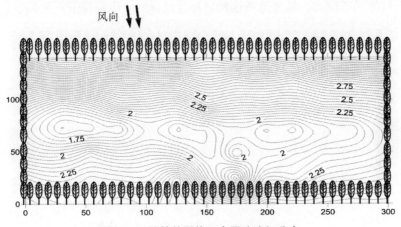

图6-4　防护林网格2内风速流场分布

6.2.3　林网3内风速流场空间分布

　　林网3内的风速流场为既有风影区又有风速加速区的复杂流场（图6-5），但可以看出风影区出现在林带后偏副林带方向2*H*树高范围内，在林带3*H*后风速逐渐增大，并在林网"U"型开口处形成了面积较大的风速加速区，这与该林网缺少副林带b有直接关系。

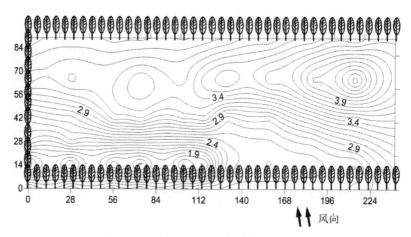

图6-5　防护林网格3内风速流场分布

6.2.4　林网4内风速流场空间分布

　　林网4与林网3的配置规格相同，其风速流场分布为在主林带后形成了较大面积的风速减弱区（图6-6），风影区出现在主林带后3H附近且偏向副林带a，由于林网4也是"U"型开口的防护林网，林网内的风速减弱区（风影区）整体偏向副林带且开口处风速较大，风速流场这种分布与该林网缺少副林带不无关系。

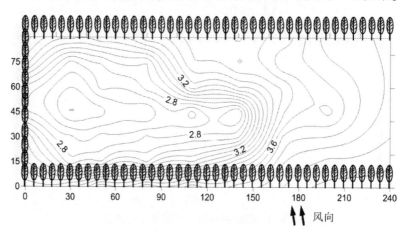

图6-6　防护林网格4内风速流场分布

6.2.5　林网5内风速流场空间分布

　　林网5内的风速流场具有多个风影区和风速加速区（图6-7）。显著的风影区出现在主林带后2H树高范围内，风速随着林带距离的增加而增加，在林带后4~6H树高范围内形成了一个显著的风速加速区，林带6H后风速继续增加。该防护林网属于短副林带转换成主林带的模式，较短的主林带和长副林带构成的窄长"长方形"配置是形成这种风速流场分布的主要原因。

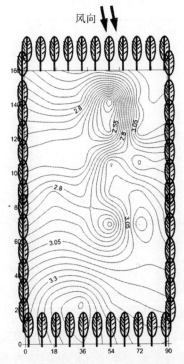

图 6-7 防护林网格 5 内风速流场分布

6.3 不同林网内风速统计分析及频数分布特征

防护林林网内空间各点观测的风速数据是不同林带（网）对风速削弱程度的直接体现，也是风速变化及分布特征的重要数据来源，对不同林网内的风速最大值、最小值、平均值及标准差等常用数理统计参数进行统计分析，可以进一步探寻不同林网内风速的分布规律。如表 6-2 所示，在旷野风速相近的前提下，5 种林带（网）对风速的削弱能力差异显著。在 5 种不同防护林林网内风速平均值分布在 1.25 ~ 3.23m/s 之间，风速平均值依次为林网 4 >林网 5 >林网 3 >林网 2 >林网 1，不同林网内变异系数大小依次为林网 1 >林网 3 >林网 2 >林网 4 >林网 5。可见，在不同的"窄林带，小网格"防护林林网模式中，主林带由 8 行乔木构成的紧密型林网 1 其削弱林网内的风速的能力最强，风速变异系数最大为 47.5%，主林带由 2 行乔木组成的通风型林网 4 其林网内的平均风速最大，风速变异系数仅为 13.8%，这同时也揭示了风速的变异系数与主林带结构和林网配置规格的相关性，即主林带疏透度越大则风速在林网内的变异系数越小。其他由 2 行乔木或乔灌混合而成的疏透型林网 2、林网 3 及林网 5 的风速平均值依次为 2.45m/s、2.8m/s 和 3.02m/s，风速变异系数依次为 20.8%、22.1% 和 9.6%。具有"长方"型配置的林网 5 由于其主林带短、副林带长的网格配置特点，该林网内的最大风速值与最小风速的差距并不大，且风速分布稳定，风速变异系数最小。

表 6-2　不同配置林网内风速分布统计参数

林网	样本数	最大值（m/s）	最小值（m/s）	平均值±标准误	标准差	峰态	偏度	变异系数（%）
林网 1	84	2.77	0.41	1.25 ± 0.06	0.594	-0.099	0.725	47.5
林网 2	91	3.61	1.54	2.45 ± 0.05	0.51	-0.278	0.557	20.8
林网 3	60	4.58	1.48	2.8 ± 0.08	0.62	0.749	0.006	22.1
林网 4	56	4.02	2.47	3.23 ± 0.06	0.445	-1.285	-0.28	13.8
林网 5	48	3.56	2.28	3.02 ± 0.04	0.291	-0.321	-0.348	9.6

　　风速频数直方图可以直接反映出林网内风速分布的集中性和变异性。如图 6-8 所示，各林网内的风速分布皆符合正态分布，林网 1 内的风速频数分布为右偏态，峰态类型为低阔峰；林网 2 内的风速频数分布为右偏态，峰态类型为低阔峰；林网 3 内的风速频数分布为右偏态，峰态类型为高狭峰；林网 4 内的风速频数分布左偏态，峰态类型为低阔峰；林网 5 内的风速频数分布左偏态，峰态类型为低阔峰。分析得出，风速频数分布表现为左偏态是由于林网内最大风速与最小风速值的差较小，右偏态是由于差值较大造成。各林网的一般峰态类型均为低阔峰，表示这种"窄林带，小网格"林网内的风速分布较为集中，但林网 3 为高狭峰，林网内风速分布不均，最大风速与最小风速差值最大，可能是乔灌复合林带与"U"型开口的林网配置类型共同作用而成。

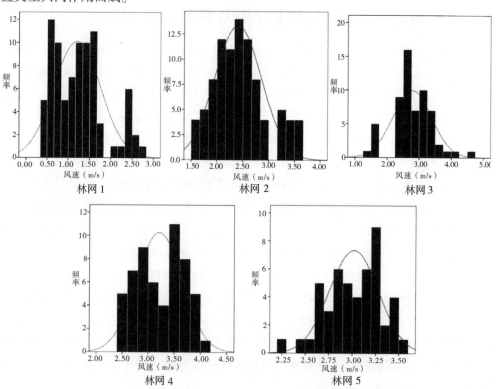

图 6-8　不同配置防护林网内风速频数分布特征

6.4 不同林网内风速分布变异函数

不同林网内的风速半方差变异函数模型是分析林网内风速空间分布和变异的函数模型（表6-3），由表可知不同林网内的风速能够较好地拟合为高斯模型和球状模型的变异函数，不同林网内风速半方差函数的块金值（C_0）均小于0.137，由实验误差和小于实际取样尺度引起的变异非常小，即随机部分的空间异质性较小。各林网的变程（A_0）值即空间连续性表现为与林网内的风速平均值趋于一致，4种林网的块金值与基台值比值小于25%，林网内的风速具有强烈的空间自相关性，林网3表现为中等的空间相关性，该结果也进一步诠释了林网3空间连续性没有与林网内风速平均值变化完全相同的原因。

表6-3 不同林网内风速半方差函数模型参数

林网	拟合模型	块金值（C_0）	基台值（C_0+C）	变程（m）	[$C_0/(C_0+C)$]（%）	决定系数 R^2	残差
林网1	高斯模型	0.045	0.354	23.9	12.7	0.734	0.01
林网2	高斯模型	0.001	0.321	95.3	0.3	0.821	0.01
林网3	球状模型	0.137	0.409	43.5	33.5	0.973	1.49E-03
林网4	高斯模型	0.077	0.541	287	14.2	0.822	7.49E-03
林网5	高斯模型	0.034	0.244	242.7	13.9	0.934	8.45E-04

6.5 不同林网防风效能分析

目前防护林防风效果的野外观测方法基本都是在林带后中轴线树高（H）倍数范围与林带走向垂直的"线状观测"，这样的观测方法是基于整条林带结构完全相同的假说上提出来的，但野外实验所选的防护林林带很少完全均一，或林带残缺或树高不一，传统的"线状观测"方法不能完整、精确地反映出整个林带（网）的防风效果，也不能等同于整个林网内的风速变化规律。基于风速流场的观测方法在野外观测中鲜有应用，范志平等（2006）在野外观测了单条林带后的风速流场分布情况，并得出林带后2.5~19H范围为风速减弱区。范志平（2010）、张延旭（2011）和吕仁猛（2014）运用水平风速流场分析了乌兰布和沙漠绿洲防护林单林带及单网格内的防风效果。但以上研究多侧重单林带或单林网的风速流场，没有对风速流场的特性及其他具体分析方法做进一步阐述。另外，基于风速流场的防护林研究方法在风洞模拟实验（杨文斌，2007；杨文斌，2011；梁海荣，2010；唐玉龙，2012）和数值模拟实验（Wilson，1985；Wilson，1990；Wang，1995；Wang，1997；Blocken，2007；王元，2003）中应用较多。关于林带（网）的"有效防护面积"是范志平（2006）最初用林带长度和有效距离的函数表达式：$S=f(L, H, \alpha)$来计算单条林带前后风速等值线所形成的面积，该方法首次提出了防护林带（网）的防护面积的概念，但计算方法和精度等还有待提高。

防风效能是评价不同防护林网防风能力的一项重要指标，通过防风效能可以直接反映防护林带（网）削弱了多少风能。根据风速流场观测的特点，防护林林网内不同数值的风速等值线可以与防护林主副林带围成具有一定面积的闭合曲线，即每一条风速等值线对应一个面积固定的闭合曲线，若将风速转换为防风效能，即每一个防风效能对应一个固定的防护面积，同理"有效防护距离"的概念，也可以计算出防风效能为50%时林网内风速等值线围成的面积是多大。根据此方法，可以准确计算出任一防风效能所对应的防护面积，从而通过对比相似规格不同林网固定的防护面积或防护比（固定面积/林网总面积×100%）来对比不同林网的防风效果。

5种不同林网内的防风效能如表6-4所示，当防风效能较高为70%，林网1、林网2的防护百分比分别为96.8%和96.4%，也就是说几乎整个林网1、林网2均能达到70%的防风效能，而林网3的防护百分比为23.3%，林网5仅为1.2%，林网4内则无法达到70%的防风效能，故用"一"标识，由此可见，林网1和林网2具有较高的防风效能。林网1和林网2虽然都达到较高的70%的防风效能，但林网1是由8行乔木组成的紧密型林带，林网2是由2行乔木组成的疏密型林带，所以相同的防护效果林网2在节约水上资源方面更具优势。当防风效能为65%，林网3的防护百分比为44.1%，林网5为28.2%，林网4仅为1.8%，林网1和林网2防风效能达到100%。当防风效能为60%，林网3的防护百分比为75.9%，林网5为83.0%，林网4较小为30.7%，显然林网3和林网5发挥了较好的防护效果。其中，具有相同配置规格的"窄林带，小网格"林网3和林网4防护效果差异显著，由乔灌混合林带构成的林网3其有效防护比是纯乔木林带构成的林网4的2.47倍。"长方"型配置的窄长林网5能较好的维持60%左右的防风效能。当防风效能为55%，林网3的防护百分比为92.0%，林网4的防护百分比为72.7%，其他林网的最低防风效能均高于55%。林网3和林网4的防护百分比差为19.3%，尽管缺少一条副林带a多少会影响林网内的风速流场及防风效能，但在风向基本垂直于主林带的情况下，"窄林带，小网格"林网中，由乔灌混交林带构成的疏透型林网其防风效能要明显优于由乔木纯林构成的通风型林网模式。

表6-4　不同防护林网在相同防风效能下的防护面积及百分比

林网号	防风效能 （%）	林网规格 （m）	林网面积 （m²）	防护面积 （m²）	防护百分比 （%）
林网1		300×90	27000	26124.7	96.8
林网2		300×140	42000	40477.6	96.4
林网3	70	240×90	21600	5024.9	23.3
林网4		240×90	21600	—	—
林网5		90×160	14400	171.2	1.2
林网1		300×90	27000	27000	100
林网2		300×140	42000	42000	100
林网3	65	240×90	21600	9525.0	44.1

林网号	防风效能 （%）	林网规格 （m）	林网面积 （m²）	防护面积 （m²）	防护百分比 （%）
林网4		240×90	21600	377.6	1.8
林网5		90×160	14400	4056.1	28.2
林网1		300×90	27000	27000	100
林网2		300×140	42000	42000	100
林网3	60	240×90	21600	16393.5	75.9
林网4		240×90	21600	6638	30.7
林网5		90×160	14400	11954.8	83
林网1		300×90	27000	27000	100
林网2		300×140	42000	42000	100
林网3	55	240×90	21600	19867.7	92
林网4		240×90	21600	15712	72.7
林网5		90×160	14400	—	—

6.6 小结

基于风速流场分析研究防护林防风效果是未来防护林研究的基本方法和趋势。通过获取防护林带（网）内空间多点风速的实时数据，可以更全面而准确地了解防护林带（网）的防护效果，结合相关软件（地理学、统计学）可以更加直观、准确地呈现和评价防护林内的风速流场，为科学判断防护林带（网）防风效果及防护林结构的进一步优化提供数据支撑。风速流场空间分布、风速统计分析及频数分布特征、风速分布变异函数等分析方法均与林网内的风速分布特征具有一定的相关性。如风速的变异系数与主林带结构和林网配置规格的相关性、风速频数分布偏度与风速最大值与最小值差值的相关性、峰态类型与风速分布情况的相关性、林网变程（A_0）值与风速平均值的相关性等等。防风效能是评价防护林带（网）防风效果的一项重要指标，也是对比不同配置类型防护林带（网）的一个重要参考指标。凡是基于风速流场分析的防护林带（网）其防风效能均分布在一个区间，而区间内的每一个防风效能值均对应一个固定的面积，这就为对比不同配置类型的护林带（网）提供了重要参数。但前提是要符合一些相似条件，如旷野风速相似、林网总面积相似、林带与来流风风向夹角相似等。

（1）5种防护林网削弱风速的能力差异显著，风速平均值分布范围为1.25～3.23m/s；各林网风速平均值的大小依次为林网4>林网5>林网3>林网2>林网1；"窄林带，小网格"防护林中主林带疏透度越大林网内分速变异系数越小；各林网内的风速分布皆符合正态分布，其中林网1、林网2和林网3偏度为右偏态，林网4和林网5偏度为左偏态，各林网峰态类型多为低阔峰，风速分布相对集中。

（2）林网1、林网2、林网4和林网5均能较好地拟合为高斯模型变异函数，林网 3 拟合为球状模型变异函数。不同林网内风速半方差函数的块金值（C_0）均小于 0.137，基台值（C_0+C）范围在 0.244~0.541 之间，空间连续性为林网 4>林网 5>林网 2>林网 3>林网 1。

（3）5 种防护林防风效能范围林网 1 为 65%~95%，林网 2 为 67%~85.4%，林网 3 为 46%~82%，林网 4 为 44%~67%，林网 5 为 56%~72%；林网 1 和林网 2 均具有较高的防风效能，但是由 2 行乔木组成的疏密型林网 2 在节约水土资源及推广应用方面更具优势；当防风效能为 60%，具有相同规格的"窄林带，小网格"林网 3 和林网 4，由 2 行乔木加 2 行灌木混合林带构成的林网 3 其防护面积是 2 行纯乔木林带构成林网 4 的 2.47 倍；防风效能为 55% 时，林网 3 的防护面积是林网 4 的 1.47 倍。

第 7 章
风向变化对不同配置绿洲防护林网防风效果的影响

传统的观念认为，当林带走向与风向垂直时其防风效果最佳。但自然界中防护林林带走向往往不能常与风向保持垂直，风向总是不停变化并与林带保持一定的夹角。当风以一定的夹角吹入林带时，其通过的林带路径变长，林网内的风速流场也随之发生一定的变化。目前对林带与风向成一定交角时林网内的风速流场的研究鲜有报道。研究通过对林带与风向成一定夹角时林网内的风速流场及林网内防护面积的分析，可以更加直观地了解不同林网内风速流场的分布特征，明确不同林网间防风效益的差异。为沙漠绿洲防护林体系的建设提供重要的理论基础，并为推广应用提供示范样板。

7.1 风向变化对不同林网内风速流场的影响

在营造防护林林带时应尽量保持林带与主风向垂直，将林带的防护效益发挥到最大。但风向并不是时刻保持不变的，总是与林带走向形成一定的夹角。当林带与风向的夹角位于 I 区（67.5°~112.5°范围，下同），风向对林网内的防风效益影响并不大。本章对风向与林带的夹角在 II 区（45°~67.5°或112.5°~135°范围，下同），不同配置防护林网内的防风效应进行研究，以期为风向变化对不同配置防护林林网内风速流场的分布特征及防风效能等方面提供重要理论依据。

7.1.1 风向变化下林网 1 内风速流场分布

当风向与林网 1 的夹角为 55.5°，风向为 WSW 偏 SW 235.5°时，林网 1 内的风速流场如图 7-1 所示。由图 7-1 可知，林网 1 内的风速流场在林网内四角风速值最低，风速等值线图与林带走向具有一定的夹角，在林带后 1~4H 范围形成明显的风速加速区，整个风速加速区位于林网中间位置且与林带走向形成一定的夹角。可见，在风向的影响下林网内的整个风速流场发生了整体性的偏移且风速加速区显著增加。

对比风向与林网 1 的夹角为 80.5°，林网 1 内的风速等值线发生了明显的偏移，之前 1.5H 处附近出现的风速加速区，扩大至 1~4H 的范围，且整个风速加速的偏移方向基本与风向趋于一致。由于紧密结构林带造成的林网内四角所形成的静风区

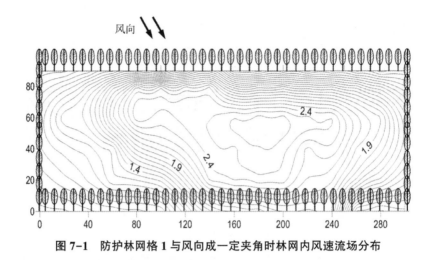

图 7-1　防护林网格 1 与风向成一定夹角时林网内风速流场分布

（弱风区）没有因为风向的变化而发生显著变化。

7.1.2　风向变化下林网 2 内风速流场分布

当风向与林网 2 的夹角为 55.8°，风向为 WSW 偏 SW 235.8°时，林网 2 内的风速流场如图 7-2 所示。林网 2 内的风速流场相互叠加形成了相对复杂的风速等值线图，林网内有多个面积不等的风影区和风速加速区，但其整体趋势表现为随着林带后距离的增加风速逐渐增加，在林带后 3H 范围内风速显著降低，形成了明显的风影区。

对比风向与林网 2 的夹角为 77.5°，原本在林带后 2H 范围内形成的均匀的与林带走向平行的风速等值线发生了明显的弯曲偏移，并形成了风影区。林带 2H 距离后风影区的面积明显减少且位置出现在偏上靠近主林带处，随着距离的增加有明显的风速加速区出现，在一定夹角的风向下林网内的风速流场分布发生了明显的变化。

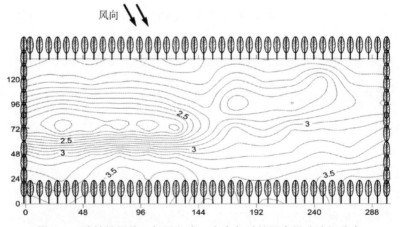

图 7-2　防护林网格 2 与风向成一定夹角时林网内风速流场分布

7.1.3　风向变化下林网 3 内风速流场分布

当风向与林网 3 的夹角为 52.6°，风向为 WWN 偏 WN 307.4°时，林网 3 内的风速流场如图 7-3 所示。林网 3 内的风速流场其风影区和风速加速区出现明显的分区，风影区基本在林带后 3H 范围内且偏向于副林带，风速加速区主要分布在林带开口处，并由林带开口处向林内中心位置延伸。风影区和风速加速区分层处的风速等值线基本平行于来流风向，"U"型配置的林网结构是形成该风速流场的主要原因。

对比风向与林网 3 的夹角为 75.02°，风影区依然出现在林带后 2H 范围内，风速等值线发生一定角度的偏移，风速加速区分布在"U"型配置的林网开口处。随着风向与林网夹角的减小，林网"U"型开口朝向来流的面积增大，林网内风速流场分布受"U"型开口风速的影响越来越显著，使得林网内的风速流场等值线与风向趋于平行。

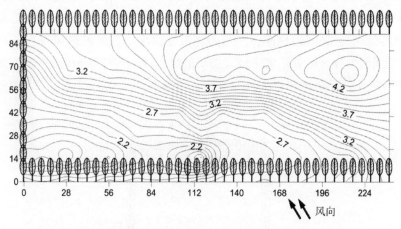

图 7-3　防护林网格 3 与风向成一定夹角时林网内风速流场分布

7.1.4　风向变化下林网 4 内风速流场分布

当风向与林网 4 的夹角为 48°，风向为 WWN 偏 WN 312°时，林网 4 内的风速流场如图 7-4 所示。分析图 7-4 可知林网 4 内的风速流场风影区和风速加速区发生了明显的分层，风影区和风速加速区依次分布在副林带侧和"U"型开口侧。

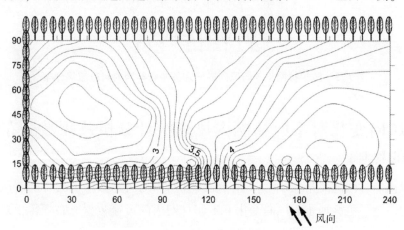

图 7-4　防护林网格 4 与风向成一定夹角时林网内风速流场分布

对比风向与林网 4 的夹角为 75.18°，可以发现随着风向与林网夹角的逐渐减小，林网 4 内的风速流场发生了显著的变化。具体表现为风影区面积缩减，整体向副林带方向发生偏移，风速加速区面积增大，主要分布在林网"U"型开口处并向林网中心位置延伸。

7.1.5　风向变化下林网 5 内风速流场分布

当风向与林网 5 的夹角为 51.17°，风向为 WSW 偏 SW 231.17°时，林网 5 内的风速流场如图 7-5 所示。分析图 7-5 可知，在林网 5 内形成了多个风影区，主要分布在林带后 3H 范围内和林带后 4~8H，且偏向于副林带 a。风速加速区主要分布在林带 5H 之后，一直延伸至主林带 b。

对比风向与林网 5 的夹角为 71.3°，可以发现随着风向与林网夹角的逐渐减小，林网 5 内的风速流场发生了显著的变化。主要表现为林带后 3H 范围内的风影区逐渐向主林带 a 收缩，并同时伴有风速加速区出现。当风向与林网 5 的夹角变小，该"长方"型狭长配置类型的林网，其长副林带发挥出了较好的防风效应，在主林带后 4~8H 范围偏副林带 b 处形成了较大面积的风影区，在林带 6H 后有较大面积的风速加速区形成且靠近副林带 b。

图 7-5　防护林网格 5 与风向成一定夹角时林网内风速流场分布

7.2　风向变化对不同林网内风速统计分析及频数分布特征的影响

当风向与林网的夹角减小时，不同配置林网内的风速数据也必将随着风向的改变而变化。为了更好地了解风向变化下不同林网内的风速数据分布规律，对不同配置林网内风速的最大值、最小值、平均值及标准差等常用数理统计参数进行了统计分析。

如表7-1所示，当风向发生变化时，不同林网内风速最大值范围为2.65~4.52m/s，风速最小值范围为0.47~2.69m/s，风速平均值范围为1.6~3.44m/s。林网内风速平均值的大小依次为，林网4>林网5>林网2>林网3>林网1，不同林网格变异系数大小依次为，林网1>林网3>林网4>林网2>林网5。林网内的平均风速依然是紧密型8行乔木林带构成的林网1其林网内的平均风速最小，乔木纯林林带构成的林网4其林网内的平均风速最大，林网内的风速变异系数与主林带结构及林网配置规格密切相关。

表7-1　林网与风向成一定夹角时不同配置林网内风速分布统计参数

林网	样本数	最大值（m/s）	最小值（m/s）	平均值±标准误	标准差	峰态	偏度	变异系数（%）
林网1	84	2.65	0.47	1.60 ± 0.07	0.68	-1.365	-0.078	42.5
林网2	91	3.68	2.01	3.08 ± 0.04	0.40	0.284	-0.846	13.0
林网3	60	4.52	1.69	2.93± 0.09	0.7	-0.702	0.343	23.9
林网4	56	4.5	2.53	3.44 ± 0.08	0.57	-1.122	0.163	16.6
林网5	48	3.79	2.69	3.35 ± 0.04	0.24	-0.270	-0.287	7.3

对比分析林带与风向夹角在Ⅰ区时不同配置林网内的风速分布统计，当林网与风向的夹角在Ⅱ区，各林网内的风速平均值均增加。变异系数的变化为林网1的变异系数从47.5%减少至42.5%，林网2的变异系数从20.8%减少至13%，林网5的变异系数从9.6%减少至7.3%，林网3的变异系数从22.1%增加至23.9%，林网4的变异系数从13.8%增加至16.6%。可见，林带结构及林网配置与风向变化下的林网内的风速变异系数密切相关。风向对林网内的风速变异系数的影响基本上是随着林带与风向夹角的减小而减小，但对于林网3和林网4这种"U"型配置的林网结构，由于林网开口处朝向气流方向而导致了林网内的平均风速较大，其风速变异系数呈增加的趋势。其中，林网1由于其主林带属于多行紧密结构，林网内的风速变异系数最大，但受风向的影响林网内的风速变异系数减少并不显著仅为5%。而"长方"型配置的林网5内的风速变异系数最小，在风向变化下其受风向影响而引起的变异系数变化非常小，仅为2.3%，这与其"长方"型配置的林网内风速分布较为均匀有关。

风向变化时不同配置林网内风速频度分布特征如图7-6所示，可见各林网内风速均符合正态分布。其中，林网1内的风速频数分布为左偏态，峰态类型为低阔峰；林网2内的风速频数分布为左偏态，峰态类型为高狭峰；林网3内的风速频数分布为右偏态，峰态类型为低阔峰；林网4内的风速频数分布为右偏态，峰态类型为低阔峰；林网5内的风速频数分布为左偏态，峰态类型为低阔峰。

对比分析林带与风向夹角在Ⅰ区时不同配置林网内的风速频数分布特征，风向

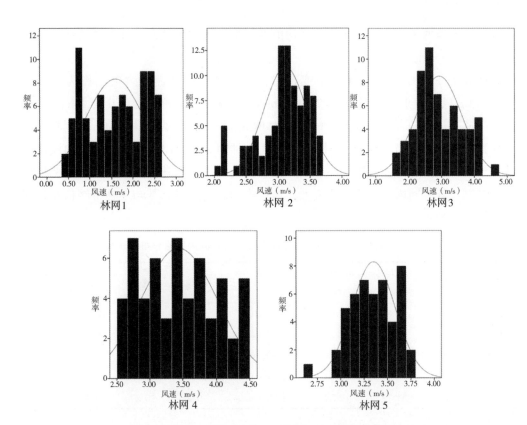

图7-6　林网与风向成一定夹角时不同配置防护林网内风速频数分布特征

变化对各林网内风速在分布的集中性和离散性方面产生了一定的影响。其中，林网1内的风速频数分布由右偏态变为左偏态，峰态类型均为为低阔峰；林网2内的风速频数分布由右偏态变为左偏态，峰态类型由低阔峰变为高狭峰；林网3内的风速频数分布均为右偏态，峰态类型由高狭峰变为低阔峰；林网4内的风速频数分布由左偏态变成右偏态，峰态类型均为低阔峰；林网5内的风速频数分布及峰态类型均未发生变化，为左偏态，低阔峰。可见，风向变化下大部分防护林林网内的风速频数分布特征发生了一定的变化，只有林网5内的风速频数分布没有发生变化。

7.3　风向变化对不同林网内风速变异函数的影响

当林网与风向成一定夹角（Ⅱ区）时，不同配置林网内的风速变异函数如表7-2所示，不同林网内风速半方差函数的块金值（C_0）全部小于0.12，由实验误差和小于实际取样尺度引起的变异非常小，各林网的基台值范围在0.179～2.09之间。其中林网4的基台值最大，林网2的基台值最小。变程（A_0）在37.4～254.8m之间，空间连续性为林网5>林网4>林网3>林网2>林网1。不同林网块金值与基台值的比值均小于25%，表明在风向变化下各林网内的风速也同样具有强烈的空间自相关性。

对比林带与风向夹角在Ⅰ区时不同配置林网内的风速半方差函数模型，随着林带与风向夹角变小，不同林网内的块金值（C_0）均不大，所以在这两种情况下随机部分的空间异质性均较小。基台值（C_0+C）的变化情况为各林网的基台值随着风向的变化基台值呈增加的趋势，但林网 2 的基台值由 0.321 减小至 0.179。变程的变化规律为林网 1、林网 3 和林网 5 的变程呈增加趋势，林网 2 的变程由 95.3m 减小至43.4m，林网 4 的变程由 287m 减小至 238.7m。

表 7-2　林网与风向成一定夹角时不同配置林网内风速半方差函数模型参数

林网	拟合模型	块金值（C_0）	基台值（C_0+C）	变程（m）	[$C_0/(C_0+C)$]（%）	决定系数 R^2	残差
林网 1	球状模型	0.120	0.531	37.4	22.6	0.770	0.06
林网 2	高斯模型	0.003	0.179	43.4	1.7	0.969	3.26E-04
林网 3	高斯模型	0.058	0.604	58.2	9.6	0.982	4.34E-03
林网 4	高斯模型	0.040	2.090	238.7	1.9	0.933	0.02
林网 5	高斯模型	0.036	0.282	254.8	12.8	0.867	3.97E-04

如图 7-7，林网 2、林网 3、林网 4 和林网 5 均能够较好地拟合为符合高斯模型的变异函数，林网 1 能够较好地拟合为球状模型的变异函数。其中，与风向夹角在 I 区时相同，紧密结构的林网 1、疏透结构的纯林林网 2 和疏透结构的乔灌混交林林网 3 都是在较短的变程距离内达到了稳定的基台值，而通风结构的纯林林网 4 和"长方"型配置的林网 5 的变程均较大。通风结构的林网 4 的基台值最高，风速在空间上的变幅最大，空间连续性较好。林网 5 属于疏透结构的林带，但其"长方"型配置的防护林网格导致了林网内风速在空间上变幅最小，基台值最小，空间连续性相对最好。

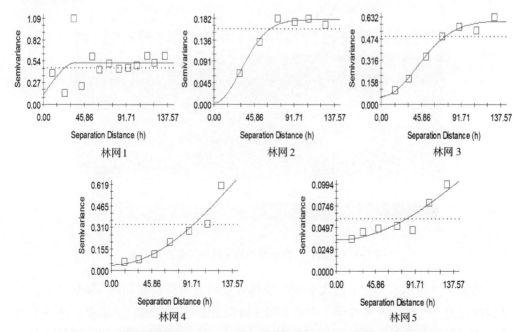

图 7-7　林网与风向成一定夹角时不同配置防护林网内风速半方差函数曲线

对比林带与风向夹角在 I 区时不同配置林网内的风速半方差函数模型，随着林带与风向夹角改变，各林网间最显著的变化是林网 1 由最佳拟合的高斯模型函数变为球状模型函数，林网 3 由最佳拟合的球状模型函数转变为高斯模型函数，其他林网内的风速半方差函数模型均未发生变化。

7.4 风向变化对不同林网内防风效能的影响

7.4.1 风向变化下林网 1 内防风效能分析

当风向与林网 1 的夹角为 55.5°，风向为 WSW 偏 SW 235.5°时，林网 1 内的防风效能如图 7-8 所示。林网 1 内的防风效能范围在 62%~94%之间，林网能够有效地削弱 62%以上的风能。由图 7-8（彩版）可知，在林网内四角处防风效能最大，即图中由黄色到红色的区域。林带后 1~4H 范围内形成了大面积的风速加速区，即图中由蓝色区域所表示的较低防风效能的区域，且整个区域内的防风效能等值线在来流方向上发生了一定程度的偏移。

对比风向与林网 1 的夹角为 80.5°，风向为 WSW 偏 W 260.5°时林网 1 内的防风效能，其防风效能范围由之前的 65%~95%变化为 62%~94%，林网内整体防风效能范围变化不大。林网内的防风效能分布与风向夹角在 I 区时的变化相同，防风效能由林网中间向四周不断增大。风向变化使林网 1 内的低防风效能区域增加，整个范围扩大至林带后 1~4H，且林网内形成的风速等值线在来流方向上发生了整体性的偏移。

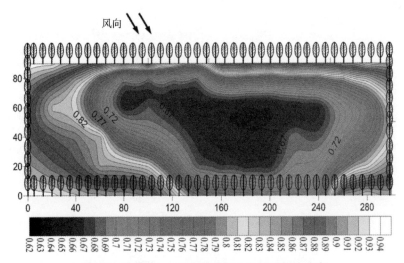

图 7-8（彩版）　防护林网格 1 内防风效能分布

如表 7-3 所示，林网 1 内大于 65%防风效能的有效防护面积达 25698.9m²，有效防护比为 95.2%，可见林网 1 内绝大部分面积上防风效能在 65%以上。林网 1 内大于 70%防风效能的有效防护面积为 18382.7m²，有效防护比为 68.1%，可见在防风效能为 65%和 70%以上时，有效防护面积占林网总面积的比例大于 68%。林网 1 内大于 75%防风效能的有效防护面积为 13421.7m²，有效防护比为 49.7%。林网 1

内大于 80%防风效能的有效防护面积为 9954.8m², 有效防护比为 36.9%。林网 1 内大于 85%防风效能的有效防护面积为 5654.2m², 有效防护比为 20.9%。由此可见, 在风向影响下随着防风效能的增加其有效防护面积显著减小。

表 7-3　林网与风向成一定夹角时林网 1 在不同防风效能下的有效防护面积

林网	防风效能 （%）	林网规格（m）	林网面积 （m²）	有效防护面积 （m²）	有效防护比 （%）
林网 1	65	300×90	27000	25698.9	95.2
林网 1	70	300×90	27000	18382.7	68.1
林网 1	75	300×90	27000	13421.7	49.7
林网 1	80	300×90	27000	9954.8	36.9
林网 1	85	300×90	27000	5654.2	20.9

如表 7-4 所示, 林网 1 在不同的风向夹角下, 其林网内的有效防护面积发生了一定的变化。当风向与林网 1 的夹角为 80.5°, 防风效能在 65%以上时, 林网 1 内的有效防护面积达到最大, 有效防护比为 100%, 可见林网 1 在此风向夹角下的防风效能为 65%。而当风向与林带的夹角为 55.5°时, 65%防风效能所对应的有效防护面积减小至 25698.9m², 有效防护比减小至 95.2%, 共减小了 4.8%, 可见在此防风效能下风向变化对紧密型配置林带防风效能的影响并不显著。

表 7-4　林网 1 在不同风向夹角下的有效防护面积

林网	林网与风 向夹角	防风效能 （%）	林网规格 （m）	林网面积 （m²）	有效防护面积 （m²）	有效防护比 （%）
林网 1	80.5°	65	300×90	27000	27000.0	100.0
	55.5°	65	300×90	27000	25698.9	95.2
林网 1	80.5°	70	300×90	27000	26124.7	96.8
	55.5°	70	300×90	27000	18382.7	68.1
林网 1	80.5°	75	300×90	27000	22259.9	82.4
	55.5°	75	300×90	27000	13421.7	49.7
林网 1	80.5°	80	300×90	27000	17765.6	65.8
	55.5°	80	300×90	27000	9954.8	36.9
林网 1	80.5°	85	300×90	27000	10149.2	37.6
	55.5°	85	300×90	27000	5654.2	20.9

当防风效能在 70%以上时, 风向与林网 1 的夹角由 80.5°减小至 55.5°时, 林网 1 内的有效防护面积由 26124.7m²减小至 18382.7m², 共减小了 7742.0m²; 有效防护比由 96.8%减小至 68.1%, 共减小了 28.7%（此数据为有效防护比差值, 下同）。

当防风效能在 75%以上时, 林网 1 内的有效防护面积由 22259.9m²减小至 13421.7m², 共减小了 8838.2m²; 有效防护比由 82.4%减小至 49.7%, 共减小了 32.7%。

当防风效能在 80% 以上时，林网 1 内的有效防护面积由 17765.6m² 减小至 9954.8m²，共减小了 7810.8m²；有效防护比由 65.8% 减小至 36.9%，共减小了 28.9%。

当防风效能达到 85% 以上时，林网 1 内的有效防护面积由 10149.2m² 减小至 5654.2m²，共减小了 4495.0m²；有效防护比由 37.6% 减小至 20.9%，共减小了 16.7%，可见在高防风效能，由风向改变造成的林网内的有效防护比减小值相对较小。

综上所述，防风效能在 75% 以上时，风向改变对林网 1 内有效防护面积影响最大，其值减小为 8838.2m²，有效防护比减小了 32.7%。防风效能达到 85% 以上时，风向改变对林网内有效防护面积的影响相对较小。

7.4.2　风向变化下林网 2 内防风效能分析

当风向与林网 2 的夹角为 55.8°，风向为 WSW 偏 SW 235.8° 时，林网 2 内的防风效能如图 7-9（彩版）所示。林网 2 内的防风效能范围在 58%~78% 之间，林网能够有效地削弱 58% 以上的风能。由图 7-9 可知，林带后防风效能的变化规律为先增大再逐渐减小，林带 2H 后防风效能显著增加，并在 2~4H 范围内形成了较高防护效能的区域，林网内防风效能等值线随着风向夹角的变化发生了一定的偏移。

对比风向与林网 2 的夹角为 77.5°，风向为 WSW 偏 W 257.5° 时林网 2 内的防风效能，其防风效能范围由之前的 67%~85.4% 变化为 58%~78%，可见最低防风效能由 67% 减小至 58%，防风效能整体趋向于低防风效能。林网内的防风效能等值线由均匀地平行于林带走向的分布变为与林带走向成一定夹角的分布，林带 2H 后大面积的高防风效能区域随着风向的改变出现了萎缩，仅在林带后 2~4H 范围内形成了较高防护效能的区域，在 4H 距离后防风效能显著降低。

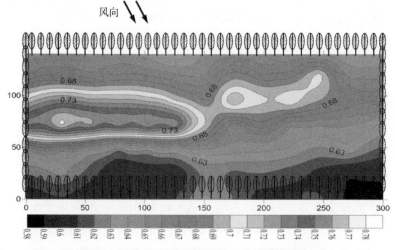

图 7-9（彩版）　防护林网格 2 内防风效能分布

如表 7-5 所示，林网 2 内大于 60% 防风效能的有效防护面积达 40332.0m²，有效防护比为 96.0%，可见林网 2 内绝大部分面积上防风效能在 60% 以上。林网 2 内大于 65%防风效能的有效防护面积为 25079.5m²，有效防护比为 59.7%，可见在防风效能在 60%和 65%以上时，林网内有效防护面积占林网总面积的比例基本大于60%。林网 2 内大于 70%防风效能的有效防护面积为 7350.3m²，有效防护比为17.5%。林网 2 内大于 75%防风效能的有效防护面积为 1531.7m²，有效防护比为3.6%。由此可见，在风向的影响下随着防风效能的不断增加，其对应的林网内有效防护面积及有效防护比均显著减小。

表 7-5　林网与风向成一定夹角时林网 2 在不同防风效能下的有效防护面积

林网	防风效能 （%）	林网规格 （m）	林网面积 （m²）	有效防护面积 （m²）	有效防护比 （%）
林网 2	60	300×140	42000	40332.0	96.0
林网 2	65	300×140	42000	25079.5	59.7
林网 2	70	300×140	42000	7350.3	17.5
林网 2	75	300×140	42000	1531.7	3.6

如表 7-6 所示，林网 2 在不同的风向夹角下，其林网内的有效防护面积发生了很大的变化。当风向与林网 2 的夹角为 77.5°，林网内 96.4%面积上的防护效能均大于 70%，按表中最大有效防护比对应的防护效能为林网的有效防护效能，林网 2内防护效能大于 70%。随着风向与林网 2 的夹角减小至 55.5°，林网内 96%面积上的防护效能为 60%，由此可见风向与林带夹角的减小导致了林网 2 内 96%面积对应的防风效能下降了 10%左右。风向改变对林网 2 内的防风效能影响相对较大，当防风效能为 60%和 65%，风向与林网 2 的夹角为 77.5°时，林网 2 的有效防护面积达到最大，有效防护比为 100%。其中，60%防风效能时，风向与林网 2 的夹角由77.5°减小至 55.8°，有效防护面积减小了 668m²，有效防护比减小 4%，变化不显著；65%防风效能所对应的有效防护面积则减少了 16920.5m²，有效防护比减少了40.3%，防风效能对风向变化的响应相对显著（表 7-6）。

当防风效能在 70%以上，风向与林网 2 的夹角由 77.5°减小至 55.8°，林网 2 内的有效防护面积由 40477.6m²减小至 7350.3m²，共减小了 33127.3m²；有效防护比由 96.4%减小至 17.5%，共减小了 78.9%。

当防风效能在 75%以上，风向与林网 2 的夹角由 77.5°减小至 55.8°，林网 2 内的有效防护面积由 35780.4m²减小至 1531.7m²，共减小了 34248.7m²；有效防护比由 85.2%减小至 3.6%，共减小了 81.6%。

当防风效能为 80%和 85%时，表 7-6 里风向与林网 2 夹角为 55.8°时的防风效能表示为无"—"，因为在该风向夹角下，林网内无法达到这么高的防护效能。

综上所述，防风效能在 75%以上时，风向改变对林网 2 内有效防护面积影响最大，其值减小为 34248.7m²，有效防护比减小了 81.6%。防风效能达到 85%以上时，风向改变对林网内有效防护面积的影响相对较小。

表 7-6　林网 2 在不同风向夹角下的有效防护面积

林网	林网与风向夹角	防风效能（%）	林网规格（m）	林网面积（m²）	有效防护面积（m²）	有效防护比（%）
林网 2	77.5°	60	300×140	42000	42000.0	100.0
	55.8°	60	300×140	42000	40332.0	96.0
林网 2	77.5°	65	300×140	42000	42000.0	100.0
	55.8°	65	300×140	42000	25079.5	59.7
林网 2	77.5°	70	300×140	42000	40477.6	96.4
	55.8°	70	300×140	42000	7350.3	17.5
林网 2	77.5°	75	300×140	42000	35780.4	85.2
	55.8°	75	300×140	42000	1531.7	3.6
林网 2	77.5°	80	300×140	42000	19630.7	46.7
	55.8°	80	300×140	42000	—	—
林网 2	77.5°	85	300×140	42000	764.7	1.8
	55.8°	85	300×140	42000	—	—

7.4.3　风向变化下林网 3 内防风效能分析

当风向与林网 3 的夹角为 52.6°，风向为 WWN 偏 WN 307.4°时，林网 3 内的防风效能如图 7-10（彩版）所示。林网 3 内的防风效能范围在 28%~74%之间，林网能够有效地削弱 28%以上的风能。由图 7-10 可知，林带后高防风效能区域出现在林带后 6H 范围内，并沿林网对角线发生了明显的分层。"U"型配置的林网是形成这种防风效能等值线分布的主要原因，林网"U"型开口朝向来流方向造成林网内的防风效能分布发生显著的变化且防风效能等值线与来流风向趋于平行。

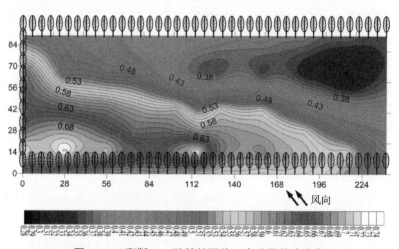

图 7-10（彩版）　防护林网格 3 内防风效能分布

对比风向与林网 3 的夹角为 75.02°，风向为 ENE 偏 E 75.02°时林网 3 内的防风效能，其防风效能范围由之前的 46%~82%变化为 28%~74%，可见最低防风效能由

46%减小至28%，防风效能的整体趋向于低防风效能。林网内的防风效能等值线图由接近平行于主林带的走向变化与林带形成一定的夹角，其分布情况基本与来流方向保持一致。

如表7-7所示，林网3内大于35%防风效能的有效防护面积达20334.9m²，有效防护比为94.1%，可见林网3内绝大部分面积上防风效能在35%以上。林网3内大于40%防风效能的有效防护面积为16393.5m²，有效防护比为78.2%。林网3内大于45%防风效能的有效防护面积为14859.1m²，有效防护比为68.8%，可见在防风效能为35%、40%和45%以上时，林网内有效防护面积占林网总面积的比例基本大于70%，并在此防风效能发挥着较好的防护效益。林网3内大于50%防风效能的有效防护面积为12104.3m²，有效防护比为56.0%。林网3内大于55%防风效能的有效防护面积为9475.7m²，有效防护比为43.9%。林网3内大于60%防风效能的有效防护面积为5623.5m²，有效防护比为26.0%。林网3内大于65%防风效能的有效防护面积为2704.4m²，有效防护比为12.5%。由此可见，在风向的影响下随着防风效能的不断增加，林网3的有效防护面积及有效防护比均显著减小。

表7-7 林网与风向成一定夹角时林网3在不同防风效能下的有效防护面积

林网	防风效能（%）	林网规格（m）	林网面积（m²）	有效防护面积（m²）	有效防护比（%）
林网3	35	240×90	21600	20334.9	94.1
林网3	40	240×90	21600	16393.5	78.2
林网3	45	240×90	21600	14859.1	68.8
林网3	50	240×90	21600	12104.3	56.0
林网3	55	240×90	21600	9475.7	43.9
林网3	60	240×90	21600	5623.5	26.0
林网3	65	240×90	21600	2704.4	12.5

如表7-8所示，林网3在不同的风向夹角下，其林网内的有效防护面积发生了明显的变化。当风向与林网3的夹角为75.02°时，林网内92%面积上的防护效能均大于55%，按表中最大有效防护比对应的防风效能为林网的有效防护效能，林网3内防护效能大于55%。随着风向与林网3的夹角减小至52.6°，林网内94.1%面积上的防护效能为35%，由此可见风向与林带夹角的减小导致了林网3内92%面积对应的防护效能下降了20%左右。林网3内的防风效能之所以受风向改变影响较大与其林网"U"型配置开口朝向来流方向密不可分，林网3内较大面积的防风效能在35%以上。

当防风效能在35%、40%、45%和50%以上，表7-8里风向与林网3夹角为75.02°时有效防护面积均达到最大值，有效防护比达到100%，即在这些防风效能下林网3可以完全发挥出防护效应。

当防风效能在55%以上，风向与林网3的夹角由75.02°减小至52.6°，林网3

内的有效防护面积由 19867.7m² 减小至 9475.7m²，共减小了 10392m²；有效防护比由 92.0% 减小至 43.9%，共减小了 48.1%。当防风效能在 60% 以上，风向与林网 3 的夹角由 75.02° 减小至 52.6°，林网 3 内的有效防护面积由 16393.5m² 减小至 5623.5m²，共减小了 10770m²；有效防护比由 75.9% 减小至 26.0%，共减小了 49.9%。

表 7-8　林网 3 在不同风向夹角下的有效防护面积

林网	林网与风向夹角	防风效能（%）	林网规格（m）	林网面积（m²）	有效防护面积（m²）	有效防护比（%）
林网 3	75.02°	35	240×90	21600	21600.0	100.0
	52.6°	35	240×90	21600	20334.9	94.1
林网 3	75.02°	40	240×90	21600	21600.0	100.0
	52.6°	40	240×90	21600	16393.5	78.2
林网 3	75.02°	45	240×90	21600	21600.0	100.0
	52.6°	45	240×90	21600	14859.1	68.8
林网 3	75.02°	50	240×90	21600	21600.0	100.0
	52.6°	50	240×90	21600	12104.3	56.0
林网 3	75.02°	55	240×90	21600	19867.7	92.0
	52.6°	55	240×90	21600	9475.7	43.9
林网 3	75.02°	60	240×90	21600	16393.5	75.9
	52.6°	60	240×90	21600	5623.5	26.0
林网 3	75.02°	65	240×90	21600	9525.0	44.1
	52.6°	65	240×90	21600	2704.4	12.5
林网 3	75.02°	70	240×90	21600	5024.9	23.3
	52.6°	70	240×90	21600	—	—
林网 3	75.02°	75	240×90	21600	2340.0	10.8
	52.6°	75	240×90	21600	—	—
林网 3	75.02°	80	240×90	21600	116.5	0.5
	52.6°	80	240×90	21600	—	—

当防风效能在 65% 以上，风向与林网 3 的夹角由 75.02° 减小至 52.6°，林网 3 内的有效防护面积由 9525m² 减小至 2704.4m²，共减小了 6820.6m²；有效防护比由 44.1% 减小至 12.5%，共减小了 31.6%。

当防风效能在 70%、75% 和 80% 以上，表 7-8 里风向与林网 3 夹角为 52.6° 时的防风效能表示为无 "—"，因为在该风向夹角下，林网内无法达到这么高的防护效能。

综上所述，防风效能在 60% 以上，风向改变对林网 3 内有效防护面积影响最大，其值减小为 10770m²，有效防护比减小了 49.9%。防风效能达到 70% 以上，风向改变对林网内有效防护面积的影响相对较小。

7.4.4 风向变化下林网 4 内防风效能分析

当风向与林网 4 的夹角为 48°，风向为 WWN 偏 WN 312°时，林网 4 内的防风效能如图 7-11（彩版）所示。林网 4 内的防风效能范围在 35%~64%之间，林网能够有效地削弱 35%以上的风能。由图 7-11 可知，林带后偏副林带方向即整个防护林网格左侧出现了大面积的高防风效能区（黄色区域包含的范围），防风效能大于54%，由于与林网 3 同样是"U"型配置，林网 4"U"型开口处防风效能较低，在靠近开口处形成了较大面积的低防护效能区域，并与林网左侧高防护效能区形成了明显的分层，防风效能等值线发生了一定的偏移。

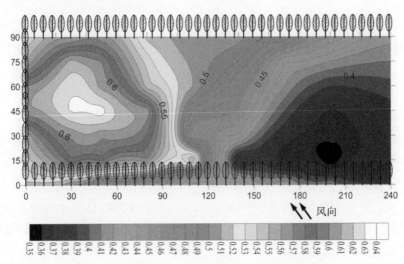

图 7-11（彩版）　防护林网格 4 内防风效能分布

对比风向与林网 4 的夹角为 75.18°，风向为 ESE 偏 E 104.82°时林网 4 内的防风效能，其防风效能范围由之前的 44%~67%变化为 35%~64%，可见最低防风效能由 44%减小至 35%，林网内的整体防风效能趋向于减小。林网内的防风效能等值线由于风向夹角的减小发生了明显的偏移，在靠近副林带侧的高防风效能区域出现了显著的收缩，并与"U"型开口处所形成的低防风效能区形成了明显的分层现象。

如表 7-9 所示，林网 4 内大于 35%防风效能的有效防护面积达 21362.4m²，有效防护比为 98.9%，可见林网 4 内绝大部分面积上防风效能在 35%以上。林网 4 内大于 40%防风效能的有效防护面积为 16610.4m²，有效防护比为 76.9%。林网 4 内大于 45%防风效能的有效防护面积为 12934.5m²，有效防护比为 59.9%，由此可见当防风效能在 35%、40%和 45%以上，林网内有效防护面积占林网总面积的比例基本大于 60%。林网 4 内大于 50%防风效能的有效防护面积为 9860.3m²，有效防护比为 45.6%。林网 4 内大于 55%防风效能的有效防护面积为 6407.7m²，有效防护比为 29.67%。林网 4 内大于 60%防风效能的有效防护面积为 2800.8m²，有效防护面积仅占林网总面积的 13%。

表 7-9　林网与风向成一定夹角时林网 4 在不同防风效能下的有效防护面积

林网	防风效能 （%）	林网规格 （m）	林网面积 （m²）	有效防护面积 （m²）	有效防护比 （%）
林网 4	35	240×90	21600	21362.4	98.9
林网 4	40	240×90	21600	16610.4	76.9
林网 4	45	240×90	21600	12934.5	59.9
林网 4	50	240×90	21600	9860.3	45.6
林网 4	55	240×90	21600	6407.7	29.7
林网 4	60	240×90	21600	2800.8	13.0

如表 7-10 所示，林网 4 在不同的风向夹角下，其林网内的有效防护面积发生了明显的变化。当风向与林网 4 的夹角为 75.18°，林网内 99.5% 面积上的防护效能均大于 40%，按表中最大有效防护比对应的防风效能为林网的有效防风效能，林网 4 内防护效能大于 40%。随着风向与林网 4 的夹角减小至 48°，林网内 98.9% 面积上的防护效能为 35%，由此可见风向与林带夹角的减小导致了林网 4 内 99% 几乎整个面积对应的防风效能下降了 15% 左右。林网 4 内的防风效能之所以受风向改变影响较大与其林带结构及林网"U"型配置开口朝向来流方向密不可分，林网 4 内较大面积的防风效能在 35% 以上。

当防风效能为 35%、40% 和 45% 时，表 7-10 里风向与林网 4 夹角为 75.18° 时有效防护面积均达到最大值，有效防护比达到 100%，即在这些防风效能下林网 3 可以完全发挥出防护效应。

表 7-10　林网 4 在不同风向夹角下的有效防护面积

林网	林网与风向夹角	防风效能 （%）	林网规格 （m）	林网面积 （m²）	有效防护面积 （m²）	有效防护比 （%）
林网 4	75.18°	35	240×90	21600	21600	100
	48°	35	240×90	21600	21362.4	98.9
林网 4	75.18°	40	240×90	21600	21600	100
	48°	40	240×90	21600	16610.4	76.9
林网 4	75.18°	45	240×90	21600	21600	100
	48°	45	240×90	21600	12934.5	59.9
林网 4	75.18°	50	240×90	21600	21498.2	99.5
	48°	50	240×90	21600	9860.3	45.6
林网 4	75.18°	55	240×90	21600	15712.0	72.7
	48°	55	240×90	21600	6407.7	29.7
林网 4	75.18°	60	240×90	21600	6638.0	30.7
	48°	60	240×90	21600	2800.8	13.0
林网 4	75.18°	65	240×90	21600	377.6	1.8
	48°	65	240×90	21600	—	—

当防风效能在50%以上，风向与林网4的夹角由75.18°减小至48°时，林网4内的有效防护面积由21498.2m²减小至9860.3 m²，共减小了11637.9m²；有效防护比由99.5%减小至45.6%，共减小了53.9%。

当防风效能在55%以上，风向与林网4的夹角由75.18°减小至48°时，林网4内的有效防护面积由15712.0m²减小至6407.7m²，共减小了9304.3m²；有效防护比由72.7%减小至29.7%，共减小了43.0%。

当防风效能在60%以上，风向与林网4的夹角由75.18°减小至48°时，林网4内的有效防护面积由6638m²减小至2800.8m²，共减小了3837.2m²；有效防护比由30.7%减小至13.0%，共减小了17.7%。

当防风效能为65%时，表7-9里风向与林网4夹角为48°时的防风效能表示为无"—"，因为在该风向夹角下，林网内无法达到这么高的防护效能。

综上所述，防风效能在50%以上，风向改变对林网4内有效防护面积影响最大，其值减小为11637.9m²，有效防护比减小了53.9%。防风效能达到60%以上，风向改变对林网内有效防护面积的影响相对较小。

7.4.5　风向变化下林网5内防风效能分析

当风向与林网5的夹角为51.17°时，风向为 WSW 偏 SW 231.17°时，林网5内的防风效能如图7-12（彩版）所示。林网5内的防风效能范围在57%~69.5%之间，林网能够有效地削弱57%以上的风能且防风效能范围区间不大。由图7-12可知，林网内形成了多个高防护效能区（黄色区域包含的范围），主要分布在林带后3H范围内和林带后4~7H靠近副林带a位置。同时，林网内的较低防护效能区（蓝色区域包含的范围），主要分布在林带后3H范围内和林带后5.5~8H范围靠近副林带b位置处。

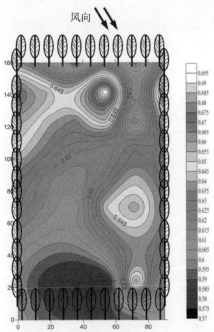

图7-12（彩版）　防护林网格5内防风效能分布

对比风向与林网 5 的夹角为 71.3°，风向为 WSW 偏 W 251.3°时林网 5 内的防风效能，其防风效能范围由之前的 56%~72%变化为 57%~69.5%，可见最低防风效能由 56%增加至 57%，林网内的整体防风效能没有减小反而略有增加且林网内的防风效能范围也没有发生太大的变化，这主要是由于该"长方"型狭长配置林网造成的。林网 5 的副林带长于主林带在风向夹角变化时发挥了较好的防护效益，林网内的防风效能变化主要表现为，林带后的高防护效能区（黄色区域包含的范围）在 3H 范围内发生了明显的收缩，同时伴有大小不等的低防护效能区（蓝色区域包含的范围）出现。在林带后 4~7H 范围靠近副林带 a 处形成了新的大面积的高防护效能区，该林网配置类型是促成这种防护区域的主要原因。

如表 7-11 所示，林网 5 内大于 60%防风效能的有效防护面积达 11860.7m²，有效防护比为 82.4%，林网内大于 65%防风效能的有效防护面积为 1392.8m²，有效防护比为 9.7%。可见，林网 5 内的防风效能值分布区间不大，其防风效能主要分布在 60%以上，随着防风效能的增加林网内有效防护面积大范围减小。

表 7-11　与风向成一定夹角时林网 5 在不同防风效能下的有效防护面积

林网	防风效能 （%）	林网规格 （m）	林网面积 （m²）	有效防护面积 （m²）	有效防护比 （%）
林网 5	60	90×160	14400	11860.7	82.4
林网 5	65	90×160	14400	1392.8	9.7

如表 7-12 所示，林网 5 在不同的风向夹角下，其林网内的有效防护面积并未像以上几种情况发生显著的变化。当风向与林网 5 的夹角为 71.3°，林网内 83%面积上的防护效能均大于 60%，按表中最大有效防护比对应的防风效能为林网的有效防护效能，林网 5 内防护效能大于 60%。随着风向与林网 5 的夹角减小至 51.17°，林网内 82.4%面积上的防护效能仍为 60%，由此可见风向与林带夹角的减小并未导致林网 5 内防风效能的改变。"长方"型配置的林网 5 其长副林带在风向改变的条件下发挥了较好的防护效应从而导致了林网内防风效能的稳定，林网 5 内较大面积的防风效能在 60%以上。

表 7-12　林网 5 在不同风向夹角下的有效防护面积

林网	林网与风 向夹角	防风效能 （%）	林网规格 （m）	林网面积 （m²）	有效防护面积 （m²）	有效防护比 （%）
林网 5	71.3°	60	90×160	14400	11954.8	83.0
	51.17°	60	90×160	14400	11860.7	82.4
林网 5	71.3°	65	90×160	14400	4056.1	28.2
	51.17°	65	90×160	14400	1392.8	9.7
林网 5	71.3°	70	90×160	14400	171.2	1.2
	51.17°	70	90×160	14400	—	—

当防风效能在 60%以上，风向与林网 5 的夹角由 71.3°减小至 51.17°，林网 5

内的有效防护面积由 11954.8m² 减小至 11860.7m²，共减小了 94.1m²；有效防护比由 83.0% 减小至 82.4%，共减小了 0.6%，可见林网内的有效防护面积仅发生了微小的变化。

当防风效能在 65% 以上，风向与林网 5 的夹角由 71.3° 减小至 51.17°，林网 5 内的有效防护面积由 4056.1m² 减小至 1392.8m²，共减小了 2663.3m²；有效防护比由 28.2% 减小至 9.7%，共减小了 18.5%。

当防风效能在 70% 以上，表 7-11 里风向与林网 5 夹角为 51.17° 时的防风效能表示为无 "—"，因为在该风向夹角下，林网内无法达到这么高的防护效能。

综合分析以上 5 种不同配置结构防护林网在风向夹角在 II 区范围内各林网在达到相同防风效能时的有效防护面积及有效防护比。如表 7-13 所示，当防风效能在 65% 以上，各林网内的有效防护面积及防护比大小依次为：林网 1>林网 2>林网 3>林网 5，林网 4 内无法达到 65% 以上的防护效能。可见，当林网与风向的夹角减小，林网内的防风效能整体呈减小趋势，但 8 行乔木构成的紧密型林网 1 的有效防护比仍然为 95.2% 之高，林网 2 的有效防护比为 59.7%。林网 1 受风向影响非常小，林网 2 次之。

表 7-13　风向改变下不同结构防护林网在相同防风效能下的有效防护面积及百分比

林网	防风效能（%）	林网规格（m）	林网面积（m²）	有效防护面积（m²）	有效防护比（%）
林网 1		300×90	27000	25698.9	95.2
林网 2		300×140	42000	25079.5	59.7
林网 3	65	240×90	21600	2704.4	12.5
林网 4		240×90	21600	—	—
林网 5		90×160	14400	1392.8	9.7
林网 1		300×90	27000	27000	100
林网 2		300×140	42000	40332.0	96.0
林网 3	60	240×90	21600	5623.5	26
林网 4		240×90	21600	2800.8	13.0
林网 5		90×160	14400	11860.7	82.4
林网 1		300×90	27000	27000	100
林网 2		300×140	42000	42000	100
林网 3	55	240×90	21600	9475.7	43.9
林网 4		240×90	21600	6407.7	29.7
林网 5		90×160	14400	—	—

当防风效能在 60% 以上，林网内的有效防护面积及防护比大小为：林网 2>林网 5>林网 3>林网 4，林网 1 的最低防风效能大于此防风效能，所以在表中有效防护面积最大，有效防护比为 100%。林网 2 的防护林配置模式在该防风效能上发挥出了较好的防护效益，"长方" 型配置的林网 5 内的防风效能受风向改变的影响不大。

当防风效能在 55% 以上，林网内的有效防护面积及防护比大小均为：林网 3>林网 4，林网 1、林网 2 和林网 5 的最低防护效能值依次为 62%、58% 和 57% 以上，均大于 55% 的防护效能，且在该防风效能下，有效防护面积最大，有效防护比达到100%，在风向改变下乔灌混交的林网其防护能力依然大于纯林林网。

结合林网与风向夹角在 I 区范围的分析结果，8 行乔木构成的紧密型林网 1 在这两种风向夹角下均表现出较高的防风效能，但考虑到本研究的主要目标是在沙漠绿洲有限的水土资源承载力下营造优化的防护林网模式，故暂不考虑这种多行造林的防护林林网模式。疏透结构的林网 2 能够在以上两种情况下均保持较高的防风效能，所以选为进一步研究的防护林模式之一。"长方"型配置的林网 5，在不同风向夹角下其林网内基本保持了相对稳定的防风效能，适宜在风向多变的地区营建，但主林带长度较短，发挥的作用不显著，不适宜在有害风向相对固定的绿洲营建。"U"型配置的疏透结构林网 3 和通风结构林网 4 随着风向夹角的减小，林网内的防风效能受 "U" 型口朝向与来流方向一致的影响较大，林网 3 和林网 4 内的防风效能出现大幅降低，但综合评价两种林网类型的防风效能，其在干旱区及半干旱区的防护林体系建设中具有一定的推广和应用的空间，需要进一步系统的研究。

7.5 小结

本研究对乌兰布和沙漠绿洲 5 种典型的防护林带（网）模式，在风向变化下对不同林网内的风速流场、风速统计及频数分布、风速半方差变异函数模型和防风效能进行分析，并基于流场及有效防护面积定量对比风向改变对各林网内防风效能的影响，从而确定乌兰布和沙漠绿洲典型的防护林带（网）模式。研究结果表明：

（1）风向变化（林网与风向夹角在 II 区范围）下 5 种不同配置林网内的风速平均值大小为林网 4>林网 5>林网 2>林网 3>林网 1，各林网内的风速均符合正态分布，林网 1、林网 2 和林网 5 符合左偏态，林网 3、林网 4 属于右偏态，各林网峰态类型多为低阔峰。

（2）林网 2、林网 3、林网 4 和林网 5 均能够较好地拟合为符合高斯模型的变异函数，林网 1 为球状模型的变异函数。不同林网内风速半方差函数的块金值（C_0）均小于 0.12，基台值（C_0+C）范围在 0.179~2.09 之间，空间连续性为林网 5>林网 4>林网 3>林网 2>林网 1。

（3）风向变化下不同配置防护林林网的防风效能范围各不相同，林网 1 在62%~94%，林网 2 在 58%~78%，林网 3 在 28%~74%，林网 4 在 35%~64%，林网5 在 57%~69.5%。当防风效能较高在 65% 以上时，林网内的有效防护比大小依次为林网 1>林网 2>林网 3>林网 5；当防风效能在 60% 以上时，林网内的有效防护面积及防护比的大小为林网 2>林网 5>林网 3>林网 4，林网 2 内的有效防护面积最大为40332.0m²，有效防护比为 96.0%，林网 2 具有非常好的防护效应；当防风效能在55% 以上时，林网内的有效防护面积百分比的大小为林网 3>林网 4，乔灌混交配置的林网发挥出了较好的防护效应。

（4）风向变化（80.5°~55.5°）使林网 1 的防风效能减小 5%左右，防风效能在 75%以上，风向改变对林网 1 内有效防护面积影响最大，共减小 8838.2m²，有效防护比减小了 32.7%；风向变化（77.5°~55.8°）使林网 2 的防风效能减小 10%左右，防风效能在 75%以上，风向改变使林网 2 内有效防护面积减小了 34248.7m²，有效防护比减小了 81.6%；风向变化（75.02°~52.6°）使林网 3 的防风效能减小 18%左右，防风效能在 60%以上，风向改变对林网 3 内有效防护面积影响最大，共减小 10770m²，有效防护比减小了 49.9%；风向变化（75.18°~48°）使林网 4 的防风效能减小 15%左右，防风效能在 50%以上，风向改变对林网 4 内有效防护面积影响最大，共减小 11637.9m²，有效防护比减小了 53.9%；风向与林带夹角的减小并未导致林网 5 内防风效能的改变，当防风效能在 65%以上，风向改变对林网 5 内有效防护面积影响最大，共减小 2663.3m²，有效防护比减小了 18.5%。

第 8 章
单行林带防风效果风洞实验

防护林林带作为构成防护林林网的重要组成部分，了解单林带的防护效果对防护林网的配置及构建具有重要的指导意义。本研究以野外实验筛选出的林网 4 典型林带为目标林带制作模型，并通过调节林带疏透度及高度系统地分析不同风速下林带前后的风速流场分布及防风效应，为防护林网的优化配置提供理论基础和科学依据。

8.1 研究内容与方法

防护林林带作为构成防护林林网的重要组成部分，了解单林带的防护效果对防护林网的配置及构建具有重要的指导意义。本研究以野外实验筛选出的林网 4 典型林带为目标林带制作模型，并通过调节林带疏透度及高度系统地分析不同风速下林带前后的风速流场分布及防风效应，为防护林网的优化配置提供理论依据。

8.1.1 风洞实验设备及仪器

风洞模拟实验在北京林业大学风沙物理实验室开展，该风洞设备主要由风洞和测控系统组成。其中，风洞由风扇段、过渡段、稳定段、收缩段和扩散段构成，属于直流式风洞，风速可调节范围为 3~40m/s，风洞全长 24.5m，试验段长 12m，试验段横截面积为 0.6m×0.6m，截面风速脉动小于 1.5%，雷诺数 Re 为 10^5~10^6，试验边界层厚度在 120~150mm，满足风洞动力学相似条件。测控系统由变频电机、变频机、控制柜、三维移测系统、TSI 热膜风速仪及 KIMO 热线风速仪组成。

三维移测系统实现了风洞内 X 轴方向（0~11）×10^3mm、Y 轴方向 0~440mm、Z 轴方向 0~300mm 的高精度定位，定位精度为 1mm。全新的结构设计实现了该仪器迎风截面大幅减小，总迎风面积不超过风洞截面的 5%，且大部分分布在洞壁附近。

风洞内风速廓线及边界层厚度的测量均采用 TSI 公司生产的 IFA300 型热膜风速仪，探头类型为单丝热膜探头。该仪器可以连续观测流动风速并精确地测量风洞内的湍流。实验防护林风速流场的观测采用的是 KIMO 公司生产的热线风速仪，该热线风速探头原理为加热负温度系数热敏电阻，当空气流动时感测带走的热量而测出风速。当测量量程为 3.1~30m/s 时，其测量精度为测量值±0.1m/s。热线风速仪每 1 秒记录 1 次风速数据，本实验对每个观测点的风速测量时间均为 10s，风速仪可以自动计算 10 次观测数据的最小值、最大值及平均值，取风速平均值为每个观测点最后的风速数据。

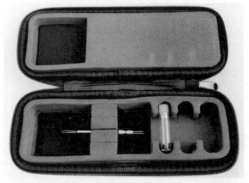

图 8-1　TSI IFA 300 型热膜风速仪

8.1.2　树木模型制作及相关参数

　　风洞模型的制作首先要考虑的是模型的缩尺比与相似准则，模型的缩尺比必须注意的是，在风洞中使用与实际目标形状相同的缩尺模型，输入与实际风性质相同的风，并确保模型上的风荷载与实际情况接近。关于风洞缩尺模型实验的相似准则，在实物与模型之间采用相同的无量纲化的参数是非常重要的。在物理方程中，各项的单位必须是一致的，即在所有方程式里无论物理量取什么单位都应该成立。因此，方程式可以用与单位无关的无量纲常数或变量来表示，要研究实验结果间的相互关系，无需考察物理量本身，只要对比无量纲化后的物理量即可。

　　在模型满足了上述的"几何相似条件"后，还要考虑作用在模型上的风特性，（即自然风特性），根据缩尺比作用与所制作的模型，满足"动力相似条件"。本实验通过调整尖劈和粗糙元的位置来调节风洞内的风速廓线，并使其与乌兰布和沙漠绿洲旷野 48m 高风速通量塔不同高度拟合成的风速廓线方程趋于相同。实验所涉及的三组不同风速均需要通过调节尖劈和粗糙元来实现模型的动力学相似条件，并且林带模型堵塞率均小于 5%，雷诺数达到了自模拟的范围。

　　本实验模型实物比为 1∶250，环境平均温度为 19°，大气压强为 1013hPa。其中，乔木模型以野外实验调查的小美旱杨为目标株，并结合野外树木调查和每木检尺的数据，通过 SVS（Stand Visualization System）软件 V3.36 版中的 Tree Designer 对模型的树形进行设计（高广磊，2011；高广磊，2012），以平面雕刻机来实现模型的实体化。树木模型高依次为 6cm 和 8cm，林带为两行一带，株间距均按实际株间距同比例缩小，冠幅依次为 1.2cm×1.2cm 和 1.6cm×1.6cm。

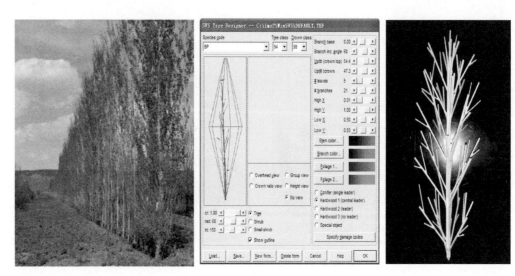

图 8-2　树木模型制作过程

8.1.3　观测点布设

8.1.3.1　水平观测点分布

单条林带平面测点分布在林带前 $6H$ 及林带后 $12H$ 范围内，并以 6cm 即 1 倍树高为间隔对林带前后的风速流场进行观测。林带前后相同距离水平上的测点是以风洞中轴线为原点分别以 3cm 为间距向两侧延伸至 21cm，水平观测距离为 42cm。平面测点的布设规格为 3cm×6cm，并呈网格状分布，测量高度为 0.8cm。各观测点在空风洞下均进行了测量，作为对照风速。

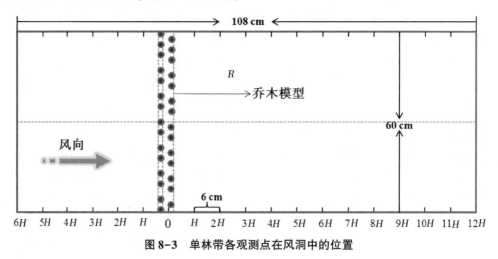

图 8-3　单林带各观测点在风洞中的位置

8.1.3.2　垂直观测点分布

垂直测点布设在风洞中轴线上，并以林带前后一倍树高为间隔进行观测。垂直测量的高度分别为：0.8、1.6、2.4、30、60 、90、120、150、180cm。各观测点在无林带空风洞下均进行了测量，作为对照风速。

8.2　分析方法

通过 SPSS 18.0、GS+ Version 9、Photoshop CS 5 及 Surfer 10.0 等软件对风洞内的风速数据及林带疏透度进行分析，经过统计学分析、地学统计分析及空间插值等多种分析方法确定不同风速条件下风速流场的分布特征。并通过 Photoshop 将林带照片转化成林带的黑白二值图像，用林带空隙像素值占林带的比例来确定林带的疏透度。

8.2.1　风速数据空间插值法

风速数据空间插值采用的方法为空间局部插值即克里金插值法，是以变异函数理论和结构分析为基础，在有限区域内对区域化变量进行无偏最优估计的一种方法。该方法首先考虑的是空间属性在空间位置上的变异分布，确定对一个待插值点有影响的距离范围，然后用此范围内的采样点来估计待插值点的属性值。因此该方法充分利用了数据空间场的性质，在插值过程中可以反映空间场的各向异性，并可以充分利用数据点之间的空间相关性。所以，用克里金插值法计算后的数据可以更精确地描述防护林网格内的风速分布特征，并可以通过 Surfer 10.0 实现空间风速场数据的可视化，便于对防护林（带）网风速流场及防风效能更加直观的分析和研究。

8.2.2　风速统计分析

林网内空间各观测点的风速数据是实现风速流场可视化过程的重要基础，对不同配置结构林网内的风速数据进行数理统计分析，可以进一步地探寻不同林网内风速的分布规律。研究统计分析了不同配置规格林网内风速数据的最大值、最小值、平均值、标准差等常用数理统计参数。并通过风速频数直方图，分析风速在林网内分布的峰态及偏态，进一步了解林网内风速的分布特征。研究还对不同配置林网的风速变异系数进行了分析，变异系数是衡量各观测值变异程度的另外一个统计量即标准差与平均值的比值（CV=SD/Mean×100%），其消除了测量尺度和量纲的影响，从而可以客观地比较单位（或）平均数不同的两个或多个样本的变异程度。

8.2.3　风速变异函数

研究运用地学统计软件 GS+ 9.0 对不同配置林网内的风速分布格局及风速空间变异程度进行了分析，风速的半方差变异函数模型分析涉及的参数分别为块金值（C_0）、基台值（C_0+C）、变程（A_0）和区域化变量的空间相关度 $[C_0/(C_0+C)]$。其中，块金值（C_0）也叫块金方差，是反映实验最小抽样尺度以下变量的变异性及测量误差，空间变异是自然现象在一定空间范围内的变化，是由实验误差和小于实际取样尺度引起的变异，表示随机部分的空间异质性。基台值（C_0+C）是半方差值随步长增加到一个相对稳定的水平时对应的半方差值，是区域化变量总体特征的体现，等于空间结构值和块金值之和。变程（A_0）是指变异函数在有限步长上达到基台值时对应的步长，也叫做自相关距离，因为变程是空间自相关性最大的距离，在该值上自相关性为 0，大于该距离的区域变化量不存在空间自相关性。块金值与基台值的比值用 $[C_0/(C_0+C)]$ 表示，即区域化变量的空间相关度。表示可度量空间自相关的变异所占的比例，表明系统变量的空间相关性程度。如果比值<25%，说明系统具有强烈的空间相关性；如果比值在 25%~75% 之间，表明系统具有中等的空间相关性；若比值>75%，说明系统空间相关性很弱。块金值与基台值的比值表示随机部分引起的空间异质性占系统总变异的比例。如果该比值高，说明样本间的变异更多的是由随机因素引起。

8.2.4　防风效能

防风效能是根据实测和对照风速（CK）计算得出，能够体现防护林带削弱风速能力的一项重要指标，计算公式如下（曹新孙，1983）：

$$E_{khz} = (V_{kcz} - V_{khz}) / V_{kcz} \times 100\%$$

式中：E_{khz} 表示林带前后距离为 h 处，高度为 z 的防风效能，可以反映出防护林对风速的削弱程度；k 表示风速；V_{kcz} 表示在对照点处，高度为 z 的平均风速值；V_{khz} 表示在林带前后距离为 h 处，高度为 z 的平均风速值。

8.2.5　风速加速率

风速加速率能直接反映林带对气流的加速情况，计算公式如下：

$$a_{kxz} = v_{kxz} / u_{kxz}$$

式中：a_{kxz} 表示风速加速率；k 表示风速为 16m/s；v_{kxz} 表示坐标为（x，z）点在 16m/s 风速下的测量值；u_{kxz} 表示在坐标为（x，z）点在 16m/s 风速下的对照风速值。

a_{kxz}>1 时，表示林带对气流有加速的作用，风速增加；a_{kxz}<1 时，表示林带对气流有阻滞的作用，风速减小；a_{kxz}=1 时，风速保持不变。

8.3　单行紧密结构 6cm 高林带防风效果风洞实验

8.3.1　林带前后风速流场分布特征

研究使用的 6cm 高两行一带紧密结构的防护林模型疏透度为 0.13，当风速为 8m/s 时，其水平风速流场分布如图 8-4 所示。由图可知，在单行林带前后风速流场的分布截然不同。林带前风速等值线基本平行于林带的走向，且无明显的风速加速区或风影区形成，林带前 1H 距离范围内风速显著减小。林带后风速得到了显著的削弱，在林带 2H 距离后有大面积的风影区形成。

当风速为 12m/s 时，其水平风速流场分布如图 8-4 所示。由图可知，随着风速的增加，林带前后的风速流场基本没有发生变化，仍然是林带前风速等值线基本平行于林带的走向，且无明显的风速加速区或风影区存在，林带前 1H 距离范围内风速显著减小。林带后风速显著削弱，形成了与风速为 8m/s 时分布大致相同的风速流场且有大面积的风影区形成。

当风速为 16m/s 时，其水平风速流场分布如图 8-4 所示。由图可知，随着风速的增加，林带前后的风速流场整体上变化不大，局部的变化为林带前 3H 范围内的风速等值线几乎平行于林带走向且分布较为均匀，可见在高风速下林带前对风速的削弱作用增强。林带后的风速流场变化不大，风速显著减小，在林带后形成了大面积的风影区。

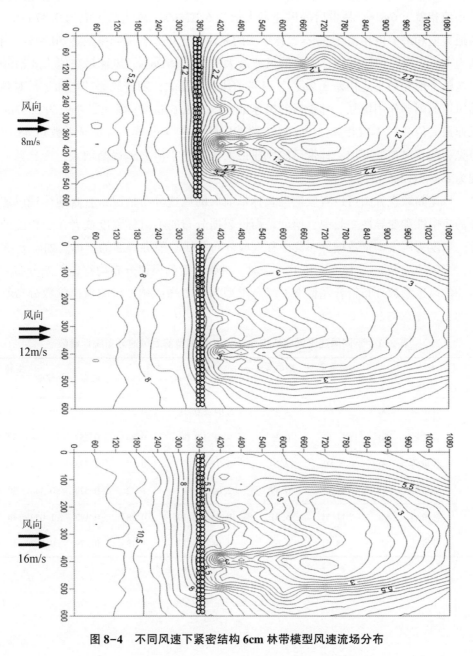

图 8-4　不同风速下紧密结构 6cm 林带模型风速流场分布

8.3.2 林带前后的风速统计分析及频数分布特征

研究统计分析了单行防护林模型林带前后风速数据的最大值、最小值、平均值、标准差等常用数理统计参数。如表 8-1 所示,当风速为 8m/s 时防护林模型林带前的风速最大值为 5.65m/s、风速最小值为 4.45m/s,风速最大值和最小值相差 1.2m/s。林带后的风速最大值为 4.17m/s、风速最小值为 0.35m/s,风速最大值和最小值相差 3.82m/s。可见,林带后风速变化大,变异系数达 52.2%。当风速为 12m/s 时防护林模型林带前的风速最大值为 8.80m/s、风速最小值为 7.20m/s,风速最大值和最小值相差 1.6m/s。林带后的风速最大值为 6.37m/s、风速最小值为 0.47m/s,风速最大值和最小值相差 5.9m/s。林带后的风速变化更大,变异系数达 50.8%。当风速为 16m/s 时防护林模型林带前的风速最大值为 11.51m/s、风速最小值为 8.31m/s,风速最大值和最小值相差 3.2m/s,林带前风速差变大,随着风速的增加林带对林带前风速的削弱作用增强。林带后的风速最大值为 8.61m/s、风速最小值为 0.63m/s,风速最大值和最小值相差 7.98m/s。林带后的风速变化最大,变异系数达 48.4%。可见,随着风速的增加,林带后的风速最大值与最小值之差逐渐增大,变异系数表现为 8m/s>12m/s>16m/s。

风速频数直方图可以有效地反映林带前后的风速分布情况,直观地体现风速分布的集中性和变异性。其中,偏度是衡量数据分布的不对称程度或者偏斜程度的指标,峰度为用来衡量数据分布集中程度或分布曲线的削尖程度的指标。如图 8-5 所示,当风速为 8m/s、12m/s 和 16m/s 时,林带前后的风速分布均符合正态分布。林带前的风速频数分布符合左偏态,峰态类型为低阔峰;林带后的风速频数分布符合右偏态,峰态类型为低阔峰。

表 8-1 不同风速下紧密结构 6cm 高林带模型前后风速分布统计参数

风速 (m/s)	林带 位置	样本数	最大值 (m/s)	最小值 (m/s)	平均值±标准误	标准差	峰态	偏度	变异系数 (%)
8	林带前	90	5.65	4.45	5.04 ± 0.04	0.36	-1.313	-0.322	7.1
	林带后	180	4.17	0.35	1.61 ± 0.06	0.84	-0.157	0.518	52.2
12	林带前	90	8.80	7.20	8.07± 0.05	0.52	-1.398	-0.415	6.4
	林带后	180	6.37	0.47	2.60 ± 0.10	1.32	-0.524	0.348	50.8
16	林带前	90	11.51	8.31	10.36 ± 0.10	0.98	-0.143	-1.052	9.5
	林带后	180	8.61	0.63	3.68 ± 0.13	1.78	-0.479	0.327	48.4

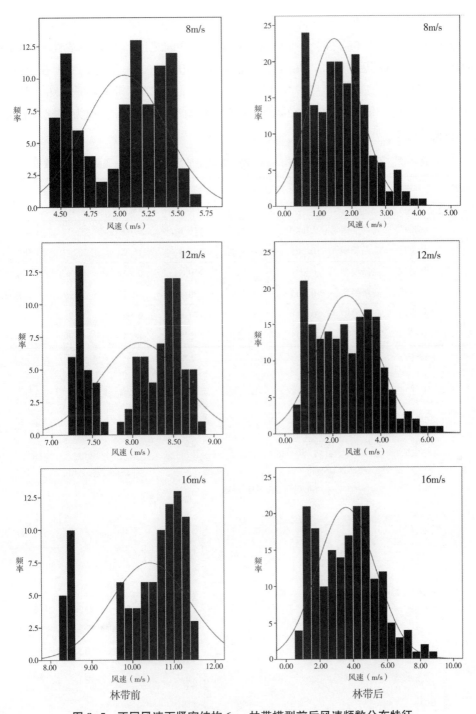

图 8-5　不同风速下紧密结构 6cm 林带模型前后风速频数分布特征

8.3.3　林带前后风速变异函数

　　林带前后风速半方差变异函数模型参数见表 8-2，可见林带前后的风速都能够较好地拟合为高斯模型的变异函数。不同风速下林带前的风速半方差函数的块金值（C_0）均小于 0.001，林带后的风速半方差函数的块金值（C_0）均小于 0.595，可见林带前后由实验误差和小于实际取样尺度引起的变异相对较小。林带前基台值($C_0 + C$）范围在 0.203~1.63 之间，变程在 150.5~174.9m 之间，空间连续性为 16m/s＞8m/s＞12m/s。林带后基台值（$C_0 + C$）范围在 0.704~3.253 之间，变程在 130.4~135.1m 之间，空间连续性为 8m/s＞16m/s＞12m/s。无论是林带前还是林带后块金值与基台值的比值（即区域化变量的空间相关度）均小于 25%，表现为系统具有强烈的空间相关性。

表 8-2　不同风速下紧密结构 6cm 高林带模型前后风速半方差函数模型参数

风速 (m/s)	林网 位置	拟合模型	块金值 (C_0)	基台值 ($C_0 + C$)	变程 (m)	[$C_0/(C_0 + C)$] (%)	决定系数 R^2	残差
8	林带前	高斯模型	0.0001	0.203	156.8	0.05	0.94	1.46E-03
	林带后	高斯模型	0.107	0.704	135.1	15.2	0.99	1.99E-03
12	林带前	高斯模型	0.001	0.426	150.5	0.23	0.943	6.73E-03
	林带后	高斯模型	0.333	1.784	130.4	18.7	0.99	0.0138
16	林带前	高斯模型	0.001	1.630	174.9	0.06	0.93	0.1
	林带后	高斯模型	0.595	3.253	132.8	18.3	0.99	0.0415

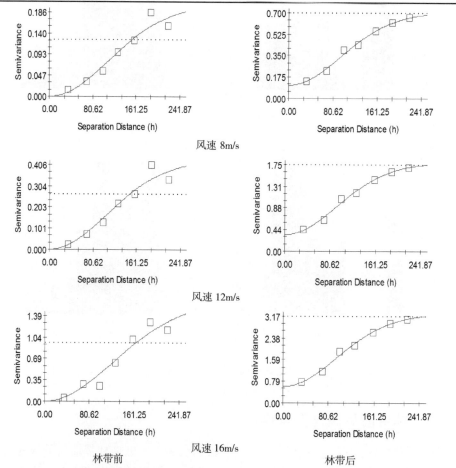

风速 8m/s

风速 12m/s

风速 16m/s

林带前　　　　　　　　　　　　　　林带后

图 8-6　不同风速下紧密结构 6cm 高林带模型林带前后风速半方差函数曲线

如图 8-6 所示，不同风速下单条紧密结构防护林模型林带前后的风速半方差函数均能较好地拟合为高斯模型的变异函数。当风速为 8m/s 时，林带前的风速半方差拟合函数围绕基台值 0.203 波动，林带后的风速半方差拟合函数围绕基台值 0.704 波动。对比林带前，林带后的风速半方差函数基台值增加，变程由 156.8m 减少至 135.1m，达到稳定的基台值距离减少。当风速为 12m/s 时，林带前的风速半方差拟合函数围绕基台值 0.426 波动，林带后的风速半方差拟合函数围绕基台值 1.784 波动，林带前后的基台值均大于风速为 8m/s 时。对比林带前，林带后的风速半方差函数基台值增加，变程由 150.5m 减少至 130.4m，达到稳定的基台值距离减少。当风速为 16m/s 时，林带前的风速半方差拟合函数围绕基台值 1.63 波动，林带后的风速半方差拟合函数围绕基台值 3.253 波动，林带前后的基台值均大于风速为 8m/s 和 12m/s 时的基台值。对比林带前，林带后的风速半方差函数基台值增加，变程由 174.9m 减少至 132.8m，达到稳定的基台值距离减少。可见，在不同风速下林带后的基台值均大于林带前且达到稳定基台值的变程减小，并且随着风速的增加林带后与林带前基台值的差值增加，变程逐渐减小。

8.3.4　林带防风效能分析

如图 8-7 所示，不同风速下 6cm 高两行一带紧密结构防护林模型防风效能范围均在 5%~95% 之间，且在 3 种风速条件下有效防护面积趋于相似，但是略有不同。当风速为 8m/s 时，林带前 $1H$ 范围内的防风效能在 30%~40% 之间，林带前 2~6H 范围，防风效能小于 30%。该林带后防风效果显著，形成明显的风影区且防护面积较大。当风速为 12m/s 时，林带前 $1H$ 范围内的防风效能在 30%~35% 之间，林带前 2~6H 范围，防风效能均小于 30%。林带后的防风效能分布情况与风速为 8m/s 时的防风效能趋于一致。当风速较高为 16m/s 时，由图 8-7（彩版）可知林带对林带前风能的削弱作用明显，林带前 $1H$ 范围内的防风效能在 35%~40% 之间，林带前 2~6H 范围，防风效能小于 35%。林带后防风效果显著，形成了明显的风影区，可见在高风速下该林带同样具有较好的防护效能，形成较大面积的防护区域。

如表 8-3 所示，当风速不同时，林带在相同防风效能下其有效防护面积略有不同。当防风效能较低为 20% 以上，8m/s 风速相对其他风速其有效防护面积略大，有效防护比大于其他两种风速，可见在低防护效能下较低风速形成的有效防护面积更大。当防风效能为 30% 时，16m/s 的高风速相对其他风速具有更大的有效防护面积，有效防护比为 72.2%。防风效能为 40% 时，其情况与 30% 相同。当防风效能达到 50% 以上，8m/s 的风速相对其他两种风速下的有效防护面积略大，有效防护比为 53%。当防风效能较高为 60%、70%、80% 和 90% 时，不同风速下的有效防护面积变化也是如此。可见，随着风速的增加，单行防护林带的高防护效能区域面积趋于减少。当防风效能为 70% 时，风速为 8m/s 与风速为 16m/s 的有效防护比差值最大为 5.1%，有效防护面积差为 327.9cm^2。

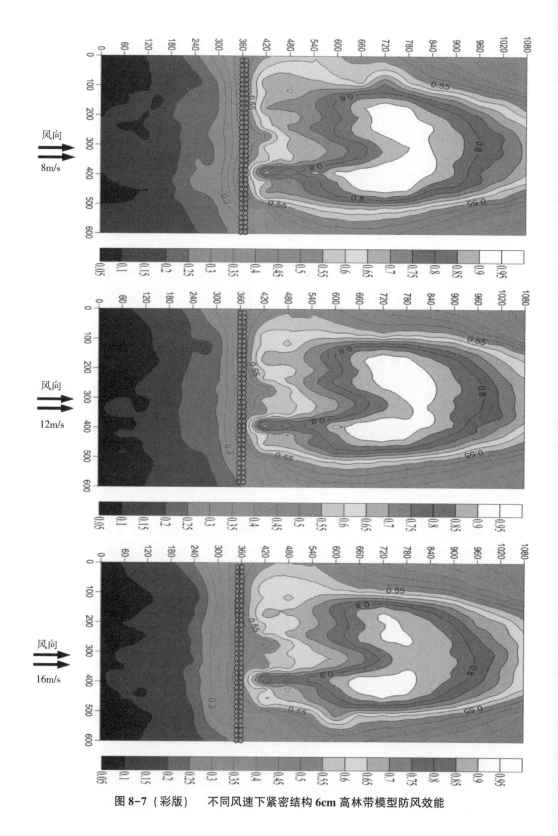

图 8-7（彩版） 不同风速下紧密结构 6cm 高林带模型防风效能

表 8-3　不同风速下紧密结构 6cm 高林带模型的有效防护面积

风速 （m/s）	防风效能 （%）	林网规格 （cm）	林网面积 （cm²）	有效防护面积 （cm²）	有效防护比 （%）
8	20	108×60	6480	5177.5	79.9
12	20	108×60	6480	5054.4	78
16	20	108×60	6480	5080.3	78.4
8	30	108×60	6480	4514.4	69.7
12	30	108×60	6480	4465.7	68.9
16	30	108×60	6480	4681.2	72.2
8	40	108×60	6480	4270.2	65.9
12	40	108×60	6480	4234.4	65.3
16	40	108×60	6480	4341.2	67.0
8	50	108×60	6480	3436.4	53.0
12	50	108×60	6480	3322.3	51.3
16	50	108×60	6480	3278.9	50.6
8	60	108×60	6480	2762.9	42.6
12	60	108×60	6480	2581.7	39.8
16	60	108×60	6480	2522.6	38.9
8	70	108×60	6480	1928.5	29.8
12	70	108×60	6480	1788.4	27.6
16	70	108×60	6480	1600.6	24.7
8	80	108×60	6480	1084.3	16.7
12	80	108×60	6480	1073.9	16.6
16	80	108×60	6480	923.4	14.2
8	90	108×60	6480	380.3	5.9
12	90	108×60	6480	349.9	5.4
16	90	108×60	6480	160.7	2.5

8.3.5　林带风速加速率分布

由图 8-8 可知，在三种风速条件下加速率等值线图变化存在一定的相似性，大体上可分为林带前的风速减弱区，林带上方偏下风向的风速加速区及林带后大范围的风速减弱区三个区。但随着风速的逐渐增大，林带前后的风速加速率呈现出不同的变化情况。主要表现为，在林带前 $4H$ 范围内，风速加速率等值线基本平行于树木，其值均在 0.85 左右。当风速为 8m/s 时林带后风速减弱明显，近地表处的风速

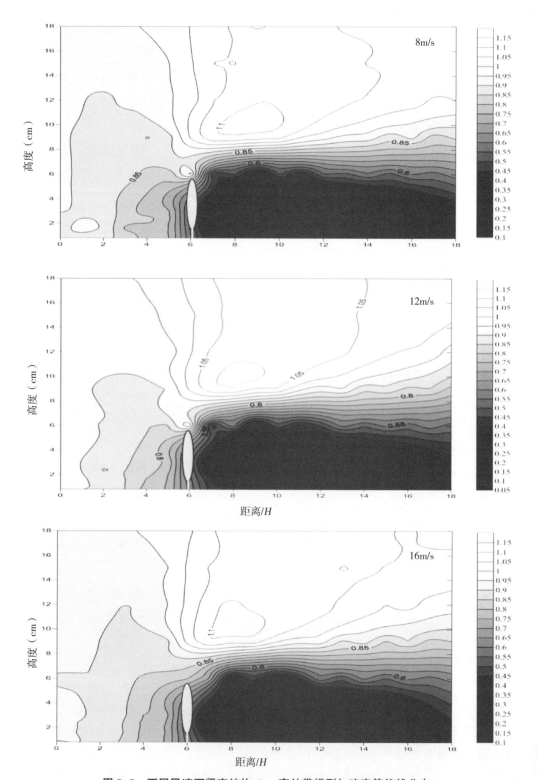

图 8-8　不同风速下紧密结构 6cm 高林带模型加速率等值线分布

减弱区较大，林带上方风速加速区趋于闭合。当风速增大至 12m/s，林带后风速减弱区开始发生缩减，林带上方风速加速区扩大，不在当前的高度范围内闭合。当风速增大至 16m/s，林带后 0.25 以下的风速减弱区出现明显的减小，林带上方的风速加速区趋于更大。在不同风速条件下，林带后 6H 范围内近地面处风速加速率在 0.2~0.5 之间，林带后 10H 范围内为 0.15~0.5，林带后 10~12H 范围内的风速加速率均不高，其值在 0.35 以下。

8.4 单行疏透结构 6cm 高林带防风效果风洞实验

8.4.1 林带前后风速流场分布特征

实验林带模型是以野外实验筛选的林网 4 典型林带为目标林带，株行距等林带参数按比例缩小制作而成。该 6cm 高两行一带结构的防护林模型疏透度为 0.36，当风速为 8m/s 时，其水平风速流场分布如图 8-9 所示。由图可知，林带前后风速流场的分布规律较为不同。林带前风速等值分布均匀且在林带前 3H 范围内风速等值线基本平行于林带走向，无明显风速加速区或风影区。林带后 2H 范围由于林带对风速的削弱，形成了明显的紊流，但在林带 2H 范围后形成了显著的风影区。与紧密结构的林带相比，该林带后的风影区呈无规则分布且没有形成大面积、片状的风速削弱区。

当风速为 12m/s 时，其水平风速流场分布如图 8-9 所示。由图可知，林带前后风速流场的分布形式较为不同。林带前风速等值分布较为均匀，且在林带前 3H 范围内风速等值线基本平行于林带走向，无风速加速区或风影区。不同于风速为 8m/s 的情况，在林带前 1H 范围内，风速等值线发生了明显弯曲，这主要是由于风速的增加，增强了林带对林带前风速的削弱作用。在林带的后 1H 范围由于林带对风速的扰动影响，形成了面积较小的风影区和风速加速区，在林带 3H 范围后风速逐渐稳定，形成了显著的风影区。

当风速为 16m/s 时的水平风速流场分布如图 8-9 所示。由图可知，林带前的风速等值线发生了一定的弯曲，而且林带前的风速的削弱规律可以总结为来流风速越大，林带对林带前风速的削弱越显著，其风速等值线表现为弯曲甚至进一步发展形成风影区。林带后 2H 范围内有明显的风速加速区及风影区形成，在林带 3H 范围后风速逐渐稳定，形成面积相对较大的风影区。

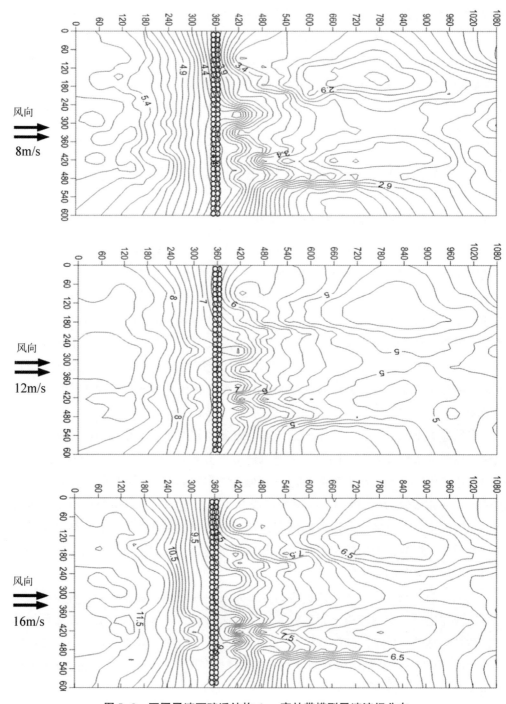

图 8-9　不同风速下疏透结构 6cm 高林带模型风速流场分布

8.4.2　林带前后的风速统计分析及频数分布特征

如表 8-4 所示，当风速为 8m/s 时防护林模型林带前的风速最大值为 5.78m/s、风速最小值为 4.67m/s，风速最大值和最小值相差 1.11m/s。林带后的风速最大值为 4.71m/s、风速最小值为 2.61m/s，风速最大值和最小值相差 2.1m/s。可见，林带后风速变化大，变异系数达 10.8%。当风速为 12m/s 时防护林模型林带前的风速最大值为 8.96m/s、风速最小值为 7.24m/s，风速最大值和最小值相差 1.72m/s。林带后的风速最大值为 7.63m/s、风速最小值为 4.28m/s，风速最大值和最小值相差 3.35m/s。林带后的风速变化更大，变异系数为 11.7%。当风速为 16m/s 时防护林模型林带前的风速最大值为 12.06m/s、风速最小值为 9.63m/s，风速最大值和最小值相差 2.43m/s，林带前风速差变大，林带对林带前风速的削弱作用增强。林带后的风速最大值为 10.17m/s、风速最小值为 5.86m/s，风速最大值和最小值相差 4.31m/s。林带后的风速变化大，变异系数为 10.8%。可见，随着风速的增加，林带后的风速最大值与最小值差值逐渐增大，变异系数表现为 12m/s>16m/s = 8m/s。

表 8-4　不同风速下疏透结构 6cm 高林带模型林带前后风速分布统计参数

风速 (m/s)	林带 位置	样本数	最大值 (m/s)	最小值 (m/s)	平均值±标准误	标准差	峰态	偏度	变异系数 (%)
8	林带前	90	5.78	4.67	5.32± 0.03	0.31	−0.442	−0.878	5.8
	林带后	180	4.71	2.61	3.24± 0.03	0.35	2.058	1.08	10.8
12	林带前	90	8.96	7.24	8.39± 0.05	0.51	0.192	−1.14	6
	林带后	180	7.63	4.28	5.23± 0.05	0.61	2.819	1.513	11.7
16	林带前	90	12.06	9.63	11.17± 0.07	0.69	0.411	−1.246	6.1
	林带后	180	10.17	5.86	7.25± 0.06	0.78	2.000	1.23	10.8

对比紧密结构 6cm 林带模型的风速统计参数，疏透结构林带林带前的平均风速无明显变化，林带后平均风速显著增加。紧密结构与疏透结构林带在 8m/s 下林带前与林带后风速平均值之差为 1.35m/s，12m/s 下林带前与林带后平均值之差为 2.31m/s，16m/s 下林带前与林带后平均值之差为 2.97m/s，可见随着风速的增加，该差值逐渐增大。不同风速下紧密结构与疏透结构林带其林带后的变异系数变化较为显著，变异系数由紧密结构林带后的 48.4% ~ 52.2% 减小至疏透结构林带后的 10.8% ~ 11.7%。可见，不同林带结构的防护林带在不同风速条件下其对风速的削弱程度各不相同，紧密结构林带后风速变异显著，疏透结构林带后风速变异程度不大。

不同风速下 6cm 高疏透结构林带模型前后的风速频数直方图如图 8-10 所示。当风速为 8m/s 时，林带前后的风速分布皆符合正态分布，林带前的风速频数分布符合左偏态，峰态类型为低阔峰；林带后的风速频数分布符合右偏态，峰态类型为高狭峰。当风速为 12m/s 时，林带前后的风速分布皆符合正态分布，林带前的风速频数分布符合左偏态，峰态类型为高狭峰；林带后的风速频数分布符合右偏态，峰态类型为高狭峰。当风速为 16m/s 时，林带前后的风速分布皆符合正态分布，林带前的风速频数分布符合左偏态，峰态类型为高狭峰；林带后的风速频数分布符合右偏态，峰态类型为高狭峰。

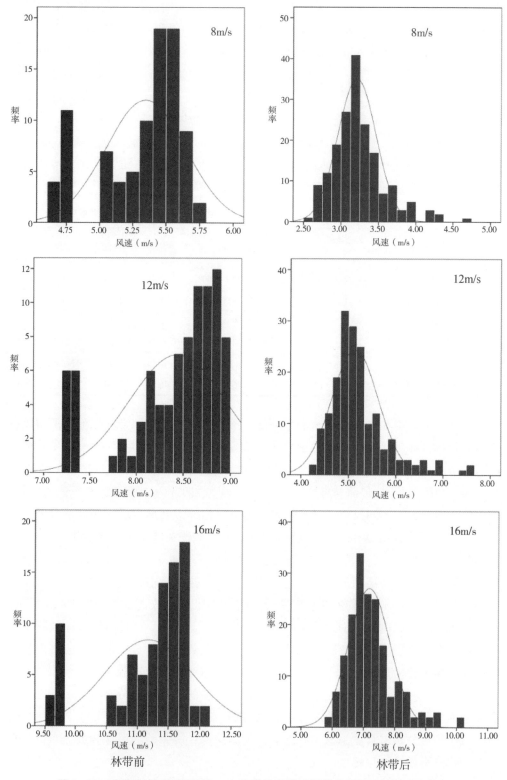

图 8-10　不同风速下疏透结构 6cm 高单林带模型林带前后风速频数分布特征

8.4.3　林带前后风速变异函数

通过对 6cm 高两行一带疏透防护林林带模型前后的风速空间变异程度分析得出林带前后的风速半方差变异函数模型参数如表 8-5。林带前后风速半方差函数模型均能够较好地拟合为高斯模型的变异函数。不同风速下林带前的风速半方差函数的块金值（C_0）均小于 0.001，林带后的风速半方差函数的块金值（C_0）小于 0.137，可见由实验误差和小于实际取样尺度引起的变异相对较小。林带前基台值（C_0+C）范围在 0.161 ~ 0.783 之间，变程在 164.1 ~ 169.3m 之间，空间连续性为 16m/s>12m/s>8m/s。林带后基台值（C_0+C）范围在 0.120 ~ 0.656 之间，变程在 185.4 ~ 257.0m 之间，空间连续性为 16m/s>12m/s>8m/s。无论是林带前还是林带后块金值与基台值的比值（即区域化变量的空间相关度）均小于 25%，表现为系统具有强烈的空间相关性。

表 8-5　不同风速下疏透结构 6cm 高林带模型林带前后风速半方差函数模型参数

风速 (m/s)	林网位置	拟合模型	块金值 (C_0)	基台值 (C_0+C)	变程 (m)	[$C_0/(C_0+C)$] (%)	决定系数 R^2	残差
8	林带前	高斯模型	0.0001	0.161	164.1	0.06	0.95	8.70E-04
	林带后	高斯模型	0.026	0.120	185.4	21.7	0.98	9.24E-05
12	林带前	高斯模型	0.001	0.438	167.7	0.23	0.94	7.11E-03
	林带后	高斯模型	0.082	0.372	238.0	22.0	0.96	8.71E-04
16	林带前	高斯模型	0.001	0.783	169.3	0.06	0.93	0.0228
	林带后	高斯模型	0.137	0.656	257.0	20.9	0.96	2.28E-03

如图 8-11 所示，当风速为 8m/s 时，林带前的风速半方差拟合函数围绕基台值 0.161 波动，林带后的风速半方差拟合函数围绕基台值 0.12 波动。相比较林带前的基台值，林带后的风速半方差函数基台值减少，变程由 164.1m 增加至 185.4m，达到稳定的基台值的距离增加。当风速为 12m/s 时，林带前的风速半方差拟合函数围绕基台值 0.438 波动，林带后的风速半方差拟合函数围绕基台值 0.372 波动，林带前后的基台值均大于风速为 8m/s 时的基台值。与林带前相比较，林带后的风速半方差函数基台值减少，变程由 167.7m 增加至 238.0m，达到稳定基台值的距离增加。当风速为 16m/s 时，林带前的风速半方差拟合函数围绕基台值 0.783 波动，林带后的风速半方差拟合函数围绕基台值 0.656 波动，林带前后的基台值均大于风速为 8m/s 和 12m/s 时的基台值。与林带前相比较，林带后的风速半方差函数基台值减少，变程由 169.3m 增加至 257.0m，达到稳定基台值的距离增加。可见在不同风速下，林带后的基台值趋于减小，林带后的变程区域增加，即达到稳定基台值的距离增加。

对比 6cm 高两行一带紧密结构防护林模型林带前后的风速变异函数，最显著的变化为林带前后的基台值由增加变为了减少，相应的变程则由减少变为了增加。可

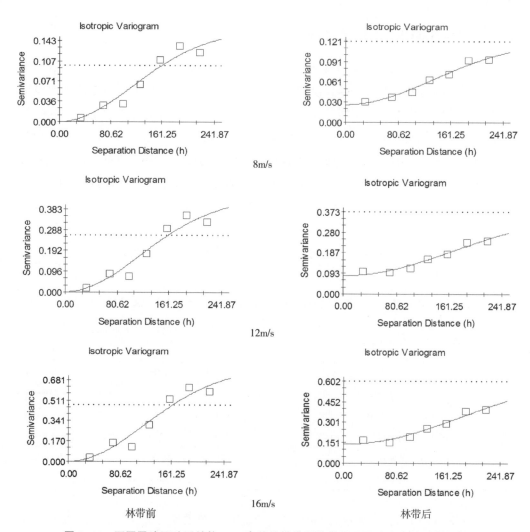

图 8-11　不同风速下疏透结构 **6cm** 高单林带模型林带前后风速半方差函数曲线

见，林带结构不同对林带后基台值的变化具有一定影响，同样林带后的变程也由紧密结构林带在较短的变程达到稳定变为了通过较长的变程达到稳定的基台值。

8.4.4　林带防风效能分析

疏透结构的林带类型是野外研究中最常见到的防护林带配置类型，分析疏透结构林带前后的防风效能对构建优化的防护林网模式具有重要的指导意义。如图 8-12（彩版）所示，6cm 高两行一带疏透结构防护林模型防风效能范围均在 0.02%~60% 之间，随着风速的增加，最高防护效能由 8m/s 时的 60% 减少至 12m/s 时的 58%，再减少至 16m/s 时的 56%。防风效能总体趋势是随着风速的增加逐渐减小。不同风速下的有效防护面积在林带前后的分布略有不同。当风速为 8m/s 时，林带前 1H 范围内风速等值线与林带走向趋于平行，防风效能在 24%~32% 之间。林带前 1~6H 范围，防风效能小于 24%，且有明显的风速加速区形成。气流受林带的阻滞在林带后 2H 范围内形成了紊流，使风速等值线发生了弯曲，并在林带后 2H 范围有明显的

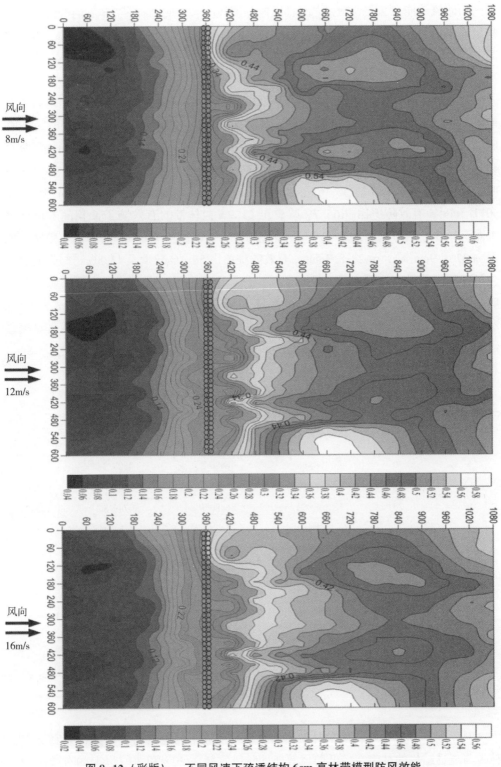

图 8-12（彩版） 不同风速下疏透结构 6cm 高林带模型防风效能

风影区形成。当风速为 12m/s 时，防风效能等值线的分布变化不大，林带前 1*H* 范围内的防风效能在 24%~28% 之间且风速等值线略有弯曲，林带 2*H* 后的有效防护面积呈缩小趋势。当风速为 16m/s 时，林带前 1*H* 范围内的防风效能在 24%~28% 之间，且林带前的风速等值线发生一定程度的弯曲，在林带后 3*H* 范围以外有明显的风影区形成。

如表 8-6 所示，风速大小对林带的防风效应存在一定的影响，当在一定防风效能下，林带不同风速下的有效防护面积及有效防护比均不同。当防风效能为 20% 时，风速由 8m/s 增加至 16m/s，林带的有效防护面积由 4808.2cm² 减少至 4749.8cm²，有效防护比由 74.2% 减少至 73.3%，变化并不大；当防风效能为 30% 时，风速由 8m/s 增加至 16m/s，林带的有效防护面积由 4257.4cm² 减少至 4011.1cm²，有效防护比由 65.7% 减少至 61.9%，林带的有效防护面积随着风速增大略有减少；当防风效能为 40% 时，风速由 8m/s 增加至 16m/s，林带的有效防护面积由 3764.9cm² 减少至 2838.2cm²，有效防护比由 58.1% 减少至 43.8%，林带的有效防护面积随着风速的增大减少最大，有效防护比减小了 14.3%；当防风效能为 50% 时，风速由 8m/s 增加至 16m/s，林带的有效防护面积 1127.5cm² 减少至 213.8cm²，有效防护比由 17.4% 减少至 3.3%，减少了 14.1%。可见，风速对疏透结构林带在较高防风效能（40%、50%）以上林带的有效防护面积影响较大，8m/s 和 16m/s 风速下的最大有效防护比差达到了 14.3%。

表 8-6   不同风速下疏透结构 6cm 高林带模型的有效防护面积

风速 （m/s）	防风效能 （%）	林网规格（cm）	林网面积 （cm²）	有效防护面积 （cm²）	有效防护比 （%）
8	20	108×60	6480	4808.2	74.2
12	20	108×60	6480	4801.7	74.1
16	20	108×60	6480	4749.8	73.3
8	30	108×60	6480	4257.4	65.7
12	30	108×60	6480	4088.9	63.1
16	30	108×60	6480	4011.1	61.9
8	40	108×60	6480	3764.9	58.1
12	40	108×60	6480	3408.5	52.6
16	40	108×60	6480	2838.2	43.8
8	50	108×60	6480	1127.5	17.4
12	50	108×60	6480	550.8	8.5
16	50	108×60	6480	213.8	3.3

对比表 8-3 紧密结构防护林带模型在不同风速下的有效防护面积，紧密结构的林带与疏透结构的林带在较低防风效能即防风效能在 20% 和 30% 以上的有效防护面积及有效防护比差值并不大。当防风效能在 20% 以上时，不同风速下紧密结构林带比疏透结构林带的有效防护比大 3.9%~5.7%，且风速越大差值越小；当防风效能

在 30% 以上时，不同风速下紧密结构林带比疏透结构林带的有效防护比大 4%～10.3%，随着风速的增加紧密结构林带发挥的防护效果更好，其有效防护比比疏透结构林带大 10.3%；当防风效能较大，在 40% 以上时，不同风速下紧密结构林带比疏透结构林带的有效防护比大 7.8%～23.2%，随着风速的增加紧密结构林带发挥的防护效果更好，16m/s 风速下的有效防护比差值达到了 23.2%；当防风效能较高，在 50% 以上时，不同风速下紧密结构林带比疏透结构林带的有效防护比大 35.6%～47.3%，可见紧密结构的林带对 50% 以上较高防护效能的防护面积要远远大于疏透结构林带的防护面积。

8.4.5 林带风速加速率分布

由图 8-13 可知，在不同风速下 6cm 高疏透结构的林带其加速率等值线变化整体趋于相似，但加速率值略有不同。加速率在林带前 4H 范围内其等值线基本平行于林木，当风速达到 16m/s 时，该效果尤为明显，且加速率均在 0.75～0.9 之间。林带上侧偏下风向出现了大面积的风速加速区，随着风速增加风速加速区的区域不断变化。在林带后风速加速率明显减小，整体变化表现为在林带高度范围内出现了不同范围的风速加速率区域。其中，在三种不同风速下林带后 6H 范围内均出现了低风速加速率区域，其值为 0.45 左右。可见，在该林带结构防护林后 6H 范围内，风速空间上的削弱最为明显，同时该结论进一步为野外实验筛选出的防护林林网 4 林带间距为 90m 提供了理论依据。由图 8-13 可知，在林带后 10H 范围内近地表处风速加速率均在 56% 以下，可见在该距离范围内近地表处的风速得到了明显的减弱，林带间距为 10H（林网 2 的林带间距为 140m）同样可以作为理想的林带间距开展进一步的研究。

对比 6cm 高紧密林带结构的林带前后的加速率变化情况可知，林带前的防风效应接近，加速率值均在 0.85 左右，趋于相同。风速加速区也均出现在林带上侧下风向方向。主要的变化发生在林带后，紧密结构林带后的风速显著降低，但其低风速加速率区域均出现在林带 6H 以后近地表处，形成的较高防护区域相对较远。而疏透结构林带的低加速率区均分布在林带后 6H 范围内，即在林带后就形成了较好的防护效应。

8.5 单行疏透结构 8cm 高林带防风效果风洞实验

本研究风洞林带模型采用的普遍高度为 6cm（按实验比例放大，实际树木高度为 15m），是结合野外调查确定的防护林发挥较好防护效果时的树高。林带高度是影响防护林防护效应的一个重要因素之一，随着树木高度的增加，相同配置的林带其防护效应一定发生相应的变化，本节将对 8cm 林带模型（按实验比例放大，实际树木高度为 20m）开展研究，探讨林木高度对林带防护效应的影响。

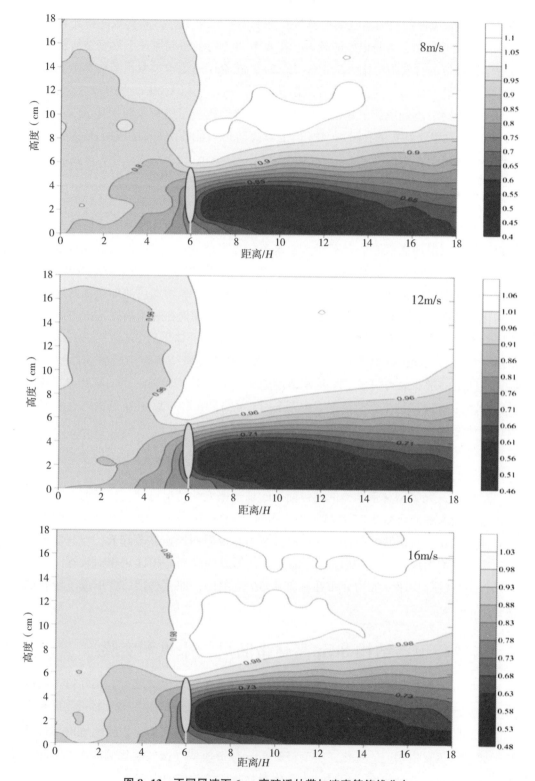

图 8-13　不同风速下 6cm 高疏透林带加速率等值线分布

8.5.1 林带前后风速流场分布特征

该 8cm 高两行一带结构的防护林配置与 6cm 高林带模型相同，林带疏透度为 0.31，当风速为 8m/s 时，其水平风速流场分布如图 8-14 所示。由图可知，在 8m/s

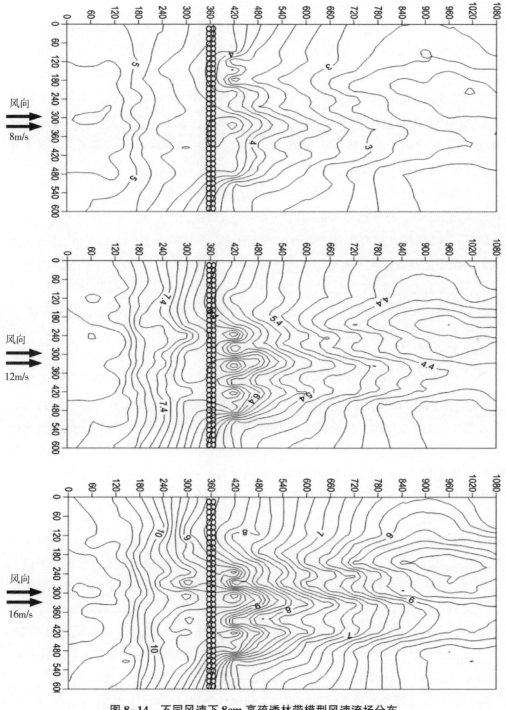

图 8-14　不同风速下 8cm 高疏透林带模型风速流场分布

风速下林带前 3H 范围内风速等值线分布均匀且基本平行于林带走向，3H 后有风速加速区形成。在林带后 2H 范围内，由于林带对气流的作用形成了明显的涡旋，并伴有面积较小的风影区出现。在林带后 2~5H 范围内形成了波浪状规律分布的风速减小过渡区，林带 5H 后有大面积的风影区形成。相比在该风速下的其他两种林带结构，该林带后的风影区出现的位置向后推移了 2H 左右的距离。

当风速为 12m/s 时，其水平风速流场分布如图 8-14 所示。由图可知，在该风速下林带前风速等值线分布规律为，在林带前 3H 范围内分布均匀且基本平行于林带走向，但在林带前 1H 距离处有弯曲的风速等值线出现，林带前 3H 后有明显的风速加速区形成。在林带后 2H 范围内，由于风速增大林带对气流的作用加强开始有明显的风影区形成。林带后 2~5H 范围内依然形成了波浪状规律分布的风速减小过渡区，林带 5H 后开始形成了大面积的风影区。相比在该风速下的其他两种林带结构，该林带后的风影区的位置同样向后推移了 2H 左右的距离。

当风速为 16m/s 时，其水平风速流场分布如图 8-14 所示。由图可知，由于风速增大至 16m/s，林带前对风速的反向削弱能力增强，并在林带前 3H 范围内形成了风影区，林带前 3H 后有明显的风速加速区形成。在林带后 2H 范围内，由于林带对气流的作用加强风影区更加明显且过渡区扩大。林带后 2~5H 范围内依然形成了波浪状规律分布的风速减小过渡区，林带 5H 后开始有大面积的风影区形成。相比在该风速下的其他两种林带结构，该林带后的风影区的位置同样向后推移了 2H 左右的距离。

8.5.2 林带前后的风速统计分析及频数分布特征

如表 8-7 所示，当风速为 8m/s 时防护林模型林带前的风速最大值为 5.33m/s、风速最小值为 4.39m/s，风速最大值和最小值相差 0.94m/s。林带后的风速最大值为 4.92m/s、风速最小值为 2.15m/s，风速最大值和最小值相差 2.77m/s。可见，林带后风速变化大，变异系数达 20.1%。当风速为 12m/s 时防护林模型林带前的风速最大值为 8.66m/s、风速最小值为 6.68m/s，风速最大值和最小值相差 1.98m/s。林带后的风速最大值为 7.75m/s、风速最小值为 3.57m/s，风速最大值和最小值相差 4.18m/s。林带后的风速变化较大，变异系数为 17.6%。当风速为 16m/s 时防护林模型林带前的风速最大值为 11.40m/s、风速最小值为 8.84m/s，风速最大值和最小值相差 2.56m/s，林带前风速差变大，林带对林带前风速的削弱作用增强。林带后的风速最大值为 10.24m/s、风速最小值为 5.02m/s，风速最大值和最小值相差 5.22m/s。林带后的风速变化较大，变异系数为 17.7%。可见，随着风速的增加，林带前后的风速最大值与最小值差值均逐渐增大，变异系数表现为 8m/s>16m/s>12m/s，但风速为 12m/s 和 16m/s 变异系数非常接近。

对比 6cm 高紧密和疏透两条林带的风速统计参数（表 8-1、表 8-4），三种不同类型林带林带前平均风速的变化均不明显，林带后平均风速大小为 6cm 疏透林带>

8cm 疏透林带>6cm 紧密林带，其中三种风速下林带后的变异系数变化规律为，6cm 紧密林带后的变异系数为 48.4%～52.2% 最大，8cm 疏透林带后的变异系数为 17.6%～20.1% 次之，6cm 疏透林带后的变异系数最小为 10.8%～11.7%。由此可见，不同高度及结构的防护林林带模型在不同的风速下其对风速的削弱程度各不相同，并与风速变异系数密切相关。

表 8-7　不同风速下 8cm 疏透结构模型林带前后风速分布统计参数

风速 (m/s)	林带位置	样本数	最大值 (m/s)	最小值 (m/s)	平均值±标准误	标准差	峰态	偏度	变异系数 (%)
8	林带前	90	5.33	4.39	4.95±0.03	0.30	-1.209	-0.231	6.0
	林带后	180	4.92	2.15	2.98±0.04	0.60	0.470	1.020	20.1
12	林带前	90	8.66	6.68	7.85±0.06	0.57	-0.607	-0.730	7.3
	林带后	180	7.75	3.57	4.83±0.06	0.85	0.748	0.992	17.6
16	林带前	90	11.40	8.84	10.37±0.06	0.61	-0.282	-0.759	5.9
	林带后	180	10.24	5.02	6.66±0.08	1.18	-0.072	0.773	17.7

8cm 高疏透结构林带前后的风速频数直方图如图 8-15 所示。当风速为 8m/s、12m/s 和 16m/s 时，林带前后的风速分布均符合正态分布，林带前的风速频数分布符合左偏态，峰态类型为低阔峰。当风速为 8m/s 时，林带后的风速频数分布符合右偏态，峰态类型为高狭峰；当风速为 12m/s 时，林带后的风速频数分布符合右偏态，峰态类型为高狭峰；当风速为 16m/s 时，林带后的风速频数分布符合右偏态，峰态类型为低阔峰。

8.5.3　林带前后风速变异函数

通过对 8cm 高两行一带疏透结构防护林林带模型前后的风速空间变异程度分析得出林带前后的风速半方差变异函数模型参数如表 8-8。如表所示在不同风速下，林带前后风速半方差函数模型均能较好地拟合为高斯模型的变异函数。不同风速下林带前的风速半方差函数的块金值（C_0）均小于 0.003，林带后的风速半方差函数的块金值（C_0）均小于 0.101，可见由实验误差和小于实际取样尺度引起的变异相对较小。林带前基台值（C_0+C）范围在 0.151～0.585 之间，变程在 160.6～166.4m 之间，空间连续性为 12m/s>8m/s>16m/s。林带后基台值（C_0+C）范围在 0.205～0.861 之间，变程在 195.1～205.8m 之间，空间连续性为 16m/s>12m/s>8m/s。无论是林带前还是林带后块金值与基台值的比值（即区域化变量的空间相关度）均小于 25%，表现为系统具有强烈的空间相关性。

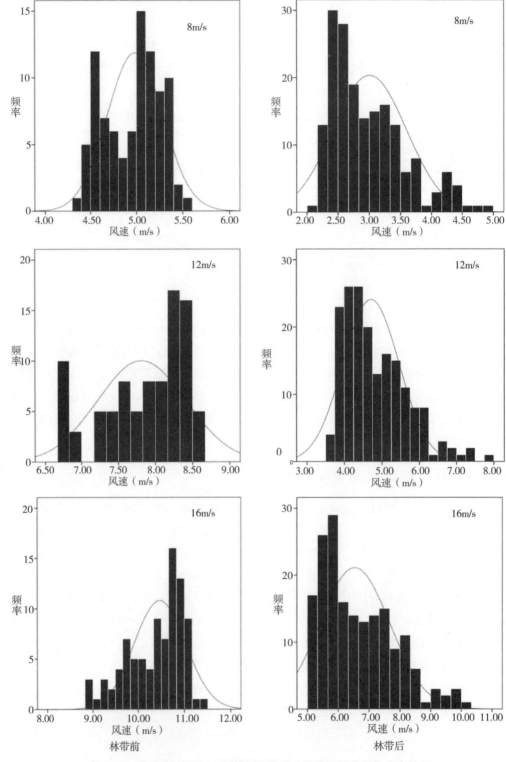

图 8-15　不同风速下 8cm 疏透结构模型林带前后风速频数分布特征

表 8-8 不同风速下 8cm 高疏透结构模型林带前后风速半方差函数模型参数

风速 (m/s)	林网 位置	拟合模型	块金值 (C_0)	基台值 (C_0+C)	变程 (m)	[$C_0/(C_0+C)$] (%)	决定系数 R^2	残差
8	林带前	高斯模型	0.003	0.151	161.3	0.3	0.93	8.91E-04
	林带后	高斯模型	0.025	0.205	195.1	12.2	0.97	3.62E-04
12	林带前	高斯模型	0.001	0.428	166.4	0.2	0.95	8.67E-03
	林带后	高斯模型	0.066	0.540	195.3	15.4	0.97	1.36E-03
16	林带前	高斯模型	0.001	0.585	160.6	0.2	0.95	0.0101
	林带后	高斯模型	0.101	0.861	205.8	11.7	0.98	4.08E-03

如图 8-16 所示，当风速为 8m/s 时，林带前的风速半方差拟合函数围绕基台值 0.151 波动，林带后的风速半方差拟合函数围绕基台值 0.205 波动。相比较林带前

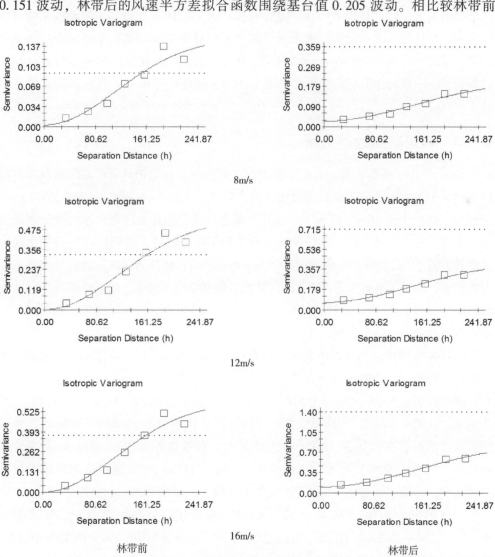

图 8-16 不同风速下 8cm 疏透结构模型林带前后风速半方差函数曲线

的基台值，林带后的风速半方差函数基台值增加，变程由 161.3m 增加至 195.1m，达到稳定的基台值距离增加。当风速为 12m/s 时，林带前的风速半方差拟合函数围绕基台值 0.428 波动，林带后的风速半方差拟合函数围绕基台值 0.540 波动。对比林带前，林带后的风速半方差函数基台值增加，变程由 166.4m 增加至 195.3m，达到稳定的基台值距离增加。当风速为 16m/s 时，林带前的风速半方差拟合函数围绕基台值 0.585 波动，林带后的风速半方差拟合函数围绕基台值 0.861 波动，对比林带前林带后的基台值增加并且达到三种风速中最大的基台值。变程由 160.6m 增加至 205.8m，达到稳定基台值的距离增加。

对比三种不同类型的两行一带防护林模型得出，三种风速下防护林模型林带前后的风速半方差函数模型均能较好地拟合为高斯模型。其中，三种林带类型林带前后的块金值（C_0）由实验误差和小于实际取样尺度引起的变异均较小，且随着风速的增加而增大。三种林带类型林带前后的基台值（C_0+C）均表现为随着风速的增加而增大，且林带后的基台值均大于林带前。不同林带类型间基台值的大小比为 6cm 紧密林带>8cm 疏透林带>6cm 疏透林带，变程（m）的变化规律为林带前的变程比较接近，6cm 紧密林带后的变程趋于减小，6cm 疏透林带和 8cm 疏透林带后的变程趋于增加。

8.5.4 林带防风效能分析

如图 8-17（彩版）所示，8cm 高两行一带疏透结构防护林带模型防风效能范围均在 8%~64% 之间，随着风速的增加，最大防风效能由 8m/s 时的 64% 减少至 12m/s 的 62%，再减少至 16m/s 的 60%，防风效能总体变化趋势为随着风速的增加逐渐减小。不同风速下，林带前后的防风效能分布趋于相似，林带前防风效能的变化规律为在林带前 2H 范围内的防风效能在 20%~28% 之间。林带后防风效能的分布规律也大致相似，表现为在林带后 3H 范围内防风效能在 28%~38% 之间，林带后 3~5H 范围内的防风效能在 38%~48% 之间，林带下风向 5H 后有较大面积的风影区形成，其防风效能在 48%~64% 之间。

如表 8-9 所示，当风速不同时，林带在同一防风效能下，其有效防护面积及有效防护比均不同。当防风效能在 20% 以上，风速由 8m/s 增加至 16m/s 时，林带的有效防护面积由 5346cm² 减少至 5145.1cm²，有效防护比由 82.5% 减少至 79.4%，变化不大，共减小 3.1%；当防风效能在 30% 以上，风速由 8m/s 增加至 16m/s，林带的有效防护面积在风速为 12m/s 时达到最大，有效防护面积由 4348.1cm² 减少至 4075.9cm²，有效防护比由 67.1% 减少至 62.9%，林带的有效防护比随着风速增大略有减少，共减小 4.2%；当防风效能在 40% 以上，风速由 8m/s 增加至 16m/s，林带的有效防护面积由 3596.4cm² 减少至 3123.4cm²，有效防护比由 55.5% 减少至 48.2%，共减小 7.3%；当防风效能较大在 50% 以上，风速由 8m/s 增加至 16m/s，林带的有效防护面积由 2475.4cm² 减少至 1587.6cm²，有效防护比由 38.2% 减少至 24.5%，林带的有效防护比随着风速的增大减少最大为 13.7%。

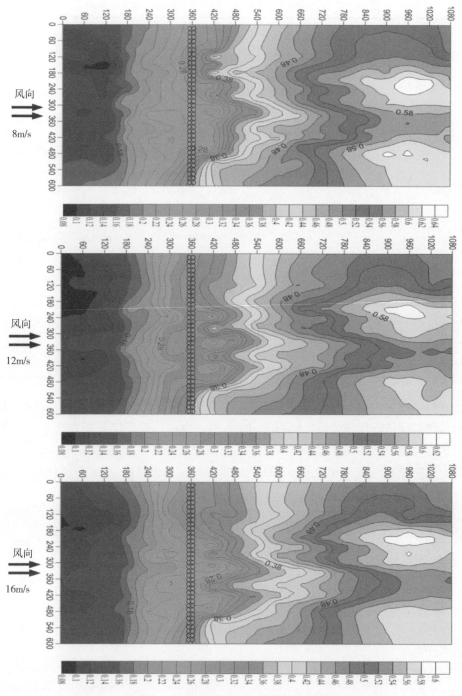

图 8-17（彩版）　不同风速下 8cm 高疏透林带模型防风效能

表 8-9　不同风速下 8cm 高疏透林带模型的有效防护面积

风速 （m/s）	防风效能 （%）	林网规格	林网面积 （cm²）	有效防护面积 （cm²）	有效防护比 （%）
8	20	108×60cm	6480	5346.0	82.5
12	20	108×60cm	6480	5171.0	79.8
16	20	108×60cm	6480	5145.1	79.4
8	30	108×60cm	6480	4160.2	64.2
12	30	108×60cm	6480	4348.1	67.1
16	30	108×60cm	6480	4075.9	62.9
8	40	108×60cm	6480	3596.4	55.5
12	40	108×60cm	6480	3486.2	53.8
16	40	108×60cm	6480	3123.4	48.2
8	50	108×60cm	6480	2475.4	38.2
12	50	108×60cm	6480	2106.0	32.5
16	50	108×60cm	6480	1587.6	24.5
8	60	108×60cm	6480	524.9	8.1
12	60	108×60cm	6480	38.9	0.6
16	60	108×60cm	6480	—	—

　　选取风速为 16m/s 时，即最大风速下对不同配置类型防护林带的有效防护面积及有效防护比进行比较分析。如表 8-10 所示，当防风效能较低在 20% 以上，不同林带的有效防护比较为接近，有效防护比为 8cm 疏透林带>6cm 紧密林带>6cm 疏透林带；当防风效能在 30% 以上，有效防护比为 6cm 紧密林带>8cm 疏透林带>6cm 疏

表 8-10　16m/s 风速下三种不同林带模型的有效防护面积及百分比

防护林带类型	风速 （m/s）	防风效能 （%）	林网面积 （cm²）	有效防护面积 （cm²）	有效防护比 （%）
6cm 紧密		20	6480	5080.3	78.4
6cm 疏透	16	20	6480	4749.8	73.3
8cm 疏透		20	6480	5145.1	79.4
6cm 紧密		30	6480	4681.2	72.2
6cm 疏透	16	30	6480	4011.1	61.9
8cm 疏透		30	6480	4075.9	62.9
6cm 紧密		40	6480	4341.2	67.0
6cm 疏透	16	40	6480	2838.2	43.8
8cm 疏透		40	6480	3123.4	48.2
6cm 紧密		50	6480	2581.7	50.6
6cm 疏透	16	50	6480	213.8	3.3
8cm 疏透		50	6480	1587.6	24.5

透林带，其中最大的 6cm 紧密林带的有效防护比比最小的 6cm 疏透林带大 10.3%；6cm 疏透结构与 8cm 疏透结构两条林带有效防护比较接近；当防风效能较高在 40% 以上，有效防护比变化为 6cm 紧密林带>8cm 疏透林带>6cm 疏透林带，其中最大的 6cm 紧密林带的有效防护比比最小的 6cm 疏透林带大 23.2%；当防风效能较高在 50% 以上时，不同林带的有效防护比相差较大，有效防护比为 6cm 紧密林带>8cm 疏透林带>6cm 疏透林带，其中最大的 6cm 紧密林带的有效防护比比最小的 6cm 疏透林带大 47.3%。

综合以上分析得出，紧密结构的林带和高度较高的林带均能发挥出较好的防护效应。但结合实际情况，若要在将两行一带的林带布设成为紧密型林带，那么就要相应增加栽植的树木，减小树木间的株行距。在风洞模拟实验中所制作的两行一带的紧密结构林带其所需要的树木模型要比疏透结构林带模型多 40 株，若在水土资源紧缺的西北干旱区按此林带配置类型推广存在一定难度，但是单从林带防风效果方面考虑该林带还是具有非常重要的指导意义。6cm 和 8cm 两种高度的疏透林带其在防风效能为 20% 和 30% 时，有效防护面积较为接近，最大有效防护面积差为 395.3cm^2，有效防护比差为 6.1%。当防风效能为 40%，高度对有效防护面积的影响仍然不是很明显，有效防护面积差为 285.2cm^2，有效防护比之差为 4.4%，相差均不大。当防风效能较高在 50% 以上，8cm 高林带的有效防护面积比 6cm 高林带大 1373.8cm^2，有效防护比之差为 21.2%。可见，在配置类型相同疏透度相似的情况下，林带高度主要在较高防风效能时发挥着较大的防护效应。

8.5.5　林带风速加速率分布

由图 8-18 可知，在三种不同风速下 8cm 高疏透结构防护林林带前后其加速率等值线的变化整体上趋于相似，但加速率在林带前、林带上侧偏下风向及林带后三个区存在一定不同。在林带前 4H 范围内加速率在 0.65~0.85 之间，表现为随着风速的增加林带前加速率等值线更贴近林带。林带上侧偏下风向出现了大面积的加速率等于 1 的区域，随着风速增加林带上侧加速率等于 1.05 的区域变化为先增大再逐渐分离。在林带后随着风速增大加速率变化最明显的是加速率等于 0.4 的区域，其变化主要表现为在 8m/s 风速下该区域覆盖林带后 12H 距离的范围，12m/s 风速下在 9H 范围内，16m/s 风速下为林带后 8H 范围内，随着风速的增加其范围逐渐减小。分布在林带后 6H 范围内近地面的加速率均在 0.5 以上，10H 范围内的加速率在 0.45 以上。

对比分析三种不同类型的防护林带得出，6cm 高紧密和 8cm 疏透结构林带前的加速率范围均在 0.65~0.95 之间，在林带前 1H 范围内有 0.65 这样的低加速率出现，体现了林带对林带前风速的削弱作用。6cm 高疏透结构防护林林带同样对带前风速有削弱作用，其加速率范围在 0.75~0.95 之间。在三条林带上方偏下风向处均有大面积的加速率为 1 的区域，风速加速区随着风速变大逐渐减小。三种类型林带

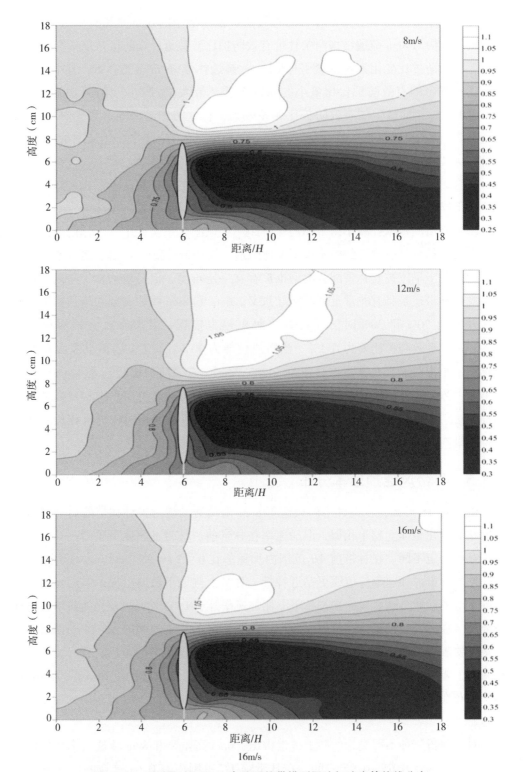

图 8-18 不同风速下 8cm 高疏透林带模型风速加速率等值线分布

后加速率均减小，具体变化为 6cm 高紧密林带后 6H 范围内近地面处风速加速率在 0.2~0.5 之间，林带后 10H 范围内为 0.15~0.5；6cm 高紧密林带后 6H 及 10H 范围内近地面风速加速率在 0.5~0.75 之间；8cm 高疏透林带后 6H 范围内近地面处风速加速率在 0.5~0.7 之间，林带后 10H 范围内为 0.45~0.7 之间。

8.6 小结

本研究对三种风速下典型林带在不同林带结构及树高下的风速流场、风速统计及频数分布、风速半方差变异函数模型、防风效能及风速加速率等进行分析，并基于流场及有效防护面积定量地对比不同林带的防风效果，从而确定林带结构及林带高度对防护效果的影响。研究结果表明：

（1）三种风速下，6cm 高两行一带紧密结构林带其林带前后的风速最大值、最小值、平均值及变异系数均不同，表现为随着风速的增加，林带后与林带前的风速平均值之差逐渐增大，林带后的风速最大值与最小值之差逐渐增大，变异系数逐渐减小为 8m/s>12m/s>16m/s。林带前后的风速频数直方图均符合正态分布，林带前的风速频数为左偏态，峰态类型为低阔峰；林带后的风速频数为右偏态，峰态类型仍为低阔峰。林带前后的风速半方差函数均能较好地拟合为高斯模型的变异函数。不同风速下林带前的风速半方差函数的块金值（C_0）均小于 0.001，林带后的风速半方差函数的块金值（C_0）小于 0.595。林带前基台值（C_0+C）范围在 0.203~1.63 之间，变程在 150.5~174.9m 之间，空间连续性为 16m/s>8m/s>12m/s。林带后基台值（C_0+C）范围在 0.704~3.253 之间，变程在 130.4~135.1m 之间，空间连续性为 8m/s>16m/s>12m/s。林带防风效能范围为 5%~95%，林带后形成了大面积的高防风效能区域，防风效能在 50% 以上的有效防护比约为 50%，防风效能在 60% 以上的有效防护比约为 39%，防风效能在 70% 以上的有效防护比约为 25%。林带前后的加速率等值线分布规律为林带前的风速减弱区、林带上方偏下风向的风速加速区及林带后大范围的风速减弱区三个大区。在林带前 4H 范围内，风速加速率等值线基本平行于树木，其值均在 0.85 左右，林带后 6H 范围内近地面处风速加速率在 0.2~0.5 之间，林带后 10H 范围内为 0.15~0.5。

（2）三种风速下，6cm 高两行一带疏透结构林带其林带前后的风速最大值、最小值、平均值及变异系数均不同，表现为随着风速的增加，林带后与林带前的风速平均值之差逐渐增大，林带后的风速最大值与最小值之差逐渐增大，变异系数大小为 12m/s>16m/s=8m/s。林带前后的风速频数直方图均符合正态分布，林带前的风速频数多为左偏态，峰态类型为高狭峰，但在 8m/s 时为低阔峰；林带后的风速频数为右偏态，峰态类型为高狭峰。林带前后风速半方差函数模型均能够较好地拟合为高斯模型的变异函数。不同风速下林带前的风速半方差函数的块金值（C_0）均小于 0.001，林带后的风速半方差函数的块金值（C_0）小于 0.137。林带前基台值（C_0+C）范围在 0.163~0.783 之间，变程在 164.1~169.3m 之间，林带后基台值（C_0+C）范围在 0.120~0.656 之间，变程在 185.4~257.0m 之间，林带前后空间连续性均为 16m/s>12m/s>8m/s。林带防风效能范围为 2%~60%，林带后形成了一定面积的较高防风效能区域，且随着风速的增加有效防护面积整体趋于减少。防风效能在 30% 以上的有效防护比约为 62% 左右，防风效能在 40% 以上的有效防护比约为 44%。在林带前 4H 范围内，风速加速率等值线基本平行于树木，其值均在 0.85 左右，林带后 6H 及 10H 范围内近地面风速加速率在 0.5~0.75 之间。

（3）三种风速下，8cm 高两行一带疏透结构林带其林带前后的风速最大值、最小值、平均值及变异系数均不同，表现为随着风速的增加，林带后与林带前的风速平均值之差逐渐增大，林带后的风速最大值与最小值之差逐渐增大，变异系数表现为 8m/s>16m/s>12m/s，但风速为 12m/s 和 16m/s 的变异系数非常接近。林带前后的风速频数直方图均符合正态分布，林带前的风速频数分布为左偏态，峰态类型为低阔峰；林带后的风速频数分布多为右偏态，峰态类型为高狭峰，但在 16m/s 时为低阔峰。林带前后风速半方差函数模型均能较好地拟合为高斯模型的变异函数。不同风速下林带前的风速半方差函数的块金值（C_0）均小于 0.003，林带后的风速半方差函数的块金值（C_0）小于 0.101。林带前基台值（C_0+C）范围在 0.151~0.585 之间，变程在 160.6~166.4m 之间，空间连续性为 12m/s>8m/s>16m/s。林带后基台值（C_0+C）范围在 0.205~0.861 之间，变程在 195.1~205.8m 之间，空间连续性为 16m/s>12m/s>8m/s。林带防风效能范围为 8%~64%，随着风速的增加有效防护面积整体趋于减少，防风效能在 30% 以上的有效防护比约为 63%，防风效能在 40% 以上的有效防护比约为 48%。在林带前 4H 范围内，风速加速率等值线基本平行于树木，其值在 0.65~0.85 之间，林带后 6H 范围内近地面处风速加速率在 0.5~0.7 之间，林带后 10H 范围内为 0.45~0.7 之间。

（4）三种不同类型林带其林带前平均风速的变化均不明显，林带后平均风速大小为 6cm 疏透林带>8cm 疏透林带>6cm 紧密林带。林带结构及高度与风速变异系数具有密切关系，6cm 紧密林带后的变异系数为 48.4%~52.2% 最大，8cm 疏透林带后的变异系数为 17.6%~20.1% 次之，6cm 疏透林带后的变异系数最小为 10.8%~11.7%。不同风速下防护林模型林带前后的风速半方差函数模型均能较好地拟合为高斯模型，且林带前后的基台值（C_0+C）均表现为随着风速的增加而增大，林带后的基台值均大于林带前。

（5）单从林带防风效果方面分析紧密结构的林带和高度较高的林带均能发挥出较好的防护效应，且在 30% 及以上的防风效能，林带的有效防护面积及防护比大小均为 6cm 紧密林带>8cm 疏透林带>6cm 疏透林带。其中林带结构对防护效果的影响情况为，当防风效能较低在 20% 以上，不同林带的有效防护比较为接近，6cm 紧密林带的有效防护面积及防护比比 6cm 疏透林带大 330.5cm² （5.1%）；当防风效能在 30% 以上，6cm 紧密结构林带的有效防护面积及防护比比疏透林带大 285.2cm² （10.3%）；当防风效能在 40% 以上，6cm 紧密结构林带的有效防护面积及防护比比疏透林带大 1503.0cm² （23.2%）；当防风效能较高在 50% 以上时，由林带结构造成的差异最大，6cm 紧密结构林带的有效防护面积及防护比比疏透林带大 2367.9cm²

（47.3%）。林带高度对防护效果的影响情况为，当防风效能较低在 20%、30% 及 40% 以上时，8cm 疏透结构林带的有效防护面积及防护比比 6cm 疏透林带最大多 395.3cm^2（6.1%）；林带高度在较高防风效能发挥着较大的防护效应，当防风效能在 50% 以上，8cm 高林带的有效防护面积比 6cm 高林带大 1373.8cm^2，有效防护比之差为 21.2%。

第9章
单个林网及林网优化后防风效果风洞实验

9.1 纯林林网防风效果风洞实验

9.1.1 纯林林网风速流场的分布特征

研究所采用的林带为第 8 章 8.4 所述的疏透结构 6cm 林带模型，疏透度为 0.36，并将林带间距（D）设为 10H，下文出现的距离 H 均等于 6cm。由于风洞实验所采用的风向均与林带走向垂直，在该风向下副林带对林网内风速流场分布的影响并不大，所以实验直接采用行带式林带而非网格来反映林网内的风速流场分布情况。

当风速为 8m/s 时，其水平风速流场分布如图 9-1 所示。由图可知，第一条林带前的风速等值线变化与疏透结构 6cm 林带模型的变化几乎相同，林带前风速等值线分布较为均匀，且在林带前 3H 范围内风速等值线基本平行于林带走向，无显著的风速加速区或风影区形成。林网内的风速分布情况为第一条林带后 2H 范围内形成了显著的风影区，2H 后风速呈波浪状规律递减，第二条林带后有大面积的风影区形成。

当风速为 12m/s 时，其水平风速流场分布如图 9-1 所示，整个林网格前，网格内及网格后的风速流场分布与风速为 8m/s 时非常接近。第一条林带前 3H 范围内风速等值线表现为基本平行于林带走向，且无风速加速区或风影区形成。林网内的风速分布情况为第一条林带后 2H 范围内形成了显著的风影区，2H 后风速呈波浪状规律性减弱，第二条林带后开始有大面积的风影区形成。

当风速为 16m/s 时，其水平风速流场分布如图 9-1 所示，整个林网格前，网格内及网格后的风速流场分布与前两种风速时的分布情况非常接近。但由于风速的增强，第一条林带前的风速受林带的阻挡作用更加明显，方向气流增加导致林带前 2H 范围内风速减小，风速等值线均匀分布。第一条林带后由于扰流而形成的风影区扩大至了林带后 3H 范围，然后风速逐渐减弱，在第二条林带后形成大面积的风影区。

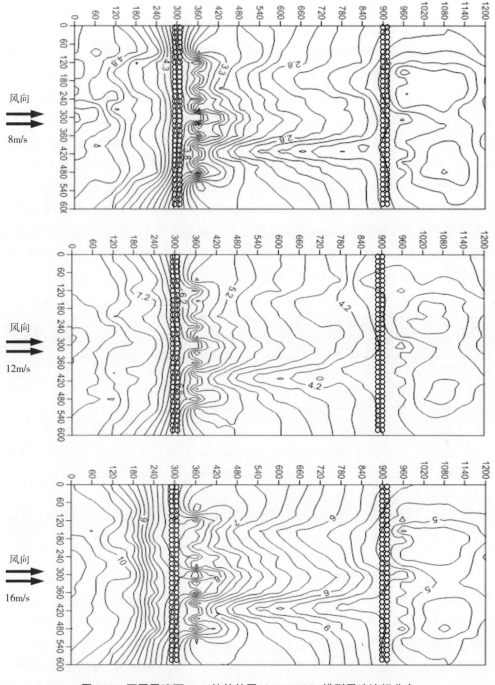

图 9-1 不同风速下 6cm 纯林林网 (*D* = 10*H*) 模型风速流场分布

9.1.2 纯林林网的风速统计分析及频数分布特征

如表 9-1 所示，当风速为 8m/s 时林网前的风速最大值为 5.15m/s、风速最小值为 4.39m/s，风速最大值和最小值差为 0.76m/s；林网内的风速最大值为 4.43m/s、风速最小值为 2.36m/s，风速最大值和最小值差为 2.07；林网后的风速最大值为

2.49m/s、风速最小值为 1.88m/s，风速最大值和最小值差为 0.61。由林网前至林网后风速平均值逐渐减小，林网内的风速变异系数最大为 13.5%。当风速为 12m/s 时林网前的风速最大值为 8.30m/s、风速最小值为 6.91m/s，风速最大值和最小值差为 1.39；林网内的风速最大值为 7.04m/s、风速最小值为 3.75m/s，风速最大值和最小值差为 3.29；林网后的风速最大值为 4.22m/s，风速最小值为 3.25m/s，风速最大值和最小值差为 0.97。由林网前至林网后风速平均值逐渐减小，林网内的风速变异系数最大为 12.6%。当风速为 16m/s 时林网前的风速最大值为 10.59m/s、风速最小值为 8.29m/s，风速最大值和最小值差为 2.3；林网内的风速最大值为 9.27m/s、风速最小值为 5.25m/s，风速最大值和最小值差为 4.02；林网后的风速最大值为 5.74m/s、风速最小值为 4.39m/s，风速最大值和最小值差为 1.35。由林网前至林网后风速平均值逐渐减小，林网内的风速变异系数最大为 12.2%。可见，随着风速的增加，林网前后及林网内的风速最大值与最小值差值均表现为增大，且林网内的变异系数为 8m/s>12m/s>16m/s。

表 9-1　不同风速下 6cm 纯林林网（$D=10H$）模型林网及林网前后风速分布统计参数

风速 （m/s）	林带 位置	样本数	最大值 （m/s）	最小值 （m/s）	平均值±标准误	标准差	峰态	偏度	变异系数 （%）
	林网前	75	5.15	4.39	4.8±0.02	0.21	-1.022	-0.263	4.4
8	林网内	135	4.43	2.36	2.96±0.03	0.40	1.752	1.219	13.5
	林网后	75	2.49	1.88	2.18±0.01	0.12	-0.304	0.228	5.5
	林网前	75	8.30	6.91	7.59±0.04	0.31	-0.848	-0.112	4.1
12	林网内	135	7.04	3.75	4.76±0.05	0.60	1.728	1.149	12.6
	林网后	75	4.22	3.25	3.62±0.02	0.20	0.077	0.519	5.5
	林网前	75	10.59	8.29	9.77±0.07	0.62	-0.184	-0.981	6.3
16	林网内	135	9.27	5.25	6.54±0.07	0.8	0.742	0.863	12.2
	林网后	75	5.74	4.39	4.94±0.03	0.24	1.296	0.635	4.9

不同风速下 6cm 纯林林网（$D=10H$），林网前、林网内及林网后的风速频数直方图如图 9-2 所示。当风速为 8m/s 时，林网前、林网内及林网后的风速分布皆符合正态分布，风速分布变化过程为林网前的风速频数分布为左偏态，峰态类型为低阔峰；林网内的风速频数分布变为右偏态，峰态类型为高狭峰；林网后的风速频数分布为右偏态，峰态类型为低阔峰。当风速为 12m/s 时，林网前、林网内及林网后的风速分布皆符合正态分布，风速分布变化过程为林网前的风速频数分布符合左偏态，峰态类型为低阔峰；林网内的风速频数分布变化为右偏态，峰态类型为高狭峰；林网后的风速频数分布仍然是右偏态，峰态类型为高狭峰。当风速为 16m/s 时，林网前、林网内及林网后的风速分布皆符合正态分布，林网前的风速频数分布为左偏态，峰态类型为低阔峰；风速分布变化过程为林网内的风速频数分布变化为右偏态，峰态类型为高狭峰；林网后的风速频数分布符合右偏态，峰态类型为高狭峰。可见随着风速增加林网内的风速频数均为右偏态、高狭峰。其中，最显著的变化为随着

风速的增加，林网后的峰态类型由低阔峰变为高狭峰。

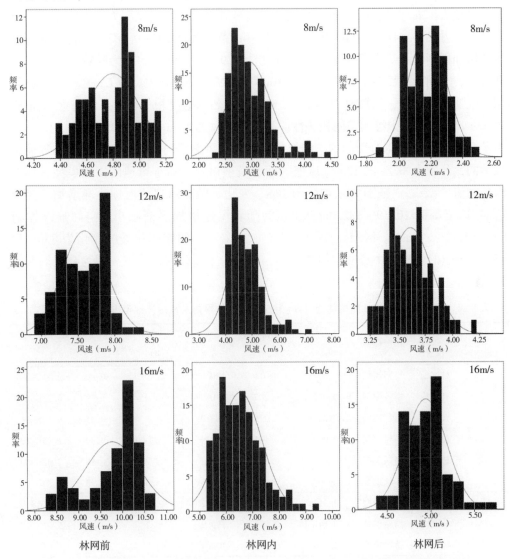

图9-2 不同风速下6cm纯林林网（$D=10H$）模型林网内及前后风速频数分布特征

9.1.3 纯林林网风速变异函数

通过对不同风速下6cm纯林林网（$D=10H$）的风速空间变异程度分析得出林网前后及林网内的风速半方差变异函数模型参数如表9-2。由表可知在三种不同风速下，林网前风速半方差函数模型均能较好地拟合为高斯模型的变异函数。在不同风速下林网前的风速半方差函数的块金值（C_0）均小于0.012，由随机部分引起的空间异质性小，并且此变化与单林带情况下的风速分布变异函数相同。林网前基台值（C_0+C）范围为0.071~0.513，变化为随着风速的增加逐渐增加。变程（A_0）的范围为167.2~180.2m，变化为随着风速增加逐渐减小，空间连续性为8m/s>12m/s>16m/s。区域化变量 [$C_0/$（C_0+C）] 的空间相关度均小于25%，表现为系统具有强烈的空间相关性。当风速为 8m/s，林网内的风速半方差变异函数模型为指数模型，风速为 12m/s 和 16m/s 时，林网内风速半方差变异函数模型为高斯模型。块金值（C_0）小于 0.141，林网内基台值（C_0+C）范围为 0.207～0.482，变化为随着风速的增加逐渐增加。变程（A_0）的范围为 199.9～510.9m，变化为随着风速增加逐渐减小，空间连续性为 8m/s>12m/s>16m/s。区域化变量［$C_0/$（C_0+C）］的空间相关度变化规律为，当风速为 8m/s 时表现为强烈的空间相关性，当风速为 12m/s、16m/s 时，表现为中等的空间相关性。林网后的风速半方差函数的块金值（C_0）均小于 0.03，由随机部分引起的空间异质性小。但风速不同风速半方差变异函数模型也不同，分别为 8m/s 和 12m/s 风速的球状模型以及 16m/s 风速的指数模型。林网内基台值（C_0+C）范围为 0.016～0.068，变化为随着风速的增加逐渐增加。变程（A_0）的范围为 105.9～182.0m，变化为随着风速增加逐渐减小，空间连续性为 8m/s>12m/s>16m/s。区域化变量［$C_0/$（C_0+C）］的空间相关度变化为 8m/s 和 16m/s 风速的表现为中等的空间相关性，风速为 12m/s 时，系统表现为强烈的空间相关性。

表 9-2　不同风速下 6cm 纯林林网（$D=10H$）模型林网内及前后风速半方差函数模型参数

风速（m/s）	林网位置	拟合模型	块金值（C_0）	基台值（C_0+C）	变程（m）	［$C_0/$（C_0+C）］（%）	决定系数 R^2	残差
8	林网前	高斯模型	0.004	0.071	180.2	5.6	0.89	2.57E-04
	林网内	指数模型	0.027	0.207	510.9	13.0	0.77	6.23E-04
	林网后	球状模型	0.005	0.016	182.0	31.3	0.93	4.45E-06
12	林网前	高斯模型	0.006	0.145	174.9	4.1	0.89	1.13E-03
	林网内	高斯模型	0.084	0.303	231.4	27.7	0.87	2.02E-03
	林网后	球状模型	0.007	0.045	166.6	15.6	0.95	3.26E-05
16	林网前	高斯模型	0.012	0.513	167.2	2.3	0.87	0.0189
	林网内	高斯模型	0.141	0.482	199.9	29.3	0.88	5.67E-03
	林网后	指数模型	0.030	0.068	105.9	44.1	0.72	1.67E-04

如图 9-3 所示，当风速为 8m/s 时，林网前、林网内及林网后基台值的变化规律为先增大再减小，由林网前的 0.071 增加至林网内的 0.207，再减小至林网后的 0.016。其中林网内的风速半方差函数基台值最大，相应的变程也最大，即达到稳定的基台值距离增加。当风速为 12m/s 时，林网前、林网内及林网后的基台值的变化规律仍为先增大再减小，由林网前的 0.145 增加至林网内的 0.303，再减小至林网后的 0.045。其中林网内的风速半方差函数基台值最大，相应的变程也最大，即达到稳定的基台值距离增加。当风速为 16m/s 时，林网前、林网内及林网后的基台值的变化规律不同于前两种风速为逐渐减小，表现为由林网前的 0.513 减小至林网内的 0.482，再减小至林网后的 0.068。但是林网内的风速半方差函数基台值仍然最大，为 199.9m，即林网内风速达到稳定基台值的距离增加。综上所述，随着风速的增加林网前、林网内及林网后的基台值均表现为逐渐增加，相应的变程表现为逐渐

减小，高风速下林网前后的基台值发生一定的变化。

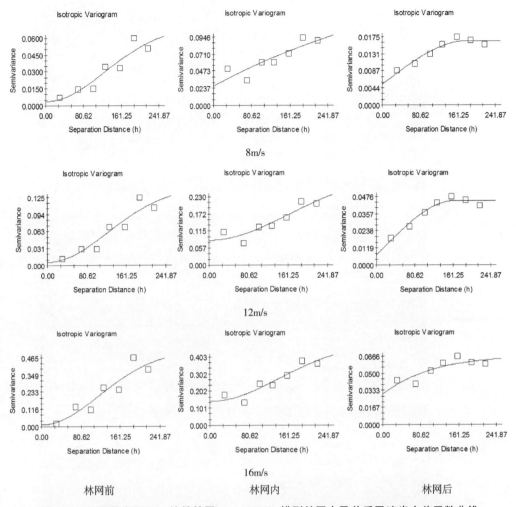

16m/s

| 林网前 | 林网内 | 林网后 |

图 9-3　不同风速下 6cm 纯林林网（$D=10H$）模型林网内及前后风速半方差函数曲线

9.1.4　纯林林网防风效能分析

6cm 纯林林网（$D=10H$）的防风效能如图 9-4（彩版）所示，不同风速下该配置的防护林模式其防风效能范围均在 12%～68% 之间，随着风速的增加，最高防护效能由 8m/s 时的 68% 减少至 12m/s 时的 66%，再减少至 16m/s 时的 64%。可见，防风效能总体趋势的变化是随着风速的增加而逐渐减小的。不同风速下自林网前至林网内再到林网后，防风效能整体呈增加的变化。林网前防风效能较低，林网内防风效能显著增加且随着距离的增加逐渐增大，在防护林网后有大面积的高防护效能区域呈现。由图 9-4 可知，在 8m/s 风速下林网前的防风效能等值线分布较为均匀且在 3H 范围内与林带走向趋于平行，林网前的防风效能小于 32%。林网内的防风效能在 38%～58% 之间，防风效能随着距离增加呈规律性增加。林网后的防风效能大于 60%，且有大面积的高防风效能区域形成。由图 9-4 可知，12m/s 风速下防风

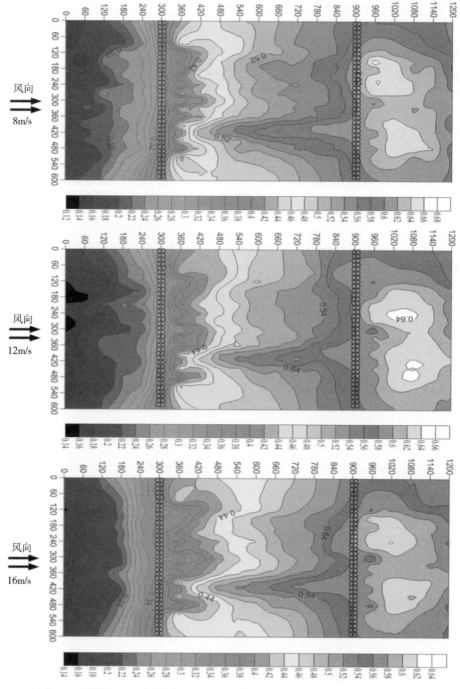

图 9-4（彩版）　不同风速下 6cm 纯林林网（$D=10H$）模型防风效能分布

效能的分布情况与 8m/s 风速下的分布情况较为相近。其中，林网内及前后的防风效能略有不同，表现为林网前的防风效能小于 30%，林网内的防风效能在 40%~58% 之间，林网后的防风效能大于 60% 且有大面积的高防风效能区域形成。16m/s 风速下的防风效能的分布情况与前两种风速下的分布情况同样较为相近。具体表现为林网前的防风效能小于 34%，林网内的防风效能在 40%~54% 之间，林网后的防风效能大于58%且有大面积的高防风效能区域形成。

如表9-3所示，当风速不同时林网在同一防风效能下，其有效防护面积及有效防护比各不相同。当防风效能较低在20%以上，不同风速下的有效防护面积相差不大，其中8m/s风速下有效防护面积及有效防护比最大，16m/s风速次之，12m/s风速下最小。当防风效能在30%以上，16m/s风速下有效防护面积及有效防护比最大，8m/s风速下次之，12m/s风速下最小。可见，在较低防风效能下风速对林网内有效防护面积的影响无明显规律。当防风效能在40%以上时，随着风速的增加林网的有效防护面积及有效防护比均减小，风速由8m/s增加至16m/s，林带的有效防护面积由5076.0cm²减少至4852.8cm²，有效防护比由70.5%减少至67.4%，共减少3.1%。当防风效能在50%以上，同样随着风速的增加林网的有效防护面积及有效防护比均减小，林带的有效防护面积由8m/s时的3931.2cm²减少至16m/s的3038.4cm²，有效防护比由54.6%减少至42.2%，共减少12.1%。当防风效能较高在60%以上，随着风速的增加林网的有效防护面积及有效防护比显著减小，林网的有效防护面积由8m/s时的1504.8cm²减少至16m/s的316.8cm²，有效防护比由20.9%减少至4.4%，共减少16.5%。可见，随着风速的增加林网的有效防护面积及有效防护比表现为减小的趋势，且在较高防风效能减小显著。

表9-3 不同风速下6cm纯林林网（$D=10H$）模型有效防护面积

风速 （m/s）	防风效能 （%）	林网规格（cm）	林网面积 （cm²）	有效防护面积 （cm²）	有效防护比 （%）
8	20	120×60	7200	6566.4	91.2
12	20	120×60	7200	6285.6	87.3
16	20	120×60	7200	6537.6	90.8
8	30	120×60	7200	5594.4	77.7
12	30	120×60	7200	5515.2	76.6
16	30	120×60	7200	5824.8	80.9
8	40	120×60	7200	5076.0	70.5
12	40	120×60	7200	4982.4	69.2
16	40	120×60	7200	4852.8	67.4
8	50	120×60	7200	3931.2	54.6
12	50	120×60	7200	3600.0	50.0
16	50	120×60	7200	3038.4	42.2
8	60	120×60	7200	1504.8	20.9
12	60	120×60	7200	1036.8	14.4
16	60	120×60	7200	316.8	4.4

9.1.5 纯林林网风速加速率分布

由图9-5可知，在三种不同风速下6cm纯林林网（$D=10H$）其林网内及林网前后的加速率等值线图整体分布较为相近，但在林网一些具体位置加速率等值线分布存在一定差异。加速率等值线的分布可分为林网前的加速率减弱区、林网上侧偏下风向的高加速率区域以及林网内及林网后的风速加速率减弱区。三种风速下，随

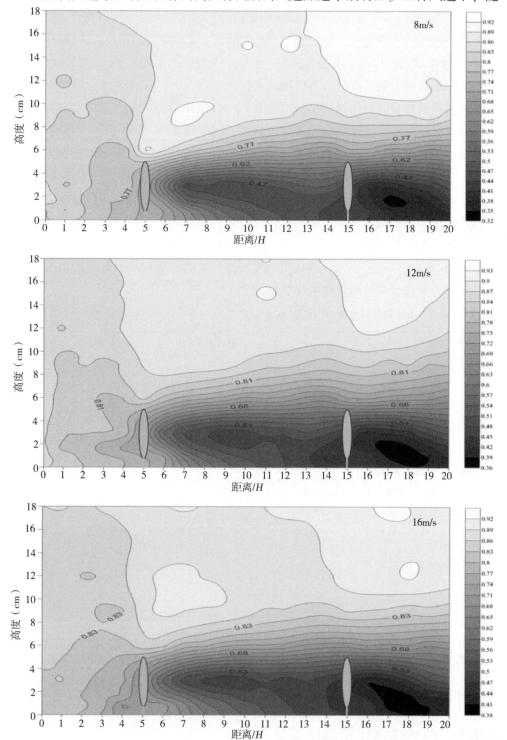

图 9-5　不同风速下 6cm 纯林林网（$D=10H$）模型风速加速率分布

着风速的增加最小风速加速率不断增加，由 0.32 增加至 0.36 再增加至 0.38，最大风速加速率均为 0.92 左右。不同风速下，林网前 3H 范围内的风速加速率为 0.74~0.8 之间，且随着风速的增加林带前 1H 范围内相同风速加速率所占的面积变大。林带上侧偏下风向的加速率在 0.77 以上，且随着距离的增加加速率等值线逐渐上移。风速为 8m/s 时，林网内的加速率在 0.47~0.71 之间；风速为 12m/s 时，林网内的加速率在 0.48~0.72 之间；风速为 16m/s 时，林网内的加速率在 0.5~0.71 之间。可见，随着风速增加林网内树高以下范围内的风速加速率最低值增加，并且由加速率等值线为 0.5 所围成的面积显著减小。随着风速的增加，林网后 5H 范围内的加速率略有增加，相似等值线面积范围下风速加速率由 0.41 增加至 0.42 再增至 0.44。

9.2 乔灌混交林网防风效果风洞实验

研究所采用的林带与上节相同，并以实际调查的乔灌混交林带（林网 3）为模板将灌木按比例缩小，分别添加在林带两侧，灌木高为 2cm，林带疏透度为 0.33，林带间距（D）为 10H（H=6cm）。

9.2.1 乔灌混交林网风速流场的分布特征

乔灌混交林网的风速流场分布情况如图 9-6 所示，在三种不同的风速下风速流场的分布情况相对无明显的差异。变化规律为在第一条林带前，在林带前 3H 范围内风速等值线基本平行于林带走向，且分布均匀无明显的风速加速区或风影区出现。林网内，在第一条林带后 1H 范围内风速等值线同样基本上与林带走向趋于平行，风速值逐渐减小。在林带 1H 距离后，林网内出现了大面积的风影区，同时伴有不规则分布的小面积的风影区出现。可见，在林网内 1H 距离后风速就开始出现了明显的减弱，涡旋气流产生了大大小小的风速减弱区。林网后均产生了大面积的风影区，且分布相近。

对比 6cm 乔灌混交林网（D=10H）模型风速流场分布情况，林网前的变化规律与纯林林网前的风速流场分布基本相同，在第一条林带前 3H 范围内风速等值线基本平行于林带走向，且分布均匀无明显的风速加速区或风影区出现。林网后的变化也基本相同，即在林网后出现了大面积的风影区。主要的差异出现在林网内，乔灌混交林网模型在第一条林带后 1H 范围内其风速等值线与林带走向基本趋于平行且风速均匀减小，而纯林林网第一条林带后 2H 范围内由于枝下高以下的树干与气流相互作用，从而由涡旋气流形成了面积不等的风影区。乔灌混合林网模型林带 1H 后即有面积不等的显著的风速减弱区形成，而纯林林网模型内的风速变化为呈波浪状均匀减小分布。可见，乔灌混合的林网配置模式可以进一步提高林网对风速的削弱，改变林网内的风速分布情况，在林网内形成较大面积的风影区。

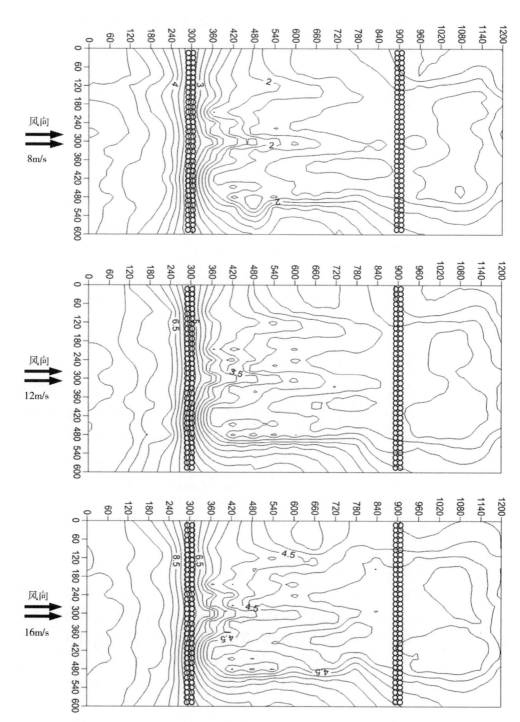

图 9-6　不同风速下 6cm 乔灌混交林林网（$D=10H$）模型风速流场分布

9.2.2　乔灌混交林网的风速统计分析及频数分布特征

　　如表 9-4 所示，当风速为 8m/s 时林网前的风速最大值为 5.09m/s、风速最小值为 4.00m/s，风速最大值和最小值相差 1.09；林网内的风速最大值为 3.25m/s、风速最小值为 1.20m/s，风速最大值和最小值相差 2.05m/s；林网后的风速最大值为 2.01m/s、风速最小值为 1.18m/s，风速最大值和最小值相差 0.83m/s。由林网前至林网后风速平均值逐渐减小，林网内的风速变异系数最大为 21.2%。当风速为 12m/s 时林网前的风速最大值为 8.03m/s、风速最小值为 6.52m/s，风速最大值和最小值相差 1.51m/s；林网内的风速最大值为 5.14m/s、风速最小值为 2.07m/s，风速最大值和最小值相差 3.07；林网后的风速最大值为 3.34m/s、风速最小值为 2.07m/s，风速最大值和最小值相差 1.27m/s。由林网前至林网后风速平均值逐渐减小，林网内的风速变异系数最大为 19.9%。当风速为 16m/s 时林网前的风速最大值为 10.54m/s、风速最小值为 8.93m/s，风速最大值和最小值相差 1.61m/s；林网内的风速最大值为 7.62m/s、风速最小值为 2.80m/s，风速最大值和最小值相差 4.82m/s；林网后的风速最大值为 4.52m/s、风速最小值为 2.94m/s，风速最大值和最小值相差 1.58m/s。由林网前至林网后风速平均值逐渐减小，林网内的风速变异系数最大为 18.9%。可见，随着风速的增加，林网前后及林网内的风速最大值与最小值差值均表现为增大，且变异系数为 8m/s>12m/s>16m/s。

表 9-4　不同风速下 6cm 乔灌混交林林网（$D=10H$）模型林网及林网前后风速分布统计参数

风速 (m/s)	林带位置	样本数	最大值 (m/s)	最小值 (m/s)	平均值±标准误	标准差	峰态	偏度	变异系数 (%)
8	林网前	75	5.09	4.00	4.62±0.03	0.26	-0.699	-0.465	5.6
	林网内	135	3.25	1.20	1.79±0.03	0.38	1.135	1.153	21.2
	林网后	75	2.01	1.18	1.50±0.02	0.20	0.151	0.792	13.3
12	林网前	75	8.03	6.52	7.31±0.04	0.38	-1.085	-0.206	5.2
	林网内	135	5.14	2.07	2.97±0.05	0.59	0.701	1.015	19.9
	林网后	75	3.34	2.07	2.46±0.03	0.29	0.601	1.047	11.8
16	林网前	75	10.54	8.93	9.73±0.05	0.45	-1.178	-0.259	4.6
	林网内	135	7.62	2.80	4.28±0.07	0.81	1.362	1.000	18.9
	林网后	75	4.52	2.94	3.53±0.05	0.41	-0.696	0.518	11.6

对比表 9-1 纯林林网模型风速统计参数，乔灌混交林网模式在风速为 8m/s 时，林网前风速平均值减少 0.18m/s，变异系数增加 1.2%；林网内风速平均值减少 1.17m/s，变异系数增加 7.7%；林网后风速平均值减少 0.68m/s，变异系数增加 7.8%。当风速为 12m/s 时，林网前风速平均值减少 0.28m/s，变异系数增加 1.1%；林网内风速平均值减少 1.79m/s，变异系数增加 7.3%；林网后风速平均值减少 1.16m/s，变异系数增加 6.3%。当风速为 16m/s 时，林网前风速平均值减少 0.04m/s，变异系数减少 1.7%；林网内风速平均值减少 2.26m/s，变异系数增加 6.7%；林网后风速平均值减少 1.16m/s，变异系数增加 6.7%。随着风速的增加，两种林网模式内风速平均值之差逐渐增大，变异系数之差则减小。

不同风速下 6cm 乔灌混交林网（$D=10H$）模型林网前、林网内及林网后的风速频数直方图如图 9-7 所示。不同风速下林网前、林网内及林网后的风速分布皆符合正态分布，当风速为 8m/s 时，林网前的风速频数分布为左偏态，峰态类型为低阔峰；林网内的风速频数分布为右偏态，峰态类型为高狭峰；林网后的风速频数分布符合右偏态，峰态类型为高狭峰。当风速为 12m/s 时，林网前的风速频数分布为左偏态，峰态类型为低阔峰；林网内的风速频数分布为右偏态，峰态类型为高狭峰；林网后的风速频数分布符合右偏态，峰态类型为高狭峰。当风速为 16m/s 时，林网前的风速频数分布为左偏态，峰态类型为低阔峰；林网内的风速频数分布为右偏态，峰态类型为高狭峰；林网后的风速频数分布符合右偏态，峰态类型为低阔峰。可见随着风速增加林网内的风速频数均为右偏态、高狭峰。其中，最显著的变化为随着风速的增加，林网后的峰态类型由高狭峰变为低阔峰。

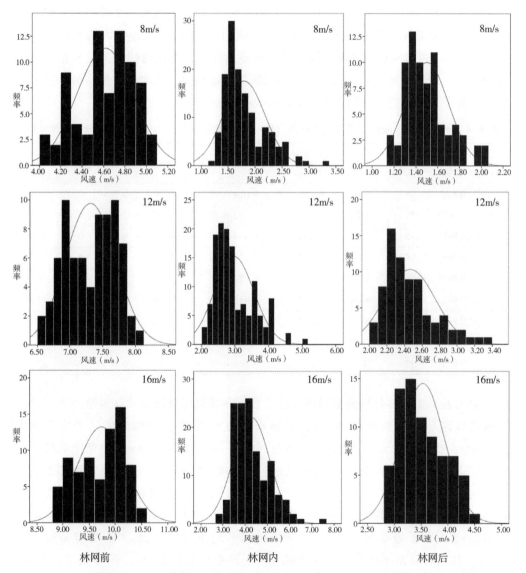

图 9-7　不同风速下 6cm 乔灌混交林林网（$D=10H$）模型林网及前后风速频数分布特征

对比图 9-4 纯林林网模型林网前、林网内及林网后的风速频数直方图，林网前及林网内的偏度及峰态没有发生变化，均为林网前的左偏态低阔峰和林网内的右偏态高狭峰。但林网后发生了一定的变化，其中当风速为8m/s时，乔灌混交林网后的风速频数分布由纯林林网的右偏态低阔峰变为右偏态高狭峰；风速为12m/s时，乔灌混交林网后的风速频数分布与纯林林网相同；风速为16m/s时，乔灌混交林网后的风速频数分布由纯林林网的右偏态高狭峰变为右偏态低阔峰。同时，乔灌混交林模式其林网内和林网后的风速变异系数均大于纯林林网模式。

9.2.3 乔灌混交林网风速变异函数

通过对6cm乔灌混交林网（$D=10H$）模型的风速空间变异程度分析得出林网前后及林网内的风速半方差变异函数模型参数如表9-5。由表可知在三种不同风速下，林网前风速半方差函数模型均能较好地拟合为高斯模型的变异函数。在不同风速下林网前风速半方差函数的块金值（C_0）均小于0.005，由随机部分引起的空间异质性很小。林网前基台值（C_0+C）范围为0.104~0.385，变化为随着风速的增加逐渐增加。变程（A_0）的范围为173.8~202.4，变化为随着风速的增加逐渐增加，空间连续性为8m/s>12m/s>16m/s。区域化变量 [$C_0/(C_0+C)$] 的空间相关度均小于25%，系统具有强烈的空间相关性。当风速为12m/s，林网内的风速半方差变异函数模型为线性模型，决定系数 R^2 较低；风速为8m/s和16m/s，林网内风速半方差变异函数模型均为指数模型。不同风速下林网内的块金值（C_0）均小于0.324，林网内基台值（C_0+C）范围为0.136~0.745，变化为随着风速的增加逐渐增加。变程（A_0）的范围为180.8~312.4，变化为随着风速的增加逐渐增加，空间连续性为8m/s>12m/s>16m/s。区域化变量 [$C_0/(C_0+C)$] 的空间相关度均为中等空间相关。林网后风速半方差函数的块金值（C_0）均小于0.045，由随机部分引起的空间异质性较小。当风速为8m/s和12m/s时，林网后的风速半方差变异函数模型为球状模型，风速为16m/s时，函数模型为高斯模型。林网后基台值（C_0+C）范围为0.038~0.167，变化为随着风速的增加逐渐增加。变程（A_0）的范围为100.7~229.0，空间

表9-5 不同风速下乔灌混交林林网（$D=10H$）模型林网及前后风速半方差函数模型参数

风速 （m/s）	林网 位置	拟合模型	块金值 （C_0）	基台值 （C_0+C）	变程 （m）	[$C_0/(C_0+C)$] （%）	决定系数 R^2	残差
	林网前	高斯模型	0.003	0.104	173.8	2.9	0.87	7.58E-04
8	林网内	指数模型	0.059	0.136	180.8	43.4	0.77	3.50E-04
	林网后	球状模型	0.005	0.038	171.5	13.2	0.99	6.29E-06
	林网前	高斯模型	0.005	0.240	185.0	2.1	0.87	3.62E-03
12	林网内	线性模型	0.193	0.277	219.7	69.7	0.55	3.23E-03
	林网后	球状模型	0.012	0.079	229.0	15.2	0.99	1.23E-05
	林网前	高斯模型	0.001	0.385	202.4	0.3	0.87	8.43E-03
16	林网内	指数模型	0.324	0.745	312.4	43.5	0.63	0.0128
	林网后	高斯模型	0.045	0.167	100.7	26.9	0.99	1.29E-04

连续性为 16m/s>8m/s>12m/s。当风速为 8m/s 和 12m/s 时区域化变量 $[C_0/(C_0+C)]$ 的空间相关度表现为具有强烈的空间相关性，风速为 16m/s 时系统表现为具有中度的空间相关性。

如图 9-8 所示，当风速为 8m/s 时，林网前、林网内及林网后的基台值变化规律为先增大再减小，由林网前的 0.104 增加至林网内的 0.136，再减小至林网后的 0.038。其中林网内的风速半方差函数基台值最大，相应的变程也最大，即达到稳定的基台值距离最长。当风速为 16m/s 时，林网前、林网内及林网后的基台值变化规律为先增大再减小，林网前的风速半方差拟合函数围绕基台值 0.385 波动，林网内的风速半方差拟合函数围绕基台值 0.745 波动，林网后的风速半方差拟合函数围绕基台值 0.167 波动，基台值由林网前至林网内逐渐增大，林网内至林网后逐渐减小。对应的变程的变化也是先增大再减小，林网内的变程达到最大。无论是林网前、林网内还是林网后，随着风速的增加其基台值和变程均表现为增加的趋势。

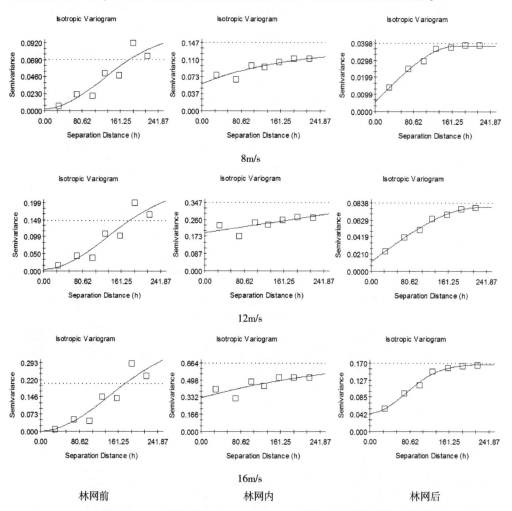

图 9-8　不同风速下 6cm 乔灌混交林网（$D=10H$）模型林网及前后风速半方差函数曲线

9.2.4 乔灌混交林网防风效能分析

6cm 乔灌混交林网（$D=10H$）模型的防风效能如图 9-9（彩版）所示，不同风速下该配置的防护林模式其防风效能范围均在 10%~85% 之间，随着风速的增加，最高防护效能由 8m/s 时的 85% 减少至 12m/s 时的 79% 和 16m/s 时的 80%。可见，防风效能整体的变化趋势是随着风速的增加而逐渐减小的。不同风速下由林网前至林网内再到林网后，防风效能整体呈增加的趋势。林网前防风效能较低，林网内防风效能显著增加，在第一条林带 $4H$ 后出现面积不等的高防风效能区域，林网后高防风效能的区域达到最大。由图 9-9 可知，在 8m/s 风速下林网前的防风效能等值线分布较为均匀且在 $3H$ 范围内与林带走向趋于平行，林网前的防风效能小于 45%。林网内的防风效能在 45%~75% 之间，在林带 $4H$ 后出现防风效能在 75% 以上的防护区域。林网后防风效能大于 75% 的区域逐渐扩大。12m/s 风速下防风效能的分布情况与 8m/s 风速下的分布情况相近，其中林网内的防风效能在 45%~70% 之间，防风效能在 75% 以上的面积减少。16m/s 风速下防风效能的分布情况为林网前的防风效能小于 40%，林网内的防风效能在 40%~70% 之间，林网后的防风效能与前两种风速下的变化较为相近。

如表 9-6 所示，当风速不同时乔灌混交林网模型在同一防风效能下，其有效防护面积及有效防护比均不相同，整体变化趋势为随着风速的增加其有效防护面积及有效防护比均相应减小。当防风效能较低为 20% 时，不同风速下的有效防护面积相差不大，其中 8m/s 风速的有效防护比最大为 95.8%，16m/s 风速的有效防护比最小为 93.1%，最大值与最小值之差为 2.7%。防风效能为 30% 时，8m/s 风速的有效防护比最大为 81.1%，16m/s 风速的有效防护比最小为 79.8%，最大值与最小值之差为 1.3%。防风效能为 40% 时，8m/s 风速的有效防护比最大为 76.4%，16m/s 风速的有效防护比最小为 75.0%，最大值与最小值之差为 1.4%。当防风效能为 50% 时，8m/s 风速的有效防护比最大为 73.3%，16m/s 风速的有效防护比最小为 69.8%，最大值与最小值之差为 3.5%。当防风效能为 60% 时，8m/s 风速的有效防护比最大为 65.9%，16m/s 风速的有效防护比最小为 59.4%，最大值与最小值之差为 6.5%。风速大小对有效防护比的影响相对较大。当防风效能为 70% 时，8m/s 风速的有效防护比最大为 44.2%，16m/s 风速的有效防护比最小为 20.5%，最大值与最小值之差为 23.7%，林网的有效防护面积显著减少，由 3182.4cm² 减少至 1476.0cm²，共减少 1706.4cm²。综上所述，可见该配置类型的防护林网模型对防风效能在 20%~60% 区间具有较好的防护效果，且在三种风速下其有效防护面积及有效防护比的差值均不大。可见，随着风速的不断增加，乔灌混交配置的防护林网模型在 20%~60% 的防风效能下依然可以发挥出较稳定的防护效果且受风速影响较小。

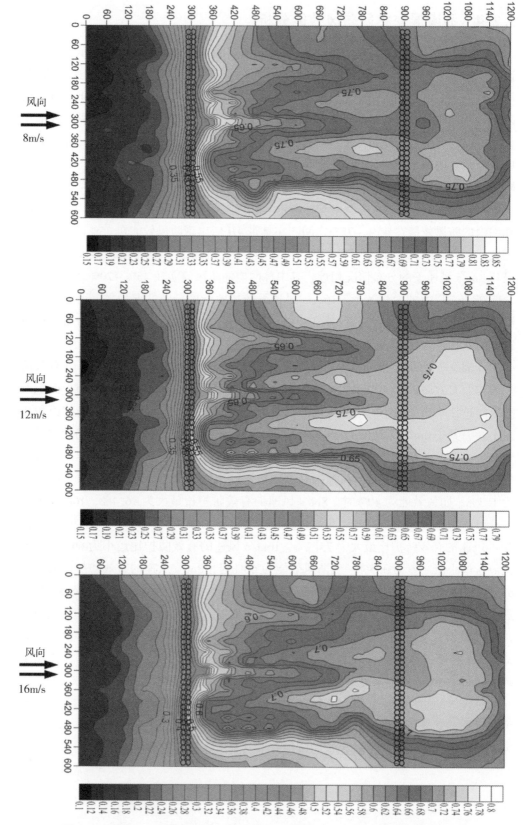

图 9-9（彩版） 不同风速下 6cm 乔灌混交林网（D=10H）模型防风效能分布

表 9-6 不同风速下 6cm 乔灌混交林网 ($D = 10H$) 模型有效防护面积

风速 （m/s）	防风效能 （%）	林网规格 （cm）	林网面积 （cm²）	有效防护面积 （cm²）	有效防护比 （%）
8	20	120×60	7200	6897.6	95.8
12	20	120×60	7200	6861.6	95.3
16	20	120×60	7200	6703.2	93.1
8	30	120×60	7200	5839.2	81.1
12	30	120×60	7200	5810.4	80.7
16	30	120×60	7200	5745.6	79.8
8	40	120×60	7200	5500.8	76.4
12	40	120×60	7200	5472.0	76.0
16	40	120×60	7200	5400.0	75.0
8	50	120×60	7200	5277.6	73.3
12	50	120×60	7200	5155.2	71.6
16	50	120×60	7200	5025.6	69.8
8	60	120×60	7200	4744.8	65.9
12	60	120×60	7200	4514.4	62.7
16	60	120×60	7200	4276.8	59.4
8	70	120×60	7200	3182.4	44.2
12	70	120×60	7200	2714.4	37.7
16	70	120×60	7200	1476.0	20.5

对林带间距为 $10H$ 的 6cm 纯林林网模型和 6cm 乔灌混交林网模型两种不同配置类型的防护林在 16m/s 风速下达到相同防风效能时的有效防护面积及有效防护比进行对比分析，如表 9-7 所示。当防风效能较低为 20% 以上和 30% 以上，两种配置类型的防护林网有效防护面积及有效防护比差值不大，分别为 165.6cm² （2.3%）和 79.2cm² （1.1%），乔灌混交配置的林网略高于纯林林网。当防风效能在 40% 以上，乔灌混交配置的防护林网的有效防护面积及有效防护比与纯林配置防护林网的差值为 547.2cm² （7.6%）。当防风效能在 50% 以上，乔灌混交林网有效防护面积及有效防护比与纯林林网的差值较大为 1987.2cm² （27.6%）。当防风效能在 60% 以上，乔灌混交林网的有效防护面积及有效防护比与纯林林网的差值最大为 3960cm² （55%）。可见，相比之下乔灌混交林网模型在防风效能达到 60% 以上时其防护效果最佳，远远大于纯林林网模型。当防风效能较高在 70% 以上时，乔灌混交林网的有效防护面积及有效防护比为 1476.0cm² （20.5%），纯林林网模型达不到这么高的防护效能。

表 9-7 两种配置类型防护林网在 16m/s 风速下有效防护面积及百分比

防护林类型	防风效能（%）	林网规格（cm）	林网面积（cm²）	有效防护面积（cm²）	有效防护比（%）
1	20	120×60	7200	6537.6	90.8
2	20	120×60	7200	6703.2	93.1
1	30	120×60	7200	5824.8	80.9
2	30	120×60	7200	5745.6	79.8
1	40	120×60	7200	4852.8	67.4
2	40	120×60	7200	5400.0	75.0
1	50	120×60	7200	3038.4	42.2
2	50	120×60	7200	5025.6	69.8
1	60	120×60	7200	316.8	4.4
2	60	120×60	7200	4276.8	59.4
1	70	120×60	7200	—	—
2	70	120×60	7200	1476.0	20.5

注：防护林类型 1 为林带间距为 10H 的 6cm 纯林林网；防护林类型 2 为林带间距为 10H 的 6cm 乔灌混交林林网。

9.2.5 乔灌混交林网风速加速率分布

由图 9-10 可知，在三种不同风速下 6cm 乔灌混交林网（$D=10H$）模型林网内及林网前后的风速加速率等值线整体分布趋于相似，但在林网前、林网内及林网后各具体位置风速加速率的变化存在一定差异。三种风速下，随着风速的增加最小风速加速率不断增加，由 0.2 增加至 0.25，最大风速加速率均为 0.95。在林网前的加速率减弱区，加速率等值线不断贴进林带，不同风速下林网前 3H 范围内的风速加速率均在 0.65~0.75 之间。林带上侧偏下风向的加速率在 0.8 以上，并有面积不等的风速加速区形成。三种风速下，林网内的加速率均在 0.3~0.65 之间，但随着风速的增加，林网内 1H 树高范围内风速加速率等值线值在 0.5 以下所围成的面积逐渐减少，且在风速为 16m/s 时该等值线向后移动 1H 左右的距离。其中，加速率为 0.3 的区域变化最为显著，由 8m/s 和 12m/s 风速下的林带后 6H 距离移动至 8H 左右的距离。综上所述，6cm 乔灌混交林网（$D=10H$）模型在不同风速下的加速率变化趋于稳定，在高大乔木削弱风能的同时，近地面的灌木对地表处的风能进一步削弱，并在林带内形成了相对稳定的风能削弱区。

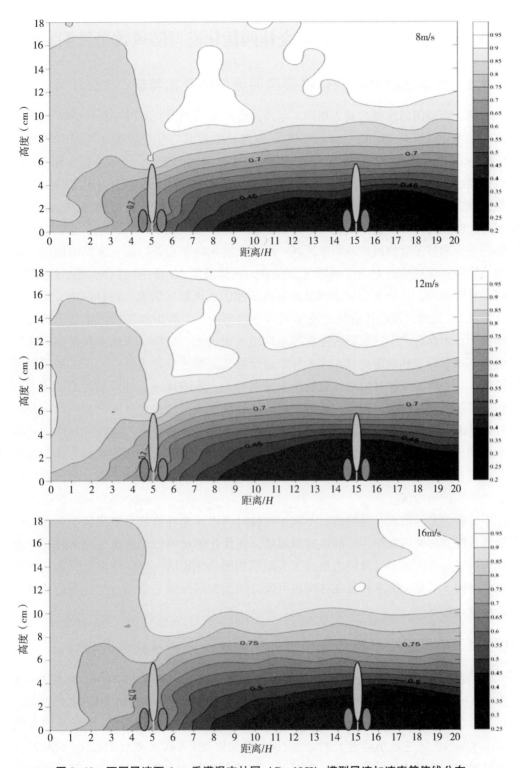

图 9-10　不同风速下 6cm 乔灌混交林网（$D = 10H$）模型风速加速率等值线分布

9.3 相同植被盖度乔灌混交林网优化模型防风效果风洞实验

9.3.1 乔灌混交林网优化模型风速流场的分布特征

研究所采用的林带与 9.2 相同，是通过将 6cm 乔灌混交林网（$D=10H$）模型的两行灌木分别移至林带后 20cm 和 40cm 位置处形成具有相同乔灌木数量和盖度的 6cm 乔木+2cm 灌木混合林网新模式即乔灌混交林网优化模式，进而分析这种在相同植被盖度条件下不同配置结构的防护林网模型的风速流场分布特征。乔灌混交林网优化模式的风速流场分布情况如图 9-11 所示，在三种风速下风速流场的分布情况相对无明显的差异。整体变化可分为以下四个区，第一条乔木林带前的风速减弱区、第一条乔木林带后的风速减弱紊流区、第一条灌木林带至第二条乔木林带间的大面积风影区及林网后的大面积风影区。在第一条林带前 3H 范围内风速等值线基本平行于林带走向，且分布均匀无明显的风速加速区或风影区形成。在林网内，第一条林带后 1H 范围内风速等值线出现不同程度的弯曲，主要由林带后产生的涡旋气流导致，且由涡旋产生的风影区随着风速的增大而增大。在第一条灌木林带前风速等值线基本平行于林带走向且在灌木林带后至第二条乔木林带之间产生了大面积的风影区，这主要与灌木林带对气流的再次削弱有关。不同风速下林网后均产生了大面积的风影区，且分布面积较为接近。对比纯林林网及乔灌混交林网模式的风速流场分布情况，结构优化的林网模式其林网前的风速流场分布情况与这两种林网模式基本相同，即在第一条林带前 3H 范围内风速等值线基本平行于林带走向，且分布均匀无明显的风速加速区或风影区出现。林网后的变化也基本相同，即在林网后出现了大面积的风影区。

主要的差异出现在林网内，不同于纯林林网内风速等值线呈波浪状削弱的变化及乔灌混交林网内面积不等的风速减弱区，在优化的林网模型内由于灌木林带对近地面风速的再次削弱，林网内形成了大面积的闭合风影区，且促使最低风速区出现在林带内。可见，灌木林带在林网内可以有效地削弱风速并成功改变林网内的风速流场分布情况。

9.3.2 乔灌混交林网优化模型的风速统计分析及频数分布特征

如表 9-8 所示，当风速为 8m/s 时林网前的风速最大值为 5.17m/s、风速最小值为 4.03m/s，风速最大值和最小值相差 1.14m/s；林网内的风速最大值为 3.93m/s、风速最小值为 0.11m/s，风速最大值和最小值相差 3.82m/s；林网后的风速最大值为 1.83m/s、风速最小值为 1.42m/s，风速最大值和最小值相差 0.41m/s。由林网前至林网后风速平均值趋于减小，在林网内风速平均值最小为 1.49m/s，同时林网内的风速变异系数最大为 73.8%。可见，灌木林带在林网内对风速的削弱导致了风速的显著降低及变异系数的大幅增加。当风速为 12m/s 时林网前的风速最大值为 8.08m/s、风速最小值为 6.46m/s，风速最大值和最小值相差 1.62m/s；林网内的风

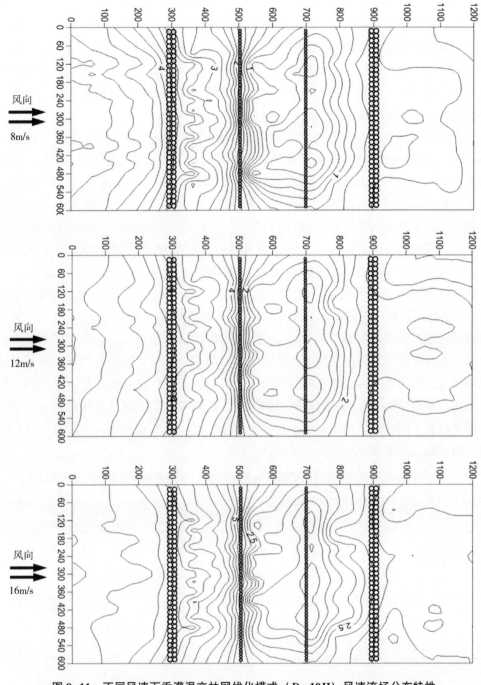

图9-11 不同风速下乔灌混交林网优化模式（$D=10H$）风速流场分布特性

速最大值为6.37m/s、风速最小值为0.13m/s，风速最大值和最小值相差6.24m/s；林网后的风速最大值为3.45m/s、风速最小值为2.24m/s，风速最大值和最小值相差1.21m/s。在该风速下从林网前至林网后风速平均值同样表现为减小的趋势，在林网内风速平均值最小为2.32m/s，相应的风速变异系数最大为81.0%。当风速为16m/s时林网前的风速最大值为10.34m/s、风速最小值为9.02m/s，风速最大值和最小值相差 1.32m/s；林网内的风速最大值为 8.69m/s、风速最小值为 0.17m/s，风速最大值和最小值相差 8.52m/s；林网后的风速最大值为 4.72m/s、风速最小值为 3.34m/s，风速最大值和最小值相差 1.38m/s。在 16m/s 风速下从林网前至林网后风速平均值还是呈减小趋势，在林网内风速平均值最小为 3.2m/s，相应的风速变异系数最大为 80.6%。可见，在高风速下林网内的风速同样得到了较好的削弱，平均风速值最小，变异系数也达到了最大，超过了 80%。

对比表 9-4 乔灌混交林网的风速统计参数，乔灌混交林网优化模式在风速为 8m/s 时，林网前风速平均值趋于相同，增加了 0.02，变异系数减少了 0.2%；林网内风速平均值减少 0.3，变异系数增加较大为 60.5%；林网后风速平均值略有增加，增加了 0.11，变异系数增加 1%。当风速为 12m/s 时，林网前风速平均值增加了 0.07，变异系数增加了 0.5%；林网内风速平均值减少较为明显，风速平均值减少了 0.65，变异系数增加了 61.1%；林网后风速平均值增加了 0.27，变异系数增加了 1.2%。当风速为 16m/s 时，林网前风速平均值减少了 0.17，变异系数减少了 1.6%；林网内风速平均值减少最为明显，风速平均值减少了 1.08，变异系数增加了 61.7%；林网后风速平均值增加了 0.27，变异系数减少了 5.3%。综上所述，可见在相同植被数量及盖度条件下不同配置类型的防护林网其对风速的削弱程度是有差异的。在乔灌混交林网优化模式和乔灌混交林网两种不同空间配置类型的防护林对比中发现，随着风速的增加林网内的风速平均值大小存在显著的差异。乔灌混交优化模式的林网可以有效地削弱林网内的风速，且随着风速的增加林网对风速的削弱作用更明显。同时这种变化也体现在了变异系数上，乔灌混交优化模式林网内的变异系数达到了乔灌混交林网的 3.5 倍以上。

表 9-8　不同风速下乔灌混交林网优化模型（$D=10H$）林网及林网前后风速分布统计参数

风速 （m/s）	林带 位置	样本数	最大值 （m/s）	最小值 （m/s）	平均值±标准误	标准差	峰态	偏度	变异系数 （%）
	林网前	75	5.17	4.03	4.67± 0.03	0.25	-0.510	-0.328	5.4
8	林网内	135	3.93	0.11	1.49± 0.09	1.10	-1.032	0.665	73.8
	林网后	75	1.83	1.42	1.61± 0.01	0.10	-1.027	0.309	6.2
	林网前	75	8.08	6.46	7.38± 0.05	0.42	-0.746	-0.254	5.7
12	林网内	135	6.37	0.13	2.32± 0.16	1.88	-1.137	0.620	81.0
	林网后	75	3.45	2.24	2.73± 0.03	0.29	0.286	0.829	10.6
	林网前	75	10.34	9.02	9.56± 0.03	0.29	-0.347	0.352	3.0
16	林网内	135	8.69	0.17	3.20± 0.22	2.58	-1.087	0.651	80.6
	林网后	75	4.72	3.34	3.80± 0.03	0.24	3.091	1.154	6.3

不同风速下乔灌混交林网优化模型（$D=10H$）林网前、林网内及林网后的风速频数直方图如图 9-12 所示。不同风速下，林网前、林网内及林网后的风速分布皆符合正态分布。当风速为 8m/s 时，林网前的风速频数分布为左偏态，峰态类型为低阔峰；林网内的风速频数分布为右偏态，峰态类型为低阔峰；林网后的风速频数

分布为右偏态，峰态类型为低阔峰。当风速为 12m/s 时，林网前的风速频数分布为左偏态，峰态类型为低阔峰；林网内的风速频数分布为右偏态，峰态类型为低阔峰；林网后的风速频数分布为右偏态，峰态类型为高狭峰。当风速为 16m/s 时，林网前的风速频数分布符合右偏态，峰态类型为低阔峰；林网内的风速频数分布符合右偏态，峰态类型为低阔峰；林网后的风速频数分布符合右偏态，峰态类型为高狭峰。其中，最显著的变化为随着风速的增加，林网后的峰态类型由低阔峰变为高狭峰。

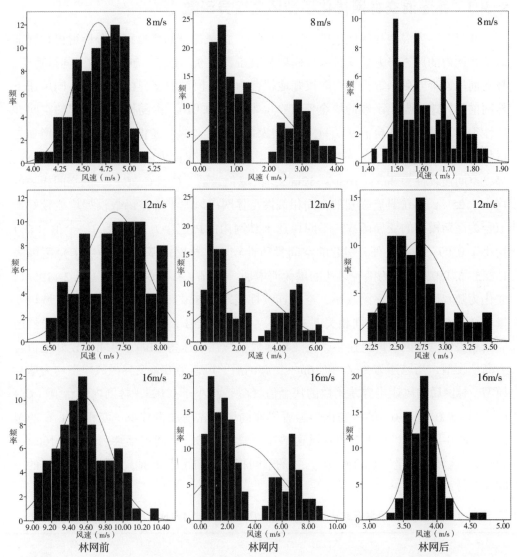

图 9-12　不同风速下乔灌混交林网优化模型（$D=10H$）林网内及前后风速频数分布特征

对比图 9-7 乔灌混交防护林模式林网前、林网内及林网后的风速频数分布直方图，不同风速下两种不同配置类型的防护林模型其林网前的峰态类型相同均为低阔峰，除了风速为 16m/s 时乔灌混交林网优化模型的偏度为右偏态，其他风速条件下两种配置类型林网前的偏度均为左偏态。林网内的风速频数分布均为右偏态，峰态类型变化为由乔灌混交林网内的低阔峰转变为高狭峰。林网后的偏度均为右偏态，峰度类型变化较为显著，其中当风速为 8m/s 时，乔灌混交林林网后的峰态由高狭峰转变为乔灌混交林网优化模型林网后的低阔峰；风速为 12m/s 时，林网后的风速频数分布较为接近；风速为 16m/s 时，林网后峰态变化为由低阔峰转变为了高狭峰。可见，风速频数分布的具体变化进一步证明了乔灌混交林网优化模型对防护林网风速的改变作用。

9.3.3 乔灌混交林网优化模型风速变异函数

通过对乔灌混交林网优化模型（$D=10H$）的风速空间变异程度分析得出林网前后及林网内的风速半方差变异函数模型参数如表 9-9。由表可知在三种不同风速下，林网前风速半方差函数模型均能较好地拟合为高斯模型的变异函数。在不同风速下林网前的风速半方差函数的块金值（C_0）均小于 0.016，由随机部分引起的空间异质性很小。林网前基台值（C_0+C）范围为 0.102~0.254，变化为随着风速的增加先增加再减小。变程（A_0）的范围为 178.4~223.7，变化为随着风速增加呈减小趋势，空间连续性为 8m/s>16m/s>12m/s。区域化变量 [$C_0/(C_0+C)$] 的空间相关度均小于 25%，系统具有强烈的空间相关性。林网内风速半方差函数模型均能较好地拟合为高斯模型的变异函数，不同风速下林网内的风速半方差函数的块金值（C_0）均小于 0.09，由随机部分引起的空间异质性较小。林网内基台值（C_0+C）范围为 1.285~6.189，变化为随着风速的增大而增加。变程（A_0）的范围为 176.2~195.1，变化为随着风速增大逐渐减小，空间连续性表现为 8m/s>12m/s>16m/s。区域化变量 [$C_0/(C_0+C)$] 的空间相关度非常小，均小于 25%，系统在林网内具有强烈的空间相关性。林网后的风速半方差变异函数模型在风速为 12m/s 时能够较好地拟合为高斯模型，当风速为 8m/s 和 16m/s，林网后的风速半方差变异函数模型均为球状模型。林网后的风速半方差函数的块金值（C_0）均小于 0.023，林网内基台值（C_0+C）范围为 0.011~0.108，变化为随着风速的增加先增加再减小。变程（A_0）的范围为 149.0~161.2，变化为随着风速增加呈减小趋势，空间连续性为 8m/s>16m/s>12m/s。区域化变量 [$C_0/(C_0+C)$] 的空间相关度均小于 25%，系统具有强烈的空间相关性。

表 9-9 不同风速下乔灌混交林网优化模型（$D=10H$）林网内及前后风速半方差函数模型

风速 (m/s)	林网位置	拟合模型	块金值 (C_0)	基台值 (C_0+C)	变程 (m)	[$C_0/(C_0+C)$] (%)	决定系数 R^2	残差
8	林网前	高斯模型	0.016	0.102	223.7	15.7	0.85	3.88E-04
	林网内	高斯模型	0.006	1.285	195.1	0.5	0.88	0.0913
	林网后	球状模型	0.001	0.011	161.2	9.1	0.96	1.90E-06
12	林网前	高斯模型	0.004	0.254	178.4	1.6	0.87	4.41E-03
	林网内	高斯模型	0.010	3.837	185.9	0.3	0.88	0.887
	林网后	高斯模型	0.023	0.108	149.0	21.3	0.95	2.48E-04

风速 （m/s）	林网 位置	拟合模型	块金值 （C_0）	基台值 （C_0+C）	变程 （m）	$[C_0/(C_0+C)]$ （%）	决定系数 R^2	残差
	林网前	高斯模型	0.015	0.132	197.5	11.4	0.91	5.18E-04
16	林网内	高斯模型	0.090	6.189	176.2	1.5	0.88	2.69
	林网后	球状模型	0.004	0.053	151.1	7.5	0.94	6.64E-05

如图 9-13 所示，当风速为 8m/s 时，林网前、林网内及林网后基台值的变化规律为先增大再减小，由林网前的 0.102 增加至林网内的 1.285，再减小至林网后的 0.011。其中林网内的风速半方差函数基台值最大，变程由林网前至林网后的变化规律为逐渐减小。当风速为 12m/s 时，林网前、林网内及林网后基台值的变化规律为先增大再减小，由林网前的 0.254 增加至林网内的 3.837，再减小至林网后的 0.108，整体呈减小的趋势。相比较林网前后的基台值，林网内的风速半方差函数基台值最大，变程也最大，由林网前至林网后其变化规律为先增大再减小。当风速为

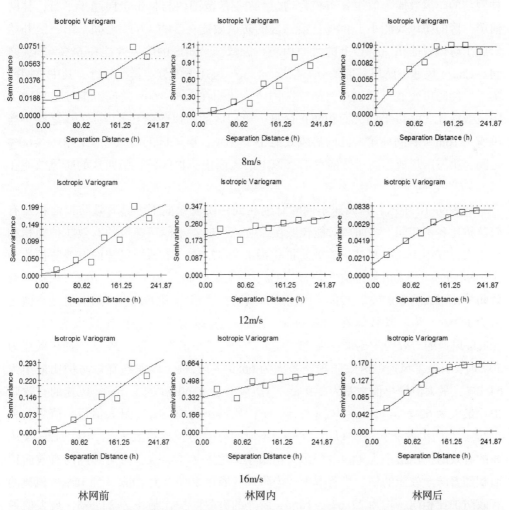

图 9-13　不同风速下乔灌混交林网优化模型（$D=10H$）林网内及前后风速半方差函数曲线

16m/s 时，林网前、林网内及林网后基台值的变化规律为先增大再减小，由林网前的 0.132 增加至林网内的 6.189，再减小至林网后的 0.053。变程由林网前至林网后的变化规律为逐渐减小，即达到稳定基台值的距离逐渐变短。

9.3.4 乔灌混交林网优化模型防风效能分析

乔灌混交林网优化模型（$D=10H$）的防风效能如图 9-14（彩版）所示，不同风速下该配置类型的防护林模式其防风效能范围均在 10%~100% 之间，防风效能所涵盖的范围非常大，甚至出现了 100% 防风效能的静风区。当风速为 16m/s 时，最低防风效能由 10% 增加至 15%，最高防风效能由 100% 下降至 99%，可见防风效能整体的变化趋势为随着风速的增加而逐渐减小。林网内及林网前后的防风效能大体上可分为以下四个区域，第一区为第一条乔木林带前的风能减弱区；第二区为第一条乔木林带后的风能削弱区；第三区为林网内第一条灌木林带至第二条乔木林带间的高防风效能区；第四区为林网后的风能减弱区。由图 9-14 可知，在 8m/s 风速下林网前的防风效能等值线分布较为均匀且在 3H 范围内与林带走向趋于平行，林网前第一区的防风效能小于 34%，第二区的防风效能在 34%~60% 之间，第三区开始形成了防风效能在 76% 以上的大面积防护区域，第四区的防风效能在 68%~74% 之间。12m/s 风速下防风效能的分布情况与 8m/s 风速下的分布情况相近，其中林网前第一区的防风效能小于 32%，第二区的防风效能在 32%~60% 之间，第三区形成了防风效能在 72% 以上的大面积防护区域，第四区的防风效能在 62%~72% 之间。当风速为 16m/s 林网前第一区的防风效能小于 31%，第二区的防风效能在 31%~60% 之间，第三区形成了防风效能在 73% 以上的大面积防护区域，第四区的防风效能在 65%~73% 之间。

如表 9-10 所示，当风速不同时林网在同一防风效能下，其有效防护面积及有效防护比各不相同。当防风效能较低在 20% 以上时，不同风速下的有效防护面积相差不大，其中 16m/s 风速的有效防护比最大为 97.1%，12m/s 风速的有效防护比最小为 94.3%，最大值最小值之差为 2.8%。当防风效能在 30% 以上，16m/s 风速的有效防护比最大为 80.7%，12m/s 风速的有效防护比最小为 79.6%，最大值最小值之差为 1.1%。当防风效能在 40% 以上，16m/s 风速的有效防护比最大为 74.4%，12m/s 风速的有效防护比最小为 72.2%，最大值最小值之差为 2.2%。当防风效能为 50% 时，16m/s 风速的有效防护比最大为 66.9%，12m/s 风速的有效防护比最小为 64.0%，最大值最小值之差为 2.9%。当防风效能在 60% 以上，8m/s 风速的有效防护比最大为 62.6%，12m/s 风速的有效防护比最小为 59.9%，最大值最小值之差为 2.7%。当防风效能在 70% 以上，8m/s 风速的有效防护比最大为 57.4%，12m/s 风速的有效防护比最小为 44.8%，最大值最小值之差为 12.6%，可见林网的有效防护面积随着防风效能的增加显著减少。当防风效能在 80% 以上，8m/s 和 16m/s 风速的有效防护比相同，均为 22.6%，12m/s 风速的有效防护比最小为 22.3%，最大值最小值之差为 0.3%。当防风效能在 90% 以上，12m/s 风速的有效防护比最大为

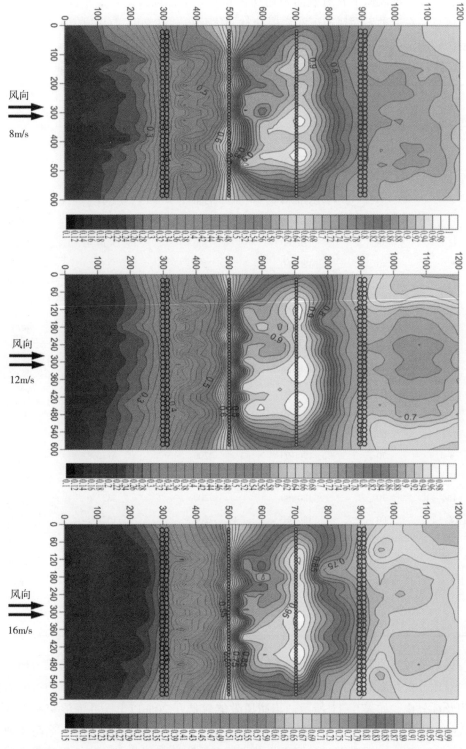

图 9-14（彩版） 不同风速下乔灌混交林网优化模型（$D=10H$）防风效能分布

12.0%，8m/s 和 16m/s 风速的有效防护比最小为 8.3%，最大值最小值之差为 3.7%。综上所述，该配置类型的防护林网对 20%～60% 的防风效能具有较好的防护效果，且在三种风速下其有效防护比均在 60% 以上，最大值与最小值之差不显著。由此可见，在三种不同风速下乔灌混交林网优化模式在 20%～60% 的防风效能下能够发挥较稳定的防护效应，受风速影响较小。

表 9-10　不同风速下乔灌混交林网优化模型（$D=10H$）有效防护面积

风速 （m/s）	防风效能 （%）	林网规格 （cm）	林网面积 （cm²）	有效防护面积 （cm²）	有效防护比 （%）
8	20	120×60	7200	6984.0	97.0
12	20	120×60	7200	6789.6	94.3
16	20	120×60	7200	6991.2	97.1
8	30	120×60	7200	5767.2	80.1
12	30	120×60	7200	5731.2	79.6
16	30	120×60	7200	5810.4	80.7
8	40	120×60	7200	5335.2	74.1
12	40	120×60	7200	5198.4	72.2
16	40	120×60	7200	5356.8	74.4
8	50	120×60	7200	4795.2	66.6
12	50	120×60	7200	4608.0	64.0
16	50	120×60	7200	4816.8	66.9
8	60	120×60	7200	4507.2	62.6
12	60	120×60	7200	4312.8	59.9
16	60	120×60	7200	4327.2	60.1
8	70	120×60	7200	4132.8	57.4
12	70	120×60	7200	3225.6	44.8
16	70	120×60	7200	3837.6	53.3
8	80	120×60	7200	1627.2	22.6
12	80	120×60	7200	1605.6	22.3
16	80	120×60	7200	1627.2	22.6
8	90	120×60	7200	597.6	8.3
12	90	120×60	7200	864.0	12.0
16	90	120×60	7200	597.6	8.3

选取最大风速即 16m/s 风速下具有相同植被盖度的两种防护林网模式为研究对象，对比分析乔灌混交林网和乔灌混交林网优化模式在相同防风效能下的有效防护面积及百分比，如表 9-11 所示。当防风效能较低在 20% 以上，乔灌混交林网优化模式的有效防护面积及百分比较乔灌混交林林网大 165.6cm²（2.3%）。当防风效能较低在 30% 以上，乔灌混交林网优化模式的有效防护面积及有效防护比较乔灌混交林林网大 64.8cm²（0.9%）。当防风效能较低在 40% 以上时，乔灌混交林林网的有效防护面积及有效防护比较乔灌混交林网优化模式大 43.2cm²（0.6%）。当防风效能在 50% 以上，乔灌混交林林网的有效防护面积及有效防护比较乔灌混交林网优化

模式大 208.8cm²（2.9%）。当防风效能在 60% 以上，乔灌混交林网优化模式的有效防护面积及有效防护比较乔灌混交林林网大 50.4cm²（0.7%）。综合以上分析可知，两种配置类型的防护林网在 20%~60% 的防风效能之间有效防护面积及有效防护比相差不大且有效防护比均在 60% 以上。当防风效能达到 70% 以上时，乔灌混交林网优化模式的有效防护面积较乔灌混交林林网大 2361.6cm²，有效防护比大 32.8%，有效防护面积及百分比将近达到乔灌混交林网的 2.5 倍。可见，乔灌混交林网优化模式对 70% 以上高防风效能的防护作用要远远大于乔灌混交林林网。当防风效能在 80% 以上时，乔灌混交林网优化模式的有效防护面积及有效防护比为 1627.2cm²（22.6%），当防风效能更高在 90% 以上时，乔灌混交林网优化模式的有效防护面积及有效防护比为 597.6cm²（8.3%），乔灌混交林网的防护效应均达不到此两种防风效能，故在表中没有标注。

表 9-11　两种配置类型防护林网在 16m/s 风速下的有效防护面积及百分比

防护林类型	防风效能 （%）	林网规格 （cm）	林网面积 （cm²）	有效防护面积 （cm²）	有效防护比 （%）
1	20	120×60	7200	6703.2	93.1
2	20	120×60	7200	6991.2	97.1
1	30	120×60	7200	5745.6	79.8
2	30	120×60	7200	5810.4	80.7
1	40	120×60	7200	5400.0	75.0
2	40	120×60	7200	5356.8	74.4
1	50	120×60	7200	5025.6	69.8
2	50	120×60	7200	4816.8	66.9
1	60	120×60	7200	4276.8	59.4
2	60	120×60	7200	4327.2	60.1
1	70	120×60	7200	1476.0	20.5
2	70	120×60	7200	3837.6	53.3
1	80	120×60	7200	—	—
2	80	120×60	7200	1627.2	22.6
1	90	120×60	7200	—	—
2	90	120×60	7200	597.6	8.3

注：防护林类型 1 为林带间距为 10H 的乔灌混交林网；防护林类型 2 为林带间距为 10H 的乔灌混交林网优化模式。

9.3.5　乔灌混交林网优化模型风速加速率分布

由图 9-15 可知，在三种不同风速下乔灌混交林网优化模型（D=10H）林网内及林网前后的加速率等值线图整体分布趋于相同，但风速加速率在林网前、林网内及林网后各具体位置的变化存在一定差异。三种风速下，风速加速率的范围均在 0~0.95 之间，根据风速加速率的分布规律可分以下四个区域，即林网前的加速率减弱

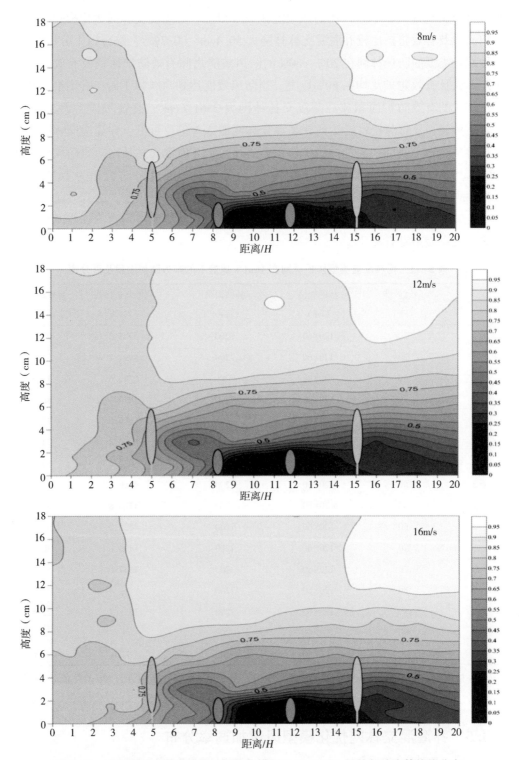

图 9-15 不同风速下乔灌混交林网优化模型（$D = 10H$）风速加速率等值线分布

区、林带上侧偏下风向的加速率增强区、林网内的加速率减弱区及林网后的加速率减弱区。在林网前的加速率减弱区，林网前 $3H$ 范围内的风速加速率在 0.7~0.75 之间，林带上侧偏下风向的加速率在0.8以上。林网内的风速加速率范围为0~0.7，且最低加速率出现在灌木林带内及林带后的范围，加速率的范围随着风速的变化发生一定的变化。不同风速下林网后的风速加速率变化相似，均表现为减弱趋势，林带后加速率等值线为0.3所形成的面积随着风速的增加显著减小。可见，林带后较小加速率受风速的影响相对较大。

9.4 树高对纯林林网防风效果的影响

9.4.1 树高增加对纯林林网模型内及前后风速流场的影响

研究所采用的林带配置模式与9.1相同，树木模型株行距保持不变，将林带高度增加至8cm，林带疏透度为0.31，林带间距（D）为10H（$H=6$cm）。不同风速下8cm高纯林林网的风速流场分布如图9-16所示。由图可知，第一条林带前的风速等值线变化与8cm高单林带防护林模型的变化相似，林网前风速等值线基本上平行于林带走向，但越靠近林带其等值线越发生明显的弯曲，甚至有小面积的风影区形成。林网内的风速分布情况为，当风速为8m/s，第一条林带后12cm范围内形成了显著的风影区，这主要是由于林带对风速的削弱而在林带后产生涡旋气流造成的。在第一条林带后12~48cm之间，风速等值线呈波浪状分布且均匀递减。第二条林带前12cm及林带后12cm有明显的风影区形成，林网12cm后形成大面积的风速减弱区。当风速为12m/s，林网前、林网内及林网后的风速流场整体分布情况与风速为8m/s的情况比较接近但略有不同。主要表现为第一条林带后风影区的范围扩大至15cm，在第一条林带后12~36cm之间，风速等值线呈波浪状分布且均匀递减。第二条林带前24cm及林带后12cm有明显的风影区形成，可见第二条林带前的风影区扩大了12cm的范围，在林网12cm后仍有大面积的风速减弱区形成。当风速为16m/s，第一条林带后风影区的范围扩大至18cm，在第一条林带后18~36cm之间，风速等值线呈波浪状分布且均匀递减。第二条林带前24cm及林带后12cm有明显的风影区形成，该变化与风速为12m/s时相似，在林网12cm后同样有大面积的风速减弱区形成。

9.4.2 树高增加的纯林林网模型风速统计分析及频数分布特征

如表9-12所示，当风速为8m/s时林网前的风速最大值为5.02m/s、风速最小值为3.77m/s，风速最大值和最小值相差1.25m/s；林网内的风速最大值为4.5m/s、风速最小值为1.30m/s，风速最大值和最小值相差3.20m/s；林网后的风速最大值为2.21m/s、风速最小值为1.15m/s，风速最大值和最小值相差1.06m/s。由林网前至林网后风速平均值逐渐减小，林网内的风速变异系数达到最大为25.5%。当风速为12m/s时林网前的风速最大值为7.83m/s、风速最小值为6.29m/s，风速最大值和最小值相差1.54m/s；林网内的风速最大值为7.25m/s、风速最小值为2.56m/s，风速最大值和最小值相差4.69m/s；林网后的风速最大值为3.68m/s、风速最小值

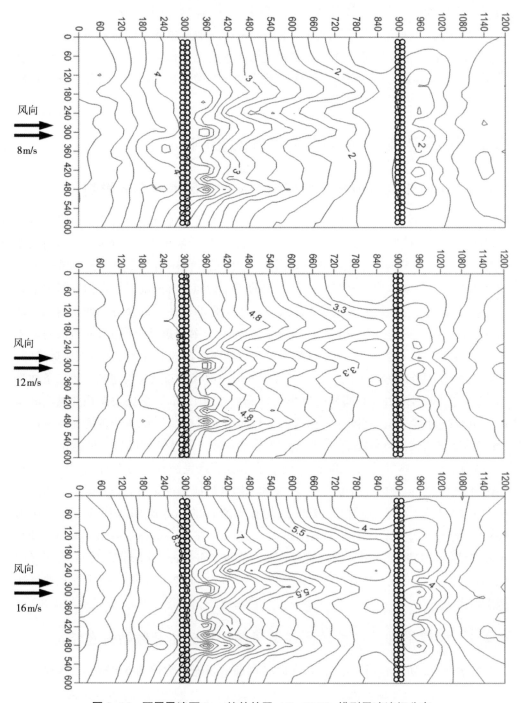

图 9-16　不同风速下 8cm 纯林林网 ($D=10H$) 模型风速流场分布

为 1.85m/s，风速最大值和最小值相差 1.83m/s。由林网前至林网后风速平均值逐渐减小，林网内的风速变异系数最大为 22.9%。当风速为 16m/s 时林网前的风速最大值为 10.47m/s、风速最小值为 8.33m/s，风速最大值和最小值相差 2.14m/s；林网内的风速最大值为 9.47m/s、风速最小值为 3.65m/s，风速最大值和最小值相差 5.82m/s；林网后的风速最大值为 5.16m/s、风速最小值为 2.65m/s，风速最大值和最小值相差 2.51m/s。由林网前至林网后风速平均值逐渐减小，林网内的风速变异系数最大为 21.7%。可见，随着风速的增加，林网前后及林网内的风速最大值与最小值差值均表现为逐渐增大，且变异系数大小为 8m/s>12m/s>16m/s。

表 9-12 不同风速下 8cm 纯林林网（$D=10H$）模型林网内及林网前后风速分布统计参数

风速 （m/s）	林带 位置	样本数	最大值 （m/s）	最小值 （m/s）	平均值±标准误	标准差	峰态	偏度	变异系数 （%）
8	林网前	75	5.02	3.77	4.47± 0.04	0.33	-0.961	-0.336	7.4
	林网内	135	4.50	1.30	2.55± 0.06	0.65	0.023	0.647	25.5
	林网后	75	2.21	1.15	1.50± 0.03	0.28	0.041	0.946	18.7
12	林网前	75	7.83	6.29	7.13± 0.05	0.47	-1.492	-0.245	6.6
	林网内	135	7.25	2.56	4.19± 0.08	0.96	0.246	0.705	22.9
	林网后	75	3.68	1.85	2.46± 0.06	0.49	-0.026	0.927	19.9
16	林网前	75	10.47	8.33	9.44± 0.07	0.59	-1.285	-0.121	6.3
	林网内	135	9.47	3.65	5.76± 0.11	1.25	-0.090	0.666	21.7
	林网后	75	5.16	2.65	3.48± 0.07	0.64	-0.023	0.957	18.4

不同风速下 8cm 纯林林网（$D=10H$）模型林网前、林网内及林网后的风速频数直方图如图 9-17 所示。不同风速下，林网前、林网内及林网后的风速分布皆符合正态分布。当风速为 8m/s 时，林网前的风速频数分布为左偏态，峰态类型为低阔峰；林网内的风速频数分布为右偏态，峰态类型为高狭峰；林网后的风速频数分布为右偏态，峰态类型为高狭峰。当风速为 12m/s 时，林网前的风速频数分布为左偏态，峰态类型为低阔峰；林网内的风速频数分布为右偏态，峰态类型为高狭峰；林网后的风速频数分布为右偏态，峰态类型为低阔峰。当风速为 16m/s 时，林网前的风速频数分布为左偏态，峰态类型为低阔峰；林网内的风速频数分布为右偏态，峰态类型为低阔峰；林网后的风速频数分布为右偏态，峰态类型为低阔峰。其中，最显著的变化为随着风速的增加，林网内及林网后的峰态类型由高狭峰变为低阔峰。

9.4.3　树高增加的纯林林网模型风速变异函数

通过对 8cm 纯林林网（$D=10H$）模型的风速空间变异程度分析得出林网前后及林网内的风速半方差变异函数模型参数如表 9-13。由表可知在三种不同风速下，林网前后及林网内的风速半方差函数模型均能较好地拟合为高斯模型的变异函数。在不同风速下林网前的风速半方差函数的块金值（C_0）均小于 0.001，由随机部分引起的空间异质性非常小。林网前基台值（C_0+C）范围为 0.176~0.647，变化为随着风速的增加逐渐增加。变程（A_0）的范围为 184.2~201.4，变化为随着风速增加呈增大趋势，空间连续性为 16m/s>8m/s>12m/s，其中风速为 8m/s 和 12m/s 的空间连续非常接近。区域化变量 [$C_0/(C_0+C)$] 的空间相关度均小于 25%，系统具有强烈的空间相关性。不同风速下林网内的块金值（C_0）均小于 0.219，林网内基台值（C_0+C）范围为 0.289~1.233，变化为随着风速的增加逐渐增加。变程（A_0）的范

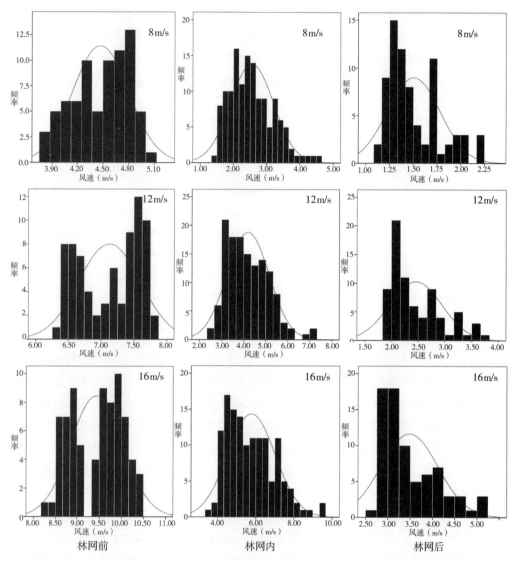

图 9-17　不同风速下 8cm 纯林林网（$D=10H$）模型林网及林网前后风速频数分布特征

围为 187.5~244.6，变化为随着风速增加先减小再增加，空间连续性为 16m/s>8m/s>12m/s。区域化变量［$C_0/(C_0+C)$］的空间相关度均小于 25%，系统具有强烈的空间相关性。不同风速下林网后的块金值（C_0）小于 0.128，林网后基台值（C_0+C）范围为 0.119~0.755，变化为随着风速的增加先增加再减小。变程（A_0）的范围为 178.2~255.6，变化为随着风速增加呈增加趋势，空间连续性为 12m/s>16m/s>8m/s。区域化变量［$C_0/(C_0+C)$］的空间相关度均小于 25%，系统具有强烈的空间相关性。

表 9-13　不同风速下 8cm 纯林林网（$D=10H$）模型林网及林网前后风速半方差函数模型参数

风速 （m/s）	林网 位置	拟合模型	块金值 （C_0）	基台值 （C_0+C）	变程 （m）	［$C_0/（C_0+C）$］ （%）	决定系数 R^2	残差
8	林网前	高斯模型	0.001	0.176	184.9	0.6	0.86	2.13E-03
	林网内	高斯模型	0.047	0.289	217.9	16.3	0.84	3.51E-03
	林网后	高斯模型	0.011	0.119	178.2	9.2	0.86	8.88E-04
12	林网前	高斯模型	0.001	0.376	184.2	0.3	0.85	0.0115
	林网内	高斯模型	0.128	0.755	255.6	17.0	0.84	0.0160
	林网后	高斯模型	0.031	0.377	187.5	8.2	0.86	8.36E-03
16	林网前	高斯模型	0.001	0.647	201.4	0.2	0.87	0.0254
	林网内	高斯模型	0.219	1.233	244.6	17.8	0.83	0.0498
	林网后	高斯模型	0.056	0.637	182.0	8.8	0.86	0.0241

　　如图 9-18 所示，不同风速下，林网前、林网内及林网后基台值的变化规律均为先增大再减小。当风速为 8m/s 时，基台值由林网前的 0.176 增加至林网内的 0.289，再减小至林网后的 0.119。其中林网内的风速半方差函数基台值最大，变程

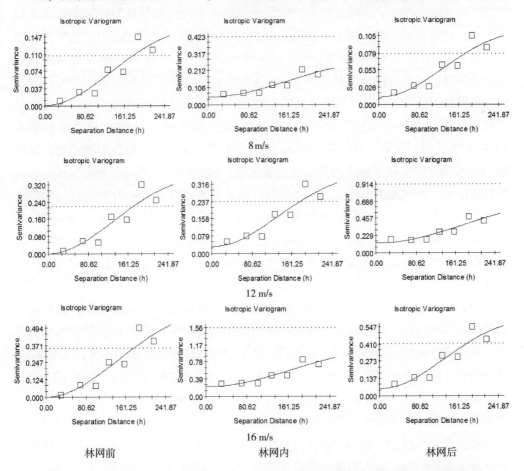

图 9-18　不同风速下 8cm 纯林林网（$D=10H$）模型林网及林网前后风速半方差函数

由林网前至林网后的变化规律为先增加再减小。当风速为 12m/s 时，基台值由林网前的 0.376 增加至林网内的 0.755，再减小至林网后的 0.377。其中林网内的风速半方差函数基台值最大，变程由林网前至林网后的变化规律为逐渐增加即达到稳定基台值的距离增加。当风速为 16m/s 时，基台值由林网前的 0.647 增加至林网内的 1.233，再减小至林网后的 0.637。其中林网内的风速半方差函数基台值最大，对应的变程也最大，变程由林网前至林网后的变化规律为先增加再减小。

9.4.4 树高增加的纯林林网模型防风效能分析

8cm 纯林林网（$D=10H$）模型的防风效能如图 9-19（彩版）所示，不同风速下该配置的防护林模式其防风效能范围均在 10%～85% 之间，随着风速的增加，最低防护效能由 15% 减小至 10%，最高防护效能由 8m/s 时的 79% 增加至 12m/s 时的 85% 和 16m/s 时的 80%，变化不显著。可见，防风效能总体趋势的变化是随着风速的增加而逐渐减小的。不同风速下由林网前至林网内再到林网后，防风效能整体的变化规律为林网前防风效能较低，林网内防风效能显著增加，在第一条林带 18cm 后防风效能显著增加，林网后出现面积不等的高防风效能区域。具体变化由图 9-19 可知，在 8m/s 风速下林网前的防风效能等值线分布较为均匀且与林带走向基本趋于平行，林网前的防风效能小于 35%。林网内的防风效能在 35%～71% 之间，在第一条林带后 48cm 范围内防风效能等值线呈波浪状增加，并在 48～60cm 的区间形成了闭合的高防风效能区域。林网后 12cm 范围内和该范围外分别形成了两部分面积较大的高防风效能区。当风速为 12m/s，林网前的防风效能等值线分布较为均匀且与林带走向基本趋于平行，林网前的防风效能小于 33%；林网内的防风效能在 33%～69% 之间，在第一条林带后 36cm 范围内防风效能等值线呈波浪状增加，并在 36～60cm 的区间形成了闭合的高防风效能区域；林网后形成了两部分面积较大的高防风效能区。当风速为 16m/s，林网前的防风效能等值线分布较为均匀且与林带走向基本趋于平行，林网前的防风效能小于 32%；林网内的防风效能在 33%～66% 之间，在第一条林带后 36cm 范围内防风效能等值线呈波浪状增加，并在 36～60cm 的区间形成了闭合的高防风效能区域；林网后同样形成了两部分面积较大的高防风效能区。

如表 9-14 所示，当风速不同时林网在同一防风效能下，其有效防护面积及有效防护比各不相同，整体表现为随着风速的增加有效防护面积及有效防护比相应减小。当防风效能较低在 20% 以上，不同风速下的有效防护面积相差不大，其中 8m/s 风速的有效防护比最大为 98.2%，12m/s 和 16m/s 风速的有效防护比相同为 97.3%，最大值最小值之差为 0.9%。当防风效能在 30% 以上，8m/s 风速的有效防护比最大为 85.5%，16m/s 风速的有效防护比最小为 83.1%，最大值最小值之差为 2.4%。当防风效能在 40% 以上，8m/s 风速的有效防护比最大为 71.0%，16m/s 风速的有效防护比最小为 67.7%，最大值最小值之差为 3.3%。当防风效能在 50% 以上，8m/s 风速的有效防护比最大为 62.7%，16m/s 风速的有效防护比最小为 57.8%，最大值最

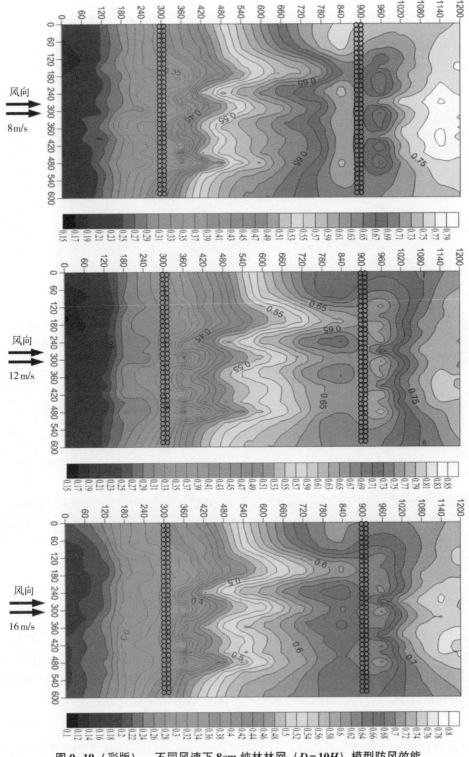

图 9-19（彩版）　不同风速下 **8cm** 纯林林网（$D = 10H$）模型防风效能

小值之差为 4.9%。当防风效能在 60% 以上时，8m/s 风速的有效防护比最大为 50.3%，16m/s 风速的有效防护比最小为 42.9%，最大值最小值之差为 7.4%。当防风效能达到70%以上时，8m/s风速的有效防护比最大为28.3%，16m/s风速的有效防护比最小为13.4%，最大值最小值之差为14.9%，林网的有效防护面积显著减少，由2037.6cm²减少至964.8cm²。综上所述，该配置类型的防护林网对防风效能在20%~50%区间具有较好的防护效益，有效防护比达到58%以上且在三种风速下其有效防护面积及有效防护比的差值均不大。

表9-14　不同风速下8cm纯林林网（$D=10H$）模型有效防护面积

风速 （m/s）	防风效能 （%）	林网规格 （cm）	林网面积 （cm²）	有效防护面积 （cm²）	有效防护比 （%）
8	20	120×60	7200	7070.4	98.2
12	20	120×60	7200	7005.6	97.3
16	20	120×60	7200	7005.6	97.3
8	30	120×60	7200	6156.0	85.5
12	30	120×60	7200	6040.8	83.9
16	30	120×60	7200	5983.2	83.1
8	40	120×60	7200	5112.0	71.0
12	40	120×60	7200	4996.8	69.4
16	40	120×60	7200	4874.4	67.7
8	50	120×60	7200	4514.4	62.7
12	50	120×60	7200	4334.4	60.2
16	50	120×60	7200	4161.6	57.8
8	60	120×60	7200	3621.6	50.3
12	60	120×60	7200	3312.0	46.0
16	60	120×60	7200	3088.8	42.9
8	70	120×60	7200	2037.6	28.3
12	70	120×60	7200	1346.4	18.7
16	70	120×60	7200	964.8	13.4

9.4.5　树高增加的纯林林网模型风速加速率分布

由图9-20可知，在三种不同风速下8cm纯林林网（$D=10H$）模型林网内及林网前后的风速加速率等值线图整体分布趋于相近，但在林网前、林网内及林网后各具体位置其变化存在一定差异。三种风速下，随着风速的增加，最小风速加速率由0.2增加至0.25，最大风速加速率均为1。该林网的风速加速率可分为以下四个区域，林网前的加速率减弱区、林带上侧偏下风向的加速率增强区、林网内的加速率减弱区及林网后的加速率减弱区。当风速为8m/s时，林网前3H范围内的风速加速率在0.55~0.75之间，树高范围以下林网内及林网后的加速率均在0.2~0.5之间，林带上侧偏下风向的加速率在0.7以上；当风速为12m/s时，林网前3H范围内的风速加速率在0.6~0.75之间，树高范围以下林网内及林网后的加速率均在0.2~

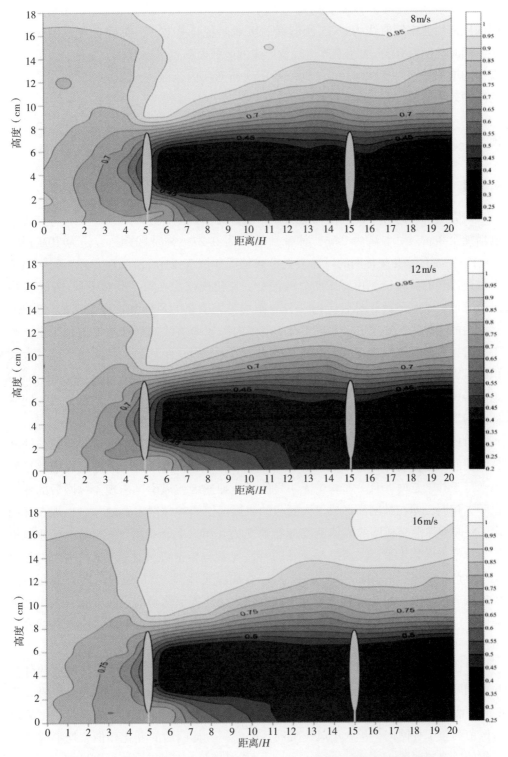

图 9-20 不同风速下 8cm 纯林林网（*D*=10*H*）模型风速加速率等值线分布

0.55 之间，林带上侧偏下风向的加速率在 0.7 以上；当风速为 16m/s 时，林网前
3*H* 范围内的风速加速率在 0.6~0.75 之间，树高范围以下林网内及林网后的加速率

均在 0.2~0.55 之间，林带上侧偏下风向的加速率在 0.7 以上。随着风速增加，林网内风速加速率等值线为 0.35 所形成的区域面积显著减少，即降低风速的区域减小，同时林网后 0.35 加速率等值线所形成的区域面积也呈显著减少变化，可见随着风速的增加林网内及林网后低加速率等值线所形成的范围逐渐减小，林网在空间上的防护效果减弱。

9.5 树高对乔灌混交林网防风效果的影响

9.5.1 树高增加对乔灌混交林网模型内及前后风速流场的影响

研究所采用的林带配置模式与 9.2 相同，树木模型株行距保持不变，将林带高度增加至 8cm，灌木高为 2cm，林带疏透度为 0.27，林带间距（D）为 $10H$（$H=$6cm）。8cm 乔灌混交林网的风速流场分布情况如图 9-21 所示，在三种不同的风速下风速流场的分布情况相对无明显的差异。变化规律为在第一条林带前 $3H$ 范围内风速等值线基本平行于林带走向，且分布均匀无明显的风速加速区或风影区出现。林网内的变化为，在第一条林带后 $1H$ 范围内风速等值线同样基本上与林带走向趋于平行，风速等值线发生一定程度的弯曲。在林带 $1H$ 距离后，林网内形成了大面积的风影区，同时伴有不规则分布的面积较小的风影区出现。可见，在林网内 $1H$ 距离后风速就开始了明显的减弱，涡旋气流导致面积不等的风速减弱区形成。同时林网后均产生了大面积的风影区，且在不同风速下分布情况相近。

对比 8cm 纯林林网的风速流场分布情况（图 9-16），林网前的变化规律与纯林林网前的风速流场分布基本相同，在第一条林带前 $3H$ 范围内风速等值线能够较好地平行于林带走向，且分布均匀无明显的风速加速区或风影区出现。林网后的变化也基本相同，即在林网后形成了大面积的风影区。两种林网主要的差异出现在林网内，8cm 乔灌混交林网的风速流场分布情况为在第一条林带后 $1H$ 范围内风速等值线与林带走向趋于平行，风速逐渐减弱，该现象与 8cm 纯林林网 $2H$ 范围内由于涡旋气流产生的风影区有显著的差别。8cm 乔灌混交林网内 $1H$ 距离后即有大面积的风速减弱区形成，而 8cm 纯林林网内的变化为风速等值线呈波浪状分布，风速逐渐减弱。可见，乔灌混交林网模式可以进一步提高林网对风速的削弱，改变林网内的风速分布情况，可以在林网内形成较大面积的风影区。

对比 6cm 乔灌混交林网的风速流场分布（图 9-6），风速流场在林带前的分布几乎相同，主要的差异表现在林网内，即 8cm 乔灌混交林网内风影区面积要大于6cm 乔灌混交林网。这主要是由于高度对风速有显著的削弱作用，使林带产生的风影区前移至了林网内，扩大了风速减弱区的面积。林网后的变化相似，均形成了大面积的风速减弱区。

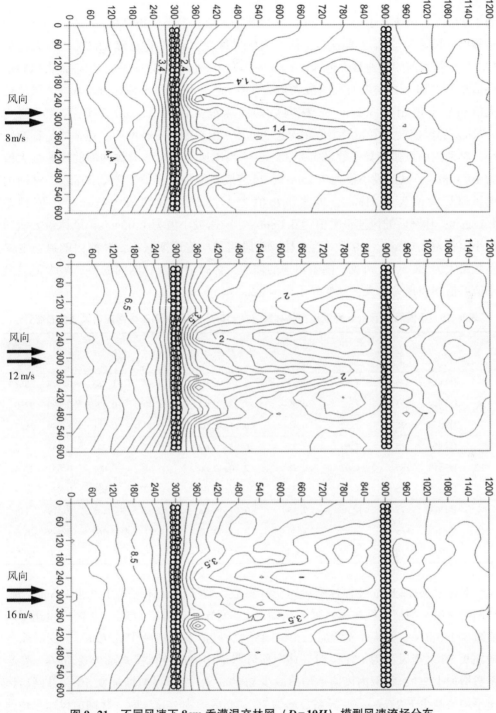

图9-21　不同风速下8cm乔灌混交林网（$D=10H$）模型风速流场分布

9.5.2　树高增加的乔灌混交林网模型风速统计分析及频数分布特征

如表9-15所示，当风速为8m/s时林网前的风速最大值为4.82m/s、风速最小值为3.57m/s，风速最大值和最小值相差1.25m/s；林网内的风速最大值为2.33m/s、风速最小值为 0.49m/s，风速最大值和最小值相差 1.84m/s；林网后的风速最大值为 1.32m/s、风速最小值为 0.46m/s，风速最大值和最小值相差 0.86m/s。由林网前至林网后风速平均值逐渐减小，林网内的风速变异系数最大为 32.0%。当风速为 12m/s 时林网前的风速最大值为 7.69m/s、风速最小值为 5.78m/s，风速最大值和最小值相差 1.91；林网内的风速最大值为 4.02m/s、风速最小值为 0.78m/s，风速最大值和最小值相差 3.24m/s；林网后的风速最大值为 2.11m/s、风速最小值为 0.72m/s，风速最大值和最小值相差 1.39m/s。由林网前至林网后风速平均值逐渐减小，林网内的风速变异系数最大为 32.4%。当风速为 16m/s 时林网前的风速最大值为 10.12m/s、风速最小值为 7.75m/s，风速最大值和最小值相差 2.37m/s；林网内的风速最大值 5.41m/s、风速最小值为 1.23m/s，风速最大值和最小值相差 4.18m/s；林网后的风速最大值为 3.08m/s、风速最小值为 1.06m/s，风速最大值和最小值相差 2.02m/s。由林网前至林网后风速平均值逐渐减小，林网内的风速变异系数最大为 28.5%。可见，随着风速的增加，林网前后及林网内的风速最大值与最小值差值均表现为增大，且变异系数为 12m/s>8m/s>16m/s。

表 9-15　不同风速下 8cm 乔灌混交林林网（$D=10H$）模型林网及林网前后风速分布统计

风速（m/s）	林带位置	样本数	最大值（m/s）	最小值（m/s）	平均值±标准误	标准差	峰态	偏度	变异系数（%）
8	林网前	75	4.82	3.57	4.26±0.04	0.37	-1.263	-0.174	8.7
	林网内	135	2.33	0.49	1.25±0.03	0.40	-0.279	0.529	32.0
	林网后	75	1.32	0.46	0.71±0.02	0.20	0.386	1.049	28.2
12	林网前	75	7.69	5.78	6.83±0.07	0.57	-1.241	-0.258	8.3
	林网内	135	4.02	0.78	2.10±0.06	0.68	-0.008	0.652	32.4
	林网后	75	2.11	0.72	1.19±0.04	0.32	0.038	0.870	26.9
16	林网前	75	10.12	7.75	9.04±0.08	0.68	-1.145	-0.419	7.5
	林网内	135	5.41	1.23	2.84±0.08	0.81	-0.361	0.498	28.5
	林网后	75	3.08	1.06	1.72±0.05	0.46	0.355	1.020	26.7

对比表 9-12 8cm 纯林林网风速统计参数，乔灌混交林模式在风速为 8m/s 时，林网前风速平均值比纯林模式减少 0.21m/s，变异系数增加 1.3%；林网内风速平均值减少 1.3m/s，变异系数增加 6.5%；林网后风速平均值减少 0.79m/s，变异系数增加 9.5%。当风速为 12m/s 时，林网前风速平均值比纯林模式减少 0.3m/s，变异系数增加 1.7%；林网内风速平均值减少 2.09m/s，变异系数增加 9.5%；林网后风速平均值减少 1.27m/s，变异系数增加 7%。当风速为 16m/s 时，林网前风速平均值比纯林模式减少 0.4m/s，变异系数增加 1.2%；林网内风速平均值减少 2.92m/s，变异系数增加 6.8%；林网后风速平均值减少 1.76m/s，变异系数增加 8.3%。随着风速的增加，林网内风速平均值减少的差值逐渐增大。相同风速下，林网前至林网后变异系数增大值趋于增加。

不同风速下 8cm 乔灌混交林网（$D=10H$）模型林网前、林网内及林网后的风速

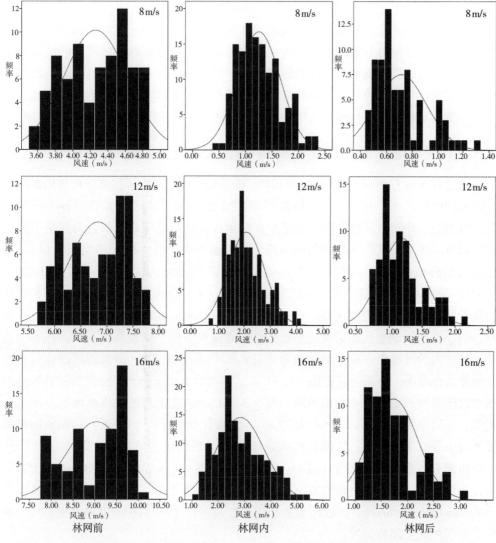

图9-22　不同风速下8cm乔灌混交林网（$D=10H$）模型林网内及林网前后风速频数分布

频数直方图如图9-22所示。不同风速下林网前、林网内及林网后的风速分布皆符合正态分布，当风速为8m/s时，林网前的风速频数分布为左偏态，峰态类型为低阔峰；林网内的风速频数分布为右偏态，峰态类型为低阔峰；林网后的风速频数分布为右偏态，峰态类型为高狭峰。当风速为12m/s时，林网前的风速频数分布为左偏态，峰态类型为低阔峰；林网内的风速频数分布为右偏态，峰态类型为正态分布峰；林网后的风速频数分布为右偏态，峰态类型为高狭峰。当风速为16m/s时，林网前的风速频数分布为左偏态，峰态类型为低阔峰；林网内的风速频数分布为右偏态，峰态类型为低阔峰；林网后的风速频数分布为右偏态，峰态类型为高狭峰。其中，最显著的变化为随着风速的增加，林网内的峰态类型由低阔峰变为正态分布峰再变为低阔峰。林网前及林网后的峰态及偏度均相同。

　　对比8cm纯林林网前、林网内及林网后的风速频数直方图（图9-17），8cm乔灌混交林网前的偏度及峰度变化与纯林林网前相同。其林网内及林网后的偏度及峰度发生了一定的变化，具体变化如下：当风速为 8m/s 时，林网内的风速频数分布由右偏态的高狭峰变为右偏态的低阔峰，林网后无变化；当风速为 12m/s 时，林网内的风速频数分布由右偏态的高狭峰变为右偏态的正态分布峰，林网后的风速频数分布由右偏态的低阔峰变为右偏态的高狭峰；当风速为 16m/s 时，林网内的风速频数分布无变化，林网后的风速频数分布由右偏态的低阔峰变为右偏态的高狭峰。可见，乔灌混交林模式其林网后的风速分布较纯林模式变异较大，削弱风速较为明显。

9.5.3　树高增加的乔灌混交林网模型风速变异函数

通过对 8cm 乔灌混交林网（$D=10H$）模型的风速空间变异程度分析得出林网前后及林网内的风速半方差变异函数模型参数如表 9-16。由表可知在三种不同风速下，林网前、林网内及林网后的风速半方差函数模型均能较好地拟合为高斯模型的变异函数。在不同风速下林网前的风速半方差函数块金值（C_0）均小于 0.001，即由随机部分引起的空间异质性非常小。林网前基台值（C_0+C）范围为 0.227 ~ 0.821，变化为随着风速的增加逐渐增加。变程（A_0）的范围为 192.3 ~ 207.8，变化为随着风速增加呈增加的趋势，空间连续性为 12m/s>16m/s>8m/s。区域化变量 [$C_0/(C_0+C)$] 的空间相关度均小于 25%，系统具有强烈的空间相关性。在不同风速下林网内的风速半方差函数的块金值（C_0）均小于 0.228，即由随机部分引起的空间异质性较小。林网内基台值（C_0+C）范围为 0.113 ~ 0.606，变化为随着风速的增加逐渐增加。变程（A_0）的范围为 105.3 ~ 113.3，变化为随着风速增加呈增加的趋势，空间连续性为 8m/s>16m/s>12m/s。区域化变量 [$C_0/(C_0+C)$] 的空间相关度均为中等空间相关性。林网后的风速半方差函数的块金值（C_0）均小于 0.035，由随机部分引起的空间异质性较小。林网后基台值（C_0+C）范围为 0.052 ~ 0.276，变化为随着风速的增加逐渐增加。变程（A_0）的范围为 137.2 ~ 147.3，空间连续性为 8m/s>12m/s>16m/s。区域化变量 [$C_0/(C_0+C)$] 的空间相关度均小于 25%，系统具有强烈的空间相关性。

表 9-16　不同风速下 8cm 乔灌混交林网（$D=10H$）模型林网及林网前后风速半方差函数模型

风速（m/s）	林网位置	拟合模型	块金值（C_0）	基台值（C_0+C）	变程（m）	[$C_0/(C_0+C)$]（%）	决定系数 R^2	残差
	林网前	高斯模型	0.0001	0.227	192.3	0.04	0.86	3.48E-03
8	林网内	高斯模型	0.042	0.113	113.3	37.2	0.98	8.15E-05
	林网后	高斯模型	0.007	0.052	147.3	13.5	0.91	1.21E-04
	林网前	高斯模型	0.001	0.603	207.8	0.2	0.86	0.0232
12	林网内	高斯模型	0.114	0.319	105.3	35.7	0.98	7.23E-04
	林网后	高斯模型	0.019	0.137	139.4	13.9	0.91	9.35E-04
	林网前	高斯模型	0.001	0.821	200.0	0.1	0.86	0.0452
16	林网内	高斯模型	0.228	0.606	107.1	37.6	0.97	3.42E-03
	林网后	高斯模型	0.035	0.276	137.2	12.7	0.93	2.91E-03

如图 9-23 所示，当风速为 8m/s 时，林网前的风速半方差拟合函数围绕基台值
0.227 波动，林网内的风速半方差拟合函数围绕基台值 0.113 波动，林网后的风速
半方差拟合函数围绕基台值 0.052 波动，基台值由林网前至林网后的变化规律为逐
渐减小，林网前的风速半方差函数基台值最大，相应的变程也最大，但由林网前至
林网后变程的变化规律为先减小再增大。当风速为 12m/s 时，林网前的风速半方差
拟合函数围绕基台值 0.603 波动，林网内的风速半方差拟合函数围绕基台值 0.319
波动，林网后的风速半方差拟合函数围绕基台值 0.137 波动，基台值由林网前至林
网后的变化规律为逐渐减小，林网前的风速半方差函数基台值最大，相应的变程也
最大，由林网前至林网后变程的变化规律为先减小再增大。当风速为 16m/s 时，林
网前的风速半方差拟合函数围绕基台值 0.821 波动，林网内的风速半方差拟合函数
围绕基台值 0.606 波动，林网后的风速半方差拟合函数围绕基台值 0.276 波动，基
台值由林网前至林网后的变化规律为逐渐减小，林网前的风速半方差函数基台值最
大，相应的变程也最大，由林网前至林网后变程的变化规律为先减小再增大。可见，
不同风速下基台值由林网前至林网后的变化规律均为逐渐减小，其中林网前的风速

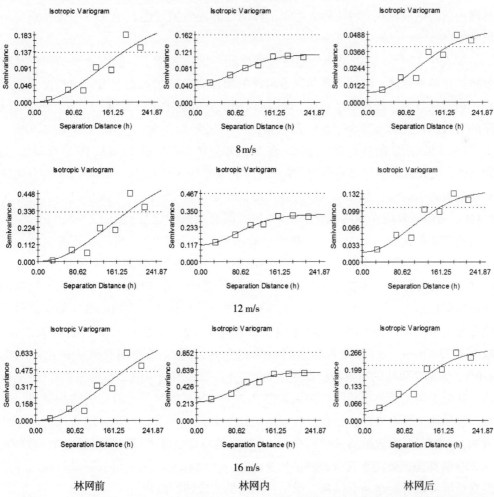

8 m/s

12 m/s

16 m/s

林网前   林网内   林网后

图 9-23 不同风速下 8cm 乔灌混交林林网（$D=10H$）模型林网及前后风速半方差函数曲线

半方差函数基台值最大，变程变化规律为先增大再减小。

9.5.4 树高增加的乔灌混交林网模型防风效能分析

8cm乔灌混交林网（$D=10H$）模型的防风效能如图9-24（彩版）所示，不同风速下该配置的防护林模式其防风效能范围均在15%~95%之间。从林网前至林网内再到林网后，防风效能整体呈增加的趋势。防风效能的大致分布情况为林网前防风效能较低，林网内开始有大面积的高防风效能区域出现，在林网后该高防风效能的区域达到最大。由图9-24可知，在8m/s风速下林网前的防风效能等值线分布较为均匀且在$3H$范围内与林带走向趋于平行，林网前的防风效能小于51%；林网内的防风效能在51%~89%之间，在林带6cm后即出现防风效能在75%以上的大面积防护区域；林网后出现防风效能大于83%的大面积高防风效能区。12m/s风速下防风效能的分布情况与8m/s风速下的分布情况相近，其中林网前的防风效能小于49%，林网内的防风效能在49%~89%之间，林网后出现防风效能大于83%的大面积高防风效能区。16m/s风速下防风效能的分布情况为林网前的防风效能小于47%，林网内的防风效能在47%~89%之间，林网后出现防风效能大于83%的大面积高防风效能区。

如表9-17所示，当风速不同时林网在同一防风效能下，其有效防护面积及有效防护比各不相同，整体表现为随着风速的增加有效防护面积及有效防护比相应减小。当防风效能较低在30%以上，8m/s风速的有效防护比最大为89.7%，16m/s风速的有效防护比最小为86.7%，最大值最小值之差为3.0%。当防风效能在40%以上，8m/s风速的有效防护比最大为79.9%，16m/s风速的有效防护比最小为78.8%，最大值最小值之差为1.1%。当防风效能在50%以上，8m/s风速的有效防护比最大为76.2%，16m/s风速的有效防护比最小为75.1%，最大值最小值之差为1.1%。当防风效能在60%以上，8m/s风速的有效防护比最大为72.9%，16m/s风速的有效防护比最小为71.7%，最大值最小值之差为1.2%。当防风效能在70%以上，8m/s风速的有效防护比最大为67.7%，16m/s风速的有效防护比最小为64.5%，最大值最小值之差为3.2%。当防风效能较高在80%以上时，8m/s风速的有效防护比最大为50.3%，16m/s风速的有效防护比最小，为40.1%，最大值最小值之差为10.2%，林网的有效防护面积显著减少，由3621.6cm^{2}减少至2887.2cm^2，减少了734.4cm^2。当防风效能达到90%以上时，8m/s风速的有效防护比最大为4.6%，16m/s风速的有效防护比最小为0.8%，最大值最小值之差为3.8%。综上所述，该配置类型的防护林网对防风效能在30%~70%区间具有较好的防护效果，且在三种风速下其有效防护面积及有效防护比的差值均不大。可见，随着风速的不断增加，乔灌混交配置的防护林网在30%~70%的防风效能下可以发挥稳定防护效应，在80%的高防风效能下其有效防护比也能达到42%以上。由此可知树高较高的乔灌混交林网可以有效地削弱风速，增加林网内的有效防护面积。

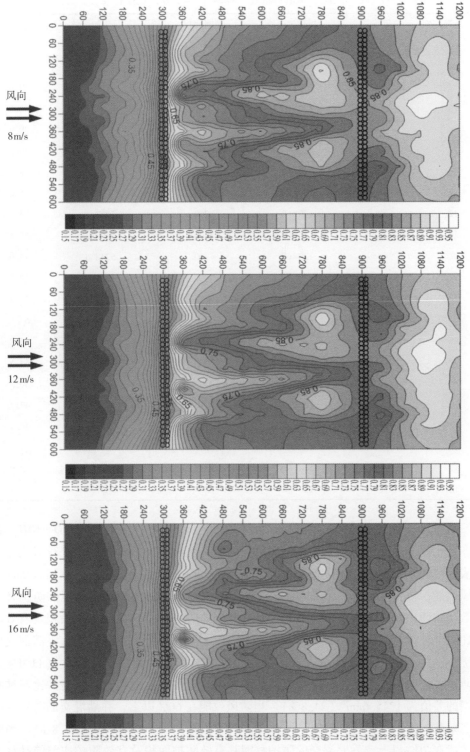

图 9-24（彩版） 不同风速下 8cm 乔灌混交林网（D=10H）模型防风效能分布

表 9-17　不同风速下 **8cm 乔灌混交林网**（$D=10H$）模型有效防护面积

风速 （m/s）	防风效能 （%）	林网规格 （cm）	林网面积 （cm^2）	有效防护面积 （cm^2）	有效防护比 （%）
8	30	120×60	7200	6458.4	89.7
12	30	120×60	7200	6307.2	87.6
16	30	120×60	7200	6242.4	86.7
8	40	120×60	7200	5752.8	79.9
12	40	120×60	7200	5695.2	79.1
16	40	120×60	7200	5673.6	78.8
8	50	120×60	7200	5486.4	76.2
12	50	120×60	7200	5414.4	75.2
16	50	120×60	7200	5407.2	75.1
8	60	120×60	7200	5248.8	72.9
12	60	120×60	7200	5191.2	72.1
16	60	120×60	7200	5162.4	71.7
8	70	120×60	7200	4874.4	67.7
12	70	120×60	7200	4737.6	65.8
16	70	120×60	7200	4644.0	64.5
8	80	120×60	7200	3621.6	50.3
12	80	120×60	7200	3038.4	42.2
16	80	120×60	7200	2887.2	40.1
8	90	120×60	7200	331.2	4.6
12	90	120×60	7200	280.8	3.9
16	90	120×60	7200	57.6	0.8

通过对 8cm 乔木纯林林网（$D=10H$）模型和 8cm 乔灌混交林网（$D=10H$）模型在高风速 16m/s 下，达到相同防风效能时的有效防护面积及百分比进行对比分析如表 9-18 所示。当防风效能较低在 20% 以上，8cm 乔灌混交林网达不到这么低的防风效能，故在表中为 "—"。当防风效能在 30% 以上，两种配置类型的防护林网有效防护面积及百分比之差均不大，乔灌混交的防护林网其有效防护面积及有效防护比与纯林林网的差值为 259.2cm^2（3.6%）。当防风效能在 40% 以上，乔灌混交的防护林网其有效防护面积及有效防护比与纯林林网的差值为 799.2cm^2（11.1%）。当防风效能在 50% 以上，乔灌混交的防护林网其有效防护面积及有效防护比与纯林林网的差值为 1245.6cm^2（24.8%）。当防风效能在 60% 以上，乔灌混交的防护林网其有效防护面积及有效防护比与纯林林网的差值较大为 2073.6cm^2（28.8%）。当防风效能在 70% 以上，乔灌混交的防护林网其有效防护面积及有效防护比与纯林林网的差值最大为 3679.2cm^2（51.1%）。当防风效能在 80% 以上时，乔灌混交的防护林网其有效防护面积及有效防护比为 3038.4cm^2（42.4%），纯林配置的防护林网达不到此防护效能。当防风效能在 90% 以上时，乔灌混交的防护林网其有效防护面积及

有效防护比为 57.6cm^2（0.8%），纯林配置的防护林网达不到此防护效能。综上所述，在较低防风效能（30%~40%）乔灌混交配置的防护林网与纯林林网之间的防护效果差距不大，乔灌混交林网的有效防护面积略高于纯林林网。在较高防风效能（50%以上）乔灌混交配置的防护林网所发挥出的防护效果要明显好于纯林林网，林网内的有效防护面积大于纯林林网模式。由此可见，将较高的林带高度和乔灌混交的林带配置模式相结合可以更好地发挥林网的防护效果，同时可以大幅地增加防护林林网的有效防护面积，减少风蚀造成的灾害。

表 9-18　两种配置类型防护林网在 16m/s 风速下的有效防护面积及百分比

防护林 类型	防风效能 （%）	林网规格 （cm）	林网面积 （cm^2）	有效防护面积 （cm^2）	有效防护比 （%）
1	20	120×60	7200	7005.6	97.3
2	20	120×60	7200	—	—
1	30	120×60	7200	5983.2	83.1
2	30	120×60	7200	6242.4	86.7
1	40	120×60	7200	4874.4	67.7
2	40	120×60	7200	5673.6	78.8
1	50	120×60	7200	4161.6	50.3
2	50	120×60	7200	5407.2	75.1
1	60	120×60	7200	3088.8	42.9
2	60	120×60	7200	5162.4	71.7
1	70	120×60	7200	964.8	13.4
2	70	120×60	7200	4644.0	64.5
1	80	120×60	7200	—	—
2	80	120×60	7200	3038.4	42.2
1	90	120×60	7200	—	—
2	90	120×60	7200	57.6	0.8

注：防护林类型 1 为林带间距为 60cm 的 8cm 纯林林网；防护林类型 2 为林带间距为 60cm 的 8cm 乔灌混交林网。

通过对五种不同配置类型的防护林网模式在 16m/s 高风速下，达到相同防风效能时的有效防护面积及百分比进行对比分析如表 9-19 所示。当防风效能在 50% 以上即削弱一半以上的风速，各林网模式的有效防护面积及有效防护比大小依次为 8cm 乔灌混交林网 5407.2cm^2（75.1%）>6cm 乔灌混交林网 5025.6cm^2（69.8%）> 6cm 乔灌混交优化林网 4816.8cm^2（66.9%）>8cm 纯林林网 4161.6cm^2（50.3%）> 6cm 纯林林网 3038.4cm^2（42.2%），乔灌混交配置的林网模式及乔灌混交优化林网模式发挥了较好的防护效应。其中 8cm 乔灌混交林网的有效防护比比 6cm 乔灌混交林网大 5.3%，比 6cm 乔灌混交优化林网大 8.2%，比 8cm 纯林林网大 24.8%，比 6cm 纯林林网大 32.9%；6cm 乔灌混交林网与 6cm 乔灌混交优化林网有效防护比较为接近，比 8cm 纯林林网大 19.5%，比 6cm 纯林林网大 27.6%；6cm 乔灌混交优化林网比 8cm 纯林林网大 16.6%，比 6cm 纯林林网大 24.7%；8cm 纯林林网比 6cm 纯林林网大 8.1%。综上所述，可以定量化地得出防风效能在 50% 以上不同配置林网间、相同配置不同高度林网及优化后防护林网与各林网模式间有效防护面积及有效防护比的差异。

表 9-19　五种配置类型防护林网在 16m/s 风速下的有效防护面积及百分比

防护林类型	防风效能（%）	林网规格（cm）	林网面积（cm²）	有效防护面积（cm²）	有效防护比（%）
1	50	120×60	7200	3038.4	42.2
2	50	120×60	7200	5025.6	69.8
3	50	120×60	7200	4816.8	66.9
4	50	120×60	7200	4161.6	50.3
5	50	120×60	7200	5407.2	75.1
1	60	120×60	7200	316.8	4.4
2	60	120×60	7200	4276.8	59.4
3	60	120×60	7200	4327.2	60.1
4	60	120×60	7200	3088.8	42.9
5	60	120×60	7200	5162.4	71.7
1	70	120×60	7200	—	—
2	70	120×60	7200	1476.0	20.5
3	70	120×60	7200	3837.6	53.3
4	70	120×60	7200	964.8	13.4
5	70	120×60	7200	4644.0	64.5
1	80	120×60	7200	—	—
2	80	120×60	7200	—	—
3	80	120×60	7200	1627.2	22.6
4	80	120×60	7200	—	—
5	80	120×60	7200	3038.4	42.2
1	90	120×60	7200	—	—
2	90	120×60	7200	—	—
3	90	120×60	7200	597.6	8.3
4	90	120×60	7200	—	—
5	90	120×60	7200	57.6	0.8

注：防护林类型 1 为 6cm 纯林林网（$D=10H$）；防护林类型 2 为 6cm 乔灌混交林网（$D=10H$）；防护林类型 3 为 6cm 乔灌混交优化林网（$D=10H$）；防护林类型 4 为 8cm 纯林林网（$D=10H$）；防护林类型 5 为 8cm 乔灌混交林网（$D=10H$）。

当防风效能在 60% 以上，各林网模式的有效防护面积及百分比大小依次为 8cm 乔灌混交林网 5162.4cm²（71.7%）>6cm 乔灌混交优化林网 4327.2cm²（60.1%）> 6cm 乔灌混交林网 4276.8cm²（59.4%）>8cm 纯林林网 3088.8cm²（42.9%）>6cm

纯林林网 316.8cm² （4.4%）。与防风效能在 50% 以上不同的是，在该防风效能下 6cm 乔灌混交优化林网的有效防护比开始大于 6cm 乔灌混交林网，随着防风效能增加，60%防风效能对应的乔灌混交优化林网的有效防护比开始优于 6cm 乔灌混交林网。

当防风效能在 70% 以上，各林网模式的有效防护面积及百分比大小依次为 8cm 乔灌混交林网 4644.0cm²（64.5%）>6cm 乔灌混交优化林网 3837.6cm²（53.3%）> 6cm 乔灌混交林网 1476.0cm²（20.5%）>8cm 纯林林网 964.8cm²（13.4%），6cm 纯林林网的防护作用达不到此防风效能。可见，林带高度高的乔灌混交林网和优化的林网模式在此较高防风效能下发挥着较好的防护效应，有效防护比达到 50% 以上。其中，具有相同数量植被及盖度的两种不同配置类型林网模式，优化后的 6cm 乔灌混交优化林网其有效防护比 6cm 乔灌混交林网大 32.8%，防护效果大近 2.6 倍。

当防风效能在 80% 以上，各林网模式的有效防护面积及有效防护比大小为 8cm 乔灌混交林网 3038.4cm²（42.2%）>6cm 乔灌混交优化林网 1627.2cm²（22.6%），6cm 乔灌混交林网、8cm 纯林林网及 6cm 纯林林网的防护作用均达不到此防风效能。可见，在此较高防风效能，林带高度较高的 8cm 乔灌混交林网其有效防护比比优化林网 6cm 乔灌混交优化林网大 19.6%，防护效果大近 2 倍。

当防风效能在 90% 以上，各林网模式的有效防护面积及有效防护比大小为 6cm 乔灌混交优化林网 597.6cm²（8.3%）>8cm 乔灌混交林网 57.6cm²（0.8%），6cm 乔灌混交林网、8cm 纯林林网及 6cm 纯林林网的防护作用均达不到此防风效能。在达到 90% 这样的高防风效能时，6cm 乔灌混交优化林网的有效防护比可以比树高 8cm 的乔灌混交林网模式大，进一步证明了在高防风效能下，合理的配置结构可以在一定程度弥补或优于树高对防护效益的影响。由此可见，乔灌混交优化林网模式可以有效地削弱较大的风能，在较高防风效能下能够发挥出更好的防护效果。

9.5.5 树高增加的乔灌混交林网模型风速加速率分布

由图 9-25 可知，在三种不同风速下 8cm 乔灌混交林网（$D=10H$）模型林网内及林网前后的加速率等值线图整体分布趋于相近，但在林网前、林网内及林网后各具体位置的变化存在一定差异。三种风速下，风速加速率范围均在 0.05~1 之间。在林网前的加速率减弱区，林网前 3H 范围内的风速加速率为 0.55~0.70 之间，林带上侧偏下风向的加速率在 0.8 以上。林网内及林网后的风速加速率在 0.55 以下，其中加速率等值线为 0.2 所涵盖的面积变化最为显著，表现为随着风速的增加其面积逐渐减小。当风速为 8m/s，加速率等值线为 0.15 所形成的面积分布在第二条林带前 18cm 至林网后 30cm。当风速增加至 12m/s，加速率等值线为 0.15 所形成的面积在林网后 36cm。当风速为 16m/s，加速率等值线为 0.15 所形成的面积后移至林网后 6~36cm 的范围。可见，随着风速的增加，低加速率等值线所形成的区域逐渐向林带后移动。

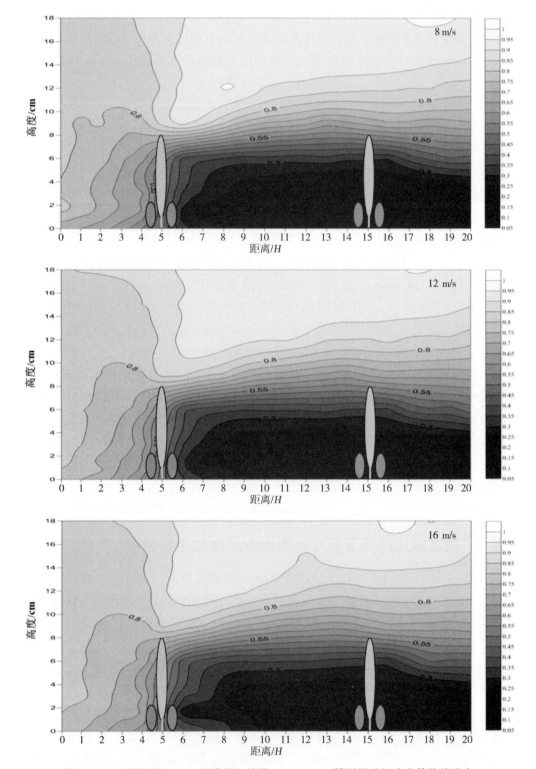

图 9-25　不同风速下 8cm 乔灌混交林网（$D=10H$）模型风速加速率等值线分布

9.6 小结

本研究对不同风速下，林带间距（D）为 $10H$（$H=6\text{cm}$）的典型乔木纯林林网、乔灌混交林网及相同植被盖度下优化的乔灌混交林网的风速流场、风速统计及频数分布、风速半方差变异函数模型、防风效能及风速加速率等进行分析，并基于流场及有效防护面积定量地对比分析了以上防护林网模式的防风效果，探讨了林带高度对典型乔木纯林林网及乔灌混交林网防风效能的影响。研究结果表明：

（1）相同高度下不同配置林网防风效果分析

①6cm 纯林林网模式　由林网前至林网后风速平均值逐渐减小，随着风速的增加，林网内及林网前后的风速最大值与最小值的差值均增加，林网内的风速变异系数大小为 8m/s>12m/s>16m/s。林网内及林网前后的风速分布均符合正态分布，其中林网前的风速频数分布为左偏态，低阔峰；林网内为右偏态，高狭峰；林网后多为右偏态的高狭峰，但在 8m/s 时为右偏态的低阔峰。不同风速下林网前、林网内及林网后的风速半方差变异函数模型可拟合为高斯模型、指数模型及球状模型。林网内的块金值（C_0）均小于 0.141，林网内基台值（C_0+C）范围在 0.207~0.482 之间，变程（A_0）在 199.9~510.9m 之间，空间连续性为 8m/s>12m/s>16m/s。该模式防护林的防风效能范围在 12%~68% 之间，且随着风速的增加最低防风效能由 12% 增加至 14%，最高防风效能由 68% 减小至 64%。不同风速下林网内的防风效能在 38%~58% 之间，防风效能在 40% 以上的有效防护面积及有效防护比为 4852.8~5076.0cm²（67.4%~70.5%），防风效能在 50% 以上的有效防护面积及有效防护比为 3038.4~3931.2cm²（42.2%~54.6%），且有效防护面积随着风速的增加均表现为减小的趋势。防护林空间垂直方向上的风速加速率分布范围在 0.32~0.93 之间，林网内的加速率范围在 0.47~0.72 之间，且随着风速的增加最低风速加速率不断增大。

②6cm 乔灌混交林网模式　由林网前至林网后风速平均值逐渐减小，随着风速的增加，林网内及林网前后的风速最大值与最小值的差值均增加，林网内的风速变异系数大小为 8m/s>12m/s>16m/s。不同风速下林网内及林网前后的风速分布均符合正态分布，其中林网前的风速频数分布为左偏态，低阔峰；林网内为右偏态，高狭峰；林网后多为右偏态的高狭峰，但在 16m/s 时为右偏态的低阔峰。林网前、林网内及林网后的风速半方差变异函数模型可拟合为高斯模型、指数模型及球状模型。林网内的块金值（C_0）均小于 0.324，林网内基台值（C_0+C）范围在 0.136~0.745 之间，变程（A_0）在 180.8~312.4m 之间，空间连续性为 16m/s>12m/s>8m/s。该模式防护林的防风效能范围在 10%~85% 之间，且随着风速的增加最低防风效能由 15% 减小至 10%，最高防风效能由 85% 减小至 80%。不同风速下林网内的防风效能在 40%~75% 左右，防风效能在 40% 以上的有效防护面积及有效防护比为 5400.0~5500.8cm²（75.0%~76.4%），防风效能在 50% 以上的有效防护面积及有效防护比为 5025.6~5277.6cm²（69.8%~73.3%），防风效能在 60% 以上的有效防护面积及

有效防护比为 4276.8~4744.8cm² （59.4%~65.9%），且有效防护面积随着风速的增加均表现为减小的趋势。防护林空间垂直方向上的风速加速率分布范围在 0.20~0.95 之间，林网内的加速率范围在 0.3~0.65 之间，且随着风速的增加最低风速加速率不断增大。

③6cm 乔灌混交林网优化模式 由林网前至林网后，风速平均值在林网内达到最低，且随着风速的增加，林网内及林网前后的风速最大值与最小值的差值均增加，林网内的风速变异系数大小为 12m/s>16m/s>8m/s。不同风速下林网内及林网前后的风速分布均符合正态分布，其中林网前的风速频数分布多为左偏态的低阔峰，但在 16m/s 时为右偏态低阔峰；林网内为右偏态的低阔峰；林网后的风速频数分布多为右偏态的高狭峰，但在 8m/s 时为右偏态的低阔峰。林网前、林网内及林网后的风速半方差变异函数模型可拟合为高斯模型或球状模型。林网内的块金值（C_0）均小于 0.09，林网内基台值（C_0+C）范围在 1.285~6.189 之间，变程（A_0）在 176.2~195.1m 之间，空间连续性为 8m/s>12m/s>16m/s。该模式防护林的防风效能范围在 10%~100% 之间，出现了防风效能达到 100% 的静风区。不同风速下林网内的防风效能在 32%~100%，在 20%~70% 的防风效能区间林网有效防护面积达到了 3225.6cm² 以上，有效防护比均达到了 45% 以上。防护林空间垂直方向上的风速加速率分布范围在 0~0.95 之间，林网内的加速率范围在 0~0.7 之间。

以上三种 6cm 高林网模式的防风效能对比分析结果为，纯林林网的防风效能范围在 12%~68%，乔灌混交林林网的防风效能在 10%~85%，乔灌混交林网优化模式的防风效能在 10%~100%。16m/s 风速下，当防风效能在 50% 以上，三种林网模式的有效防护面积依次为乔灌混交林林网>乔灌混交林网优化模式>纯林林网，有效防护比分别为 69.8%、66.9% 和 42.2%，其中乔灌混交林林网比纯林林网大 1987.2cm²（27.6%），发挥了较好的防护效果。当防风效能在 60% 以上，三种林网模式的有效防护面积依次为乔灌混交林网优化模式>乔灌混交林林网>纯林林网，有效防护比为 60.1%、59.4% 和 4.4%，可见纯林林网在此防风效能下几乎没有防护效果，而另外两种防护林网模式的有效防护面积比较接近，均达到了 4320cm²（60%）左右。当防风效能较高在 70% 以上，纯林林网达不到此防护效能，具有相同植被盖度的乔灌混交林网优化模式的有效防护面积较乔灌混交林林网大 2361.6cm²，有效防护比大 32.8%，有效防护面积及百分比将近达到乔灌混交林网的 2.5 倍。可见，优化的乔灌混交林网在 70% 以上的高防风效能所发挥的防护作用要明显大于乔灌混交林网和纯林林网。

（2）林带高度对相同配置防护林网模式防风效果的影响

①8cm 纯林林网模式 由林网前至林网后风速平均值逐渐减小，随着风速的增加，林网内及林网前后的风速最大值与最小值的差值均增加，林网内的风速变异系数大小为 8m/s>12m/s>16m/s。不同风速下林网内及林网前后的风速分布均符合正态分布，其中林网前的风速频数分布均为左偏态，低阔峰；林网内多为右偏态的高狭峰，但在 16m/s 时为右偏态低阔峰；林网后由右偏态的高狭峰转变为低阔峰。不

同风速下林网前、林网内及林网后的风速半方差变异函数模型均可拟合为高斯模型。林网内的块金值（C_0）均小于 0.219，林网内基台值（C_0+C）范围在 0.289~1.233 之间，变程（A_0）在 187.5~244.6m 之间，空间连续性为 16m/s>8m/s>12m/s。不同风速下该模式防护林的防风效能范围在 10%~85% 之间，且随着风速的增加最低防风效能由 15% 减小至 10%，最高防风效能由 79% 增加至 80%；不同风速下林网内的防风效能在 33%~71% 之间，在 20%~60% 的防风效能区间，林网有效防护面积达到了 3088.8cm² 以上，有效防护比均达到了 42.9% 以上。防护林空间垂直方向上的风速加速率分布范围在 0.2~1.0 之间，林网内的加速率范围在 0.2~0.55 之间。

②8cm 乔灌混交林网模式　由林网前至林网后风速平均值逐渐减小，随着风速的增加，林网内及林网前后的风速最大值与最小值的差值均增加，林网内的风速变异系数大小为 12m/s>8m/s>16m/s。不同风速下林网内及林网前后的风速分布均符合正态分布，其中林网前的风速频数分布均为左偏态，低阔峰；林网内均为右偏态，低阔峰；林网后均为右偏态，高狭峰。林网前、林网内及林网后的风速半方差变异函数模型均可拟合为高斯模型。林网内的块金值（C_0）均小于 0.228，林网内基台值（C_0+C）范围在 0.113~0.606 之间，变程（A_0）在 105.3~113.3m 之间，空间连续性为 8m/s>16m/s>12m/s。不同风速下该模式防护林的防风效能范围在 15%~95% 之间，林网内的防风效能在 47%~89% 之间，在 30%~80% 的防风效能区间，林网有效防护面积及防护比达到了 3038.4（42.2%）以上。防护林空间垂直方向上的风速加速率分布范围在 0.05~1.0 之间，林网内的加速率范围在 0.2~0.5 之间。

16m/s 风速下，6cm 和 8cm 两种纯林林网模式的防风效能对比分析结果为，6cm 纯林林网的防风效能范围在 12%~68%，8cm 纯林林网的防风效能在 10%~85%。当防风效能在 50% 以上时，高度增加到 8cm 的纯林林网有效防护面积及防护比为 4161.6cm²（50.3%）比 6cm 纯林林网的 3038.4cm²（42.2%）大 1123.2cm²（8.1%），在较低防风效能，林带高度对防护效果的影响均不大。当防风效能达到 60% 以上时，8cm 纯林林网有效防护面积及有效防护比为 3088.8cm²（42.9%）比 6cm 纯林林网的 316.8cm²（4.4%）大 1965.6cm²（38.5%），可见在 60% 以上的较高防护效能，8cm 纯林林网的防护效果要明显优于 6cm 纯林林网，由纯林林带高度提高的有效防护面积约为占林网总面积的 38.5%。6cm 纯林林网的防护效能达不到 70%，8cm 纯林林网在 70% 以上防风效能的有效防护面积及有效防护比为 964.8cm²（13.4%）。

16m/s 风速下，6cm 和 8cm 两种乔灌林网模式的防风效能对比分析结果为，6cm 乔灌混交林网的防风效能范围在 10%~85%，8cm 乔灌混交林网的防风效能在 15%~95%。当防风效能在 50% 以上时，两种林网的有效防护面积比接近，均在 70% 以上且相差不大为 5.3%；当防风效能在 60% 以上，8cm 乔灌混交林网的有效防护面积及有效防护比为 5162.4cm²（71.7%），比 6cm 乔灌混交林网的 4276.8cm²（59.4%）大 885.6cm²（12.3%），林带高度在此防风效能对防护效果的影响要明显小于纯林林网；当防风效能较高在 70% 以上，8cm 乔灌混交林网有效防护面积及有效防护比为 4644.0cm^2（64.5%），比 6cm 乔灌混交林网的 1476.0cm^2（20.5%）大 3168.0cm^2（44.0%），可见在此防风效能下，由林带高度提高的有效防护面积约占林网总面积的 44.0%；当防风效能达到 80% 以上，6cm 高的乔灌混交林网达不到此防护效能，8cm 乔灌混交林网的有效防护面积及有效防护比为 3038.4cm^2（42.2%）。

（3）5 种不同配置防护林网模式间防风效果比较

当防风效能在 50% 以上即削弱一半以上的风速，各林网模式的有效防护面积及百分比大小依次为：8cm 乔灌混交林网 5407.2cm^2（75.1%）>6cm 乔灌混交林网 5025.6cm^2（69.8%）>6cm 乔灌混交林网优化模式 4816.8cm^2（66.9%）>8cm 纯林林网 4161.6cm^2（50.3%）>6cm 纯林林网 3038.4cm^2（42.2%），乔灌混交配置的林网模式及乔灌混交林网优化模式发挥了较好的防护效应。当防风效能在 60% 以上，各林网模式的有效防护面积及百分比大小依次为：8cm 乔灌混交林网 5162.4cm^2（71.7%）>6cm 乔灌混交林网优化模式 4327.2cm^2（60.1%）>6cm 乔灌混交林网 4276.8cm^2（59.4%）>8cm 纯林林网 3088.8cm^2（42.9%）>6cm 纯林林网 316.8cm^2（4.4%），与防风效能在 50% 以上不同的是，在该防风效能，优化的 6cm 乔灌混交林网优化模式的有效防护比开始发挥较好的防护效果。随着防风效能的增加，各林网有效防护面积及百分比的大小顺序与防风效能在 60% 以上相同，优化的 6cm 乔灌混交林网在高防风效能所发挥的防护效果最显著。这种外围营建高大乔木林网并通过林网内的灌木林带来增加防护效果的防护林网模式具有广阔的发展空间。

第10章
多个林网叠加防风效果风洞实验

林网是构成防护林体系的重要组成单元，其结构、规格和配置形式决定了防护林网的防护效果。单个林带和林网的研究前面已经做了详细分析，但目前基于流场观测多个林网叠加的防护林防风效果研究还相对较少。本章以乌兰布和沙漠绿洲乔木纯林和乔灌混交林带组成的小网窄带防护林为研究对象，通过对连续6个林网叠加的防护林开展基于流场分析防风效果的风洞模拟试验，探讨防护林林网叠加的气流分布特征及防风效果，以期为干旱区防护林体系的构建提供科学依据和理论指导。

10.1 研究内容与方法

10.1.1 实验材料及模型参数

以乌兰布和沙漠绿洲小网窄带防护林网为研究对象，选取高度为15m的小美旱杨按1：250的比例缩小制作风洞实验树木模型，模型材料为2mm厚ABS板，使用平面雕刻机制作开支角在30°~35°之间的枝条，枝条长2.4~2.8cm，树木模型高6cm，冠幅为1.2cm×1.2cm（图10-1）。将树木模型配置为株行距为1.0cm×4.0cm的

图10-1 防护林网和树木模型设计

乔木纯林林带，主林带长 60cm，副林带长 36cm，该类型防护林网格共 7 条林带；另外一种配置模式为乔灌混交林带，该类型防护林与乔木纯林林网整体配置规格相同，在林带外两侧 1cm 配置灌木模型，模型高 2cm，按 1.0cm×1.0cm 配置（图 10-2）。

图 10-2　两种配置类型的防护林林带模型

10.1.2　风速观测

本实验是在 16m/s 风速下进行的，水平风速观测高度为 0.8cm，风速测量使用 KIMO 热线风速仪。水平风速观测点布设方法为林带后 1H（6cm）至 5H（30cm）树高整数倍范围内（纵向 Y：6、12、18、24、30cm），通过三维移测系统，水平方向每 3cm 测量 1 个瞬时风速值取平均值（横向 X：0、3、6、……、27、30cm）共计 10 个风速值。为了分析气流进入和流出整个防护林的状态，即第一条林带前和第七条林带后的流场分布情况，在第一条林带前布设 1~3H 树高的水平风速观测点（纵向 Y：-6、-12、-18cm），第七条林带后布设 37~39H 树高的水平风速观测点（纵向 Y：222、228、234cm），在无树木模型下测定每点对照风速值（CK）（图 10-3）。垂直风速观测布设在风洞中轴线 30cm 处，观测高度分别为 0.8、1.6、2.4、30、60、90、120、150、180cm，观测范围与水平风速观测范围相同（-18~234cm），以树高 H 整数倍记录，在无树木模型下测定垂直范围内每点对照风速值（CK）。

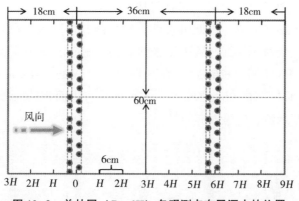

图 10-3 单林网（$D=6H$）各观测点在风洞中的位置

10.2 不同林网叠加风速流场分布特征

乔木纯林林网叠加后的风速流场分布特征如图 10-4 所示，风速在整个 6 个林网叠加的范围内呈逐渐减弱的趋势，风速等值线呈显著规律分布。在林网网格 A1（18~54cm）内风速等值线分布较为均匀且基本与林带平行，同时在网格 A1 林带前 3H 和网格 A2（54~90cm）内风速等值线分布也基本与林带平行，在网格 A2 内风速显著减小，有小面积的风影区形成，由此可见风速在第一个林网 A1 内逐渐削弱，在第二个林网 A2 内风速逐渐趋于稳定，形成一定面积的风影区。风速在林网网格 A3（90~126cm）内基本稳定，形成较大面积的风影区，林网网格 A4（126~162cm）、林网网格 A5（162~198cm）和林网网格 A6（198~234cm）内均有较大面积的风影区形成，风速分布情况相似且基本处于稳定状态。

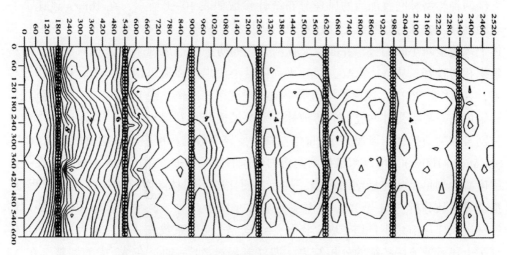

图 10-4 乔木纯林林网叠加风速流场分布（A1~A6）

乔灌混交林林网叠加后的风速流场分布特征如图 10-5 所示，风速在整个 6 个林网叠加的范围内呈显著减小的趋势，风速等值线呈一定规律分布。在林网网格 B1（18~54cm）内风速等值线分布呈波浪状且有极小面积的风影区，在网格 B1 林带前

1H 和林带后 1H 风速等值线密集分布且与林带走向平行，在网格 B2 内风速明显减小且有大面积的风影区形成，由此可见该类型林网叠加后风速在第一个林网 B1 内快速削减，在第二个林网 B2 内风速显著削弱趋于稳定，形成了大面积的风影区。风速在林网网格 B3 （90～126cm）、林网网格 B4 （126～162cm）、林网网格 B5 （162～198cm）和林网网格 B6 （198～234cm）内均有大面积的风影区形成，风速削减显著，气流处于紊流，防风效应明显。

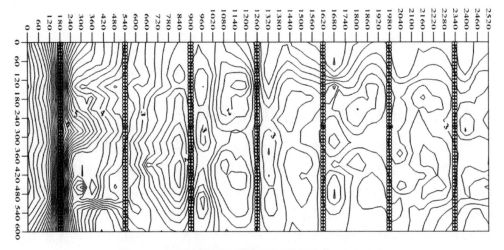

图 10-5　乔灌混交林网叠加风速流场分布 （B1~B6）

10.3　不同林网叠加风速统计分析及频数分布特征

两种类型林网叠加后的风速分布统计参数如表 10-1 所示，在 16m/s 风速下乔木纯林林网叠加与乔灌混交林网叠加的防护林，从第一林网网格至第二林网网格整体上风速呈减小的趋势，乔灌混交林网叠加的防护林内风速平均值相对较小，防护效果相对较好。从 A1 至 A6，风速平均值最小值出现在第三网格，之后趋于相对稳定；在 B1 至 B6 中，风速平均值最小值出现在第三网格，在 B4、B5 和 B6 达到相对稳定值。乔灌混交林网叠加的防护林在平均风速减小到最小值后，普遍比乔木纯林林网叠加的防护林内风速减小 1m/s 左右。变异系数是标准差与平均值的比值（CV＝SD/Mean×100%），可以衡量林网网格内风速的变异程度，运用变异系数可以在一定程度减少测量尺度和量纲的影响，从而方便比较不同林网网格内风速的变异程度。据变异系数分析，A1 至 A6，变异系数整体呈减少趋势，说明乔木纯林林网叠加防护林内风速逐渐减小且趋于稳定状态，A1 至 A3 变异系数先减小后增大，进一步佐证了上述风速流场特征的分析结果，即气流经过 A1 后通过在 A2 中的调整，在 A3 中达到相对稳定状态。在 B1 至 B6 中，由于灌木增加了林带下层的疏透度，导致近地面层紊流增加，气流在 B1 中迅速减少调整，在 B2 中达到相对稳定的状态，从 B2 至 B6 变异系数逐渐减小。

表 10-1　两种类型林网叠加风速分布统计参数

林网网格	样本数	最大值（m/s）	最小值（m/s）	平均值±标准误	标准差	峰态	偏度	变异系数（%）
A1	75	8.33	5.54	6.69±0.08	0.66	-0.066	0.606	9.9
A2	75	5.97	3.92	4.48±0.04	0.38	2.443	1.318	8.5
A3	75	4.79	3.29	3.75±0.04	0.34	0.618	1.126	9.1
A4	75	4.68	3.37	3.82±0.03	0.28	0.217	0.705	7.3
A5	75	4.73	3.33	3.88±0.03	0.29	0.600	0.823	7.5
A6	75	4.50	3.62	3.99±0.02	0.20	0.057	0.765	5.0
B1	75	6.28	2.38	4.16±0.08	0.73	0.715	0.147	17.5
B2	75	3.68	1.45	2.51±0.06	0.55	-0.819	0.021	21.9
B3	75	3.62	1.65	2.36±0.05	0.43	0.180	0.735	18.2
B4	75	3.67	2.42	2.81±0.03	0.28	0.132	0.858	10.0
B5	75	3.65	2.42	2.83±0.04	0.33	1.487	0.964	11.7
B6	75	3.62	2.43	2.85±0.03	0.26	0.012	0.608	9.1

　　两种类型林网叠加后的风速频数分布特征如图 10-6 所示，两种类型防护林各林网内风速均符合正态分布特征。在乔木纯林林网叠加的防护林内 A1 的风速频数分布为右偏态低阔峰，A2、A3、A4、A5 和 A6 均为右偏态高狭峰；在乔灌混交林林网叠加的防护林内 B2 的风速频数分布为右偏态低阔峰，B1、B3、B4、B5 和 B6 均为右偏态高狭峰。可见风速频数分布特征在一定程度上反映出风速在不同林网内

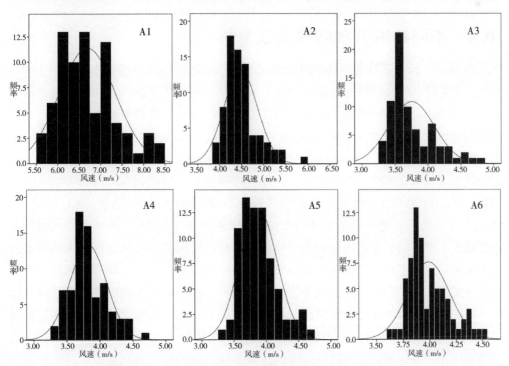

图 10-6　两种类型林网叠加各网格内的风速频数分布特征

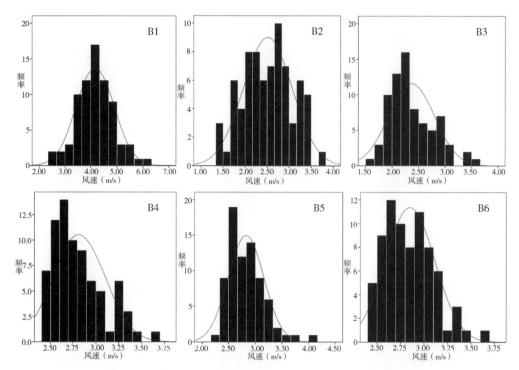

图 10-6　两种类型林网叠加各网格内的风速频数分布特征（续）

的变化情况，上述分析指出，风速频数的峰态类型变化主要发生在第一和第二林网网格，即处于上风向前沿的林网主要对风速起削弱和阻滞作用，属于过渡林网，风速在过渡林网后的林网内变化趋于相对稳定。

10.4　不同林网叠加防风效能分析

在 16m/s 风速下乔木纯林林网叠加（0～252cm）的防风效能分布范围为 16%～74%，乔灌混交林林网叠加（0～252cm）的防风效能分布范围为 15%～89%，从整体上来看乔灌混交林网的防风效能要高于乔木纯林林网。两种类型林网叠加各林网网格的防风效能分布如图 10-7（彩版）所示，A1 的防风效能分布在 29%～53%之间，B1 为 46%～84%；A2 的防风效能分布在 53%～69%之间，B2 为 69%～89%；A3 的防风效能分布在 62%～73%之间，B3 为 70%～87%；A4 的防风效能分布在 61%～73%之间，B4 为 68%～80%；A5 的防风效能分布在 59%～71%之间，B5 为 64%～81%；A6 的防风效能分布在 59%～68%之间，B6 为 67%～79%。林网内防风效能分布区间是了解不同林网防风能力的一项重要指标，可以直接获取林网最大和最小防风效能阈值，是了解林网防风效能分布范围的参考指标，但不是评价林网防风效能的唯一指标。防护面积或防护比为评价与分析不同林网防风效能提供了重要科学依据，防护面积或防护比是指林网面积相同的前提下，在风速换算的防风效能等值线图中一定防风效能在林网中所对应的面积或该面积与林网总面积的比值百分数，二者均可以作为评价不同林网防风效能的指标参数。两种类型林网叠加后的防护面积和防护比如表 10-2 所示，通过乔木纯林和乔灌混交林网叠加防护林各林网间的对

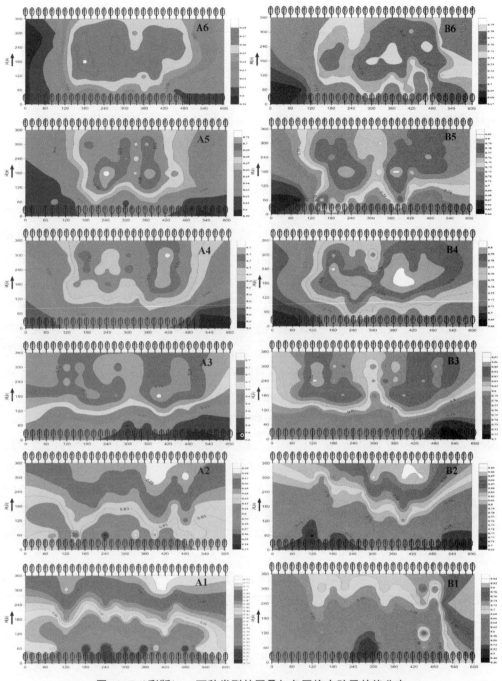

图 10-7（彩版） 两种类型林网叠加各网格内防风效能分布

比以及两种类型叠加防护林内不同林网网格之间的对比，分析防护林林网叠加效果对风速削弱的影响，对比不同配置类型防护林对风速的削弱作用等。研究分析了防风效能为 50%、60%、65%、70%、75%、80% 时两种类型林网叠加防护林各林网所对应的防护面积和防护比。当防风效能为 50%，对比 A1 和 B1，A1 内的防护面积为 252.7cm^2，防护比为 11.7%，B1 内的防护面积为 2151.4cm^2，防护比为 99.6%，可见乔灌混交林网内 99.6% 面积的风速减小近一半以上，而乔木纯林仅有 11.7%，而在此防风效能下没有对比 A2 至 A6 和 B2 至 B6 是由于这些林网内的最小防风效能均大于 50%。当防风效能为 60%，由于 A1 林网处于防护林最前端其最大防风效能小于 60%，故没有体现，对比 A2 至 A6，A2 内的防护面积为 1922.4cm^2，防护比为 89%；A3 内的防护面积为 2157.8cm^2，防护比为 99.9%；A4 与 A3 情况相同，均代表林网完全发挥了防护效果；A5 内的防护面积为 2147.0cm^2，防护比为 99.4%；A6 内的防护面积为 2075.8cm^2，防护比为 96.1%。由此可见乔木纯林林网叠加后第一林网在防护林最前端主要对来流起到削弱和缓冲的作用，从第二林网至第六林网防护林整体在 60% 的防风效能下发挥着良好的防风效果。对比防风效能为 65%，A2 至 A6 林网网格内防护面积与防护比差异显著，A2 内的防护面积为 814.3cm^2，防护比为 37.7%；A3 内的防护面积为 1918.1cm^2，防护比为 88.8%；A4 内的防护面积为 1749.6cm^2，防护比为 81%；A5 内的防护面积为 1192.3cm^2，防护比为 55.2%；A6 内的防护面积为 972.0cm^2，防护比为 45%，可见当防风效能增加后，第二、第五和第六林网网格内的防护面积与防护比均减小，而处于叠加林网中间位置的第三和第四林网发挥了较好的防护效益，防护百分比均在 81% 以上。当防风效能为 70%，对比 B1 至 B6，第一林网 B1 由于处于防护林最前端其防护面积仅为 503.3cm^2，防护比为 23.3%，B2 至 B6 林网的防护效果相对稳定且效果较好；B2 内的防护面积为 2157.8cm^2，防护比为 99.9%；B3 与 B2 相同；B4 内的防护面积为 2065.0cm^2，防护比为 95.6%；B5 内的防护面积为 2110.3cm^2，防护比为 97.7%；B6 内的防护面积为 1978.6cm^2，防护比为 91.6%，由此可见乔灌混交林林网叠加后第一林网在防护林最前端主要对来流起到削弱和缓冲的作用，从第二林网至第六林网防护林整体在 70% 的防风效能下发挥着良好的防风效果。如表 10-2 所示，当防风效能提高至 75%，处于叠加防护林中间位置的 B2、B3、B4 和 B5 林网的防风效能均达到 58.5% 以上，证明乔灌混交的小网窄带防护林叠加后，掐头去尾的林带中间位置能发挥更高的防护效果。

表 10-2　两种类型林网叠加各林网防护面积

林网网格	防风效能（%）	林网规格（cm）	林网面积（cm^2）	防护面积（cm^2）	防护比（%）
A1	50	36×60	2160	252.7	11.7
B1	50	36×60	2160	2151.4	99.6
A2	60	36×60	2160	1922.4	89.0
A3	60	36×60	2160	2157.8	99.9
A4	60	36×60	2160	2157.8	99.9
A5	60	36×60	2160	2147.0	99.4
A6	60	36×60	2160	2075.8	96.1
A2	65	36×60	2160	814.3	37.7
A3	65	36×60	2160	1918.1	88.8

林网网格	防风效能（%）	林网规格（cm）	林网面积（cm²）	防护面积（cm²）	防护比（%）
A4	65	36×60	2160	1749.6	81.0
A5	65	36×60	2160	1192.3	55.2
A6	65	36×60	2160	972.0	45.0
B1	70	36×60	2160	503.3	23.3
B2	70	36×60	2160	2157.8	99.9
A3	70	36×60	2160	1246.3	57.7
B3	70	36×60	2160	2157.8	99.9
A4	70	36×60	2160	667.4	30.9
B4	70	36×60	2160	2065.0	95.6
A5	70	36×60	2160	54.0	2.5
B5	70	36×60	2160	2110.3	97.7
B6	70	36×60	2160	1978.6	91.6
B1	75	36×60	2160	216.0	10.0
B2	75	36×60	2160	1602.7	74.2
B3	75	36×60	2160	1909.4	88.4
B4	75	36×60	2160	1423.4	65.9
B5	75	36×60	2160	1263.6	58.5
B6	75	36×60	2160	980.6	45.4

10.5　不同林网叠加风速加速率分析

两种类型林网叠加后的风速加速率如图 10-8 所示，在 16m/s 风速下乔木纯林林网叠加（0~42H，H=6cm）的风速加速率分布范围为 0.25~0.94，乔灌混交林林网叠加的风速加速率分布范围为 0.1~0.94，可见乔灌混交林林网叠加的风速加速率最小值要显著低于乔木纯林防护林，二者最大风速加速率相同。两种类型林网叠加的风速加速率分布大致相似，粗略可以分为四个区域：Ⅰ区为防护林最前端第一条林带前的风速减弱区，主要是由于林带对气流的阻滞，反方向气流与来流能量抵消产生的风速减弱区域；Ⅱ区为第一条林带上方产生的风速加速率闭合区，该区是由于第一条林带对来流的阻滞以及林木顶端对气流的抬升，在林木顶端产生了较大面积的回旋形紊流区；Ⅲ区为林网叠加整体对其上方气流的减弱区，该区为林木高度的 3 倍范围，由于在林带叠加以及林带对气流的阻滞抬升等综合作用下，在林网叠加区域上方形成了与地面呈一定夹角的风速减弱区域；Ⅳ区为林网叠加后林内的风速减弱区即树高范围内的风速加速率分布，该区是 1 倍树高范围内垂直方向上的风速分布区域，如图所示在第一条林带枝下高范围，纯林林带的气流不减反增，而乔灌混交林带由于灌木的配置增加了林带枝下高范围的疏透度，显著降低了近地面的风速，而且这种现象越往后越明显，可见小网窄带防护林叠加灌木林带更多的是发挥近地面层削弱气流的作用，高大乔木则是影响其林网所在更大区域的气流分布。

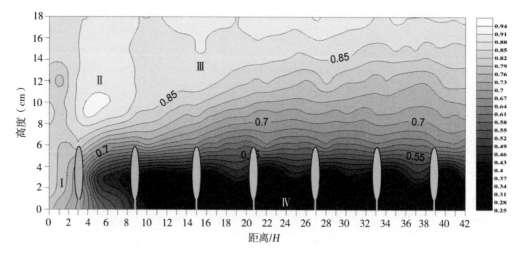

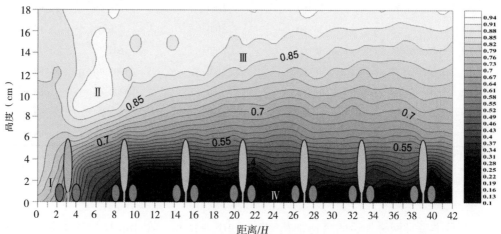

图 10-8　两种类型林网叠加林网风速加速率等值线分布

10.6　小结

（1）小网窄带防护林叠加后随着叠加林网数量的增加林网内的风速逐渐减小且趋于稳定，而林带配置类型不会影响该趋势。乔木纯林林网叠加后的防护林风速变化规律为在第一林网逐渐削弱，在第二林网过渡调整后在第三林网基本达到稳定，形成较大面积的风影区。乔灌混交林网叠加后的防护林风速变化规律为在第一林网内风速快速削弱，在第二林网达到相对稳定形成大面积的风影区。

（2）两种类型林网叠加后随着林网数量增加林网内风速平均值逐渐减小，风速变异系数可以在一定程度上反映林网内的风速变化，两种类型防护林各林网均符合正态分布特征，峰态类型在防护林前端林网即第一和第二林网内变化较大，风速稳定后则多为右偏态高狭峰。

（3）在16m/s风速下乔木纯林林网叠加（0~252cm）的防风效能分布范围为16%~74%，乔灌混交林林网叠加（0~252cm）的防风效能分布范围为15%~89%，从整体上来看乔灌混交林网的防风效能要高于乔木纯林林网。乔木纯林林网叠加后第一林网在防护林最前端主要对来流起到削弱和缓冲的作用，从第二林网至第六林网防护林整体在60%的防风效能下发挥着良好的防风效果，也可以说这种配置的纯林小网窄带防护林整体削弱了来流的60%左右。乔灌混交林网叠加后第一林网在防护林最前端主要对来流起到削弱和缓冲的作用，从第二林网至第六林网防护林整体在70%的防风效能下发挥着良好的防风效果，同样也可以说这种配置的乔灌混交防护林整体削弱了来流的70%左右。在该配置规格下，乔灌混交小网窄带叠加的防护林防风效果要优于纯林叠加的防护林，防风效能约高10%。

（4）16m/s风速下乔木纯林林网叠加（0~42H，H=6cm）的风速加速率分布范围为0.25~0.94，乔灌混交林网叠加的风速加速率分布范围为0.1~0.94。根据风速加速率的分布特征可以划分为4个不同区域，其中灌木对林带枝下高范围的近地层气流影响显著，对削弱近地层风速起到了重要作用。

综上所述，小网窄带防护林叠加对削弱风速效果显著，建议干旱区防护林构建过程中，在需要高防护效益的地区营造乔灌混交林网叠加的小网窄带防护林，可以有效降低风速，阻滞流沙。在防护林体系构建中要充分发挥乔木与灌木在风场中的特性，高大乔木更多的是影响其林网所在大区域的气流分布，灌木影响近地层气流分布等，达到能够在空间上充分发挥乔灌木的最大防护效益，形成合力。

第 11 章
绿洲典型研究区小气候与土壤质量动态分析

水是限制绿洲存在和发展的关键性因子，乌兰布和沙漠东北部由于黄河过境而水资源相对丰富，小气候和土壤质量成为影响当地人工绿洲可持续发展的两项主要因子。国内外对荒漠中以林为主体的人工绿洲开发效应的数量指标均缺乏系统研究（高尚武，1991），这一问题近年来虽然得到重视，进行系统研究的报道仍然很少。揭示人工绿洲建设进程中小气候和土壤质量的动态为评价绿洲环境质量变化、给出数量化生态效应指标具有十分重要的意义。

绿洲典型研究区为沙林中心第二实验场，是国家"六五"和"七五"科技攻关课题"大范围绿化工程对环境质量作用的研究"的研究区，高尚武等学者对 1979—1989 年人工绿洲环境质量进行了较为系统的研究，取得了一系列数量指标，获得了大量物理化学数据，结果表明大范围绿化工程对环境质量有明显的改善作用。研究取得显著成果，1991 年获林业部科技进步一等奖。截至目前，沙林中心对这一绿洲典型研究区内外的气象因子和土壤质量进行了长期、连续的定位观测，所积累的大量资料为研究其动态变化提供了依据。

下垫面特征制约着地-气间物质和能量的输送，是形成局地气候的主要因子。绿洲作为干旱区独有的地理景观，其内部物种总量、生物多样性均远大于荒漠环境，形成了与外界截然不同的小气候，是具有独特物质循环和能量流动特点的生态系统（汪久文，1995）。

土壤不仅是人类赖以生存的物质基础和宝贵财富的源泉，又是人类最早开发利用的生产资料。人类消耗的约 80% 以上的能量、75% 以上的蛋白质和大部分的纤维直接来自土壤（黄昌勇，2000）。在我国广袤的干旱区，占土地面积不到 5% 的绿洲，哺育着该地区 95% 以上的人口，而土壤是建设人工绿洲的基础。因此，绿洲土壤也是干旱区最珍贵的自然资源，其质量变化对绿洲的可持续发展具有重要的作用。人工绿洲的土壤，随着人类对土地利用强度的不断扩展，人为因子对土壤质量的演化起着越来越重要的作用，并成为决定土壤肥力发展方向的基本动力之一。但人类活动有二重性，如果干扰程度太大，就会产生不可逆的质的变化，导致土壤退化。因此，研究干旱区人工绿洲土壤质量的演变，保持绿洲土壤肥力的永续性，是维护绿洲可持续发展的基础。

11.1 绿洲典型研究区概况

绿洲典型试区选在沙林中心第二实验场，地理坐标为 40°28′N，106°46′E。人工绿洲开发的原始地貌为固定沙丘、半固定沙丘，沙丘高 1~3m。1979 年沙林中心组建，在县城西北 35km 处的霸王滩建设第二实验场，在荒漠中实施以防护林体系为主体工程的绿色开发建设，开发区面积 1487.3hm²，目前绿洲建设进一步扩大，防护林网建设以宽林带为主，大部分为 1981 年栽植，主要造林树种为二白杨，主副林带均为 8 行一带式组成，主副带宽均 32m，主带间距 98m，副带间距 398m。

11.2 研究方法与内容

11.2.1 绿洲小气候效应

高尚武等学者在 1988—1989 年对该绿洲的小气候效应就做了初步研究，本研究以此成果为对照，将这一阶段的人工绿洲划为防护林幼龄林后期，根据绿洲防护林的防风效能的变化将 1990—2002 年划为中龄林阶段人工绿洲、2003—2005 年划为成熟龄林阶段人工绿洲，依据长期连续观测的气象观测数据，系统研究该人工绿洲的小气候生态效应的动态变化。该研究区先后在绿洲外围的荒漠区、绿洲边缘、绿洲中心建立了 3 个地面气象站，未开发区的荒漠气象站 1983 年开始形成完整资料，林网中心的绿洲气象站 1988 年开始形成完整资料。

荒漠气象站位于人工绿洲南缘 2.5km 的未开发区，绿洲站位于人工绿洲的中心部位（图 11-1）。两站同步观测，各指标的观测技术要求和仪器配置执行国家地面基层气象规程，部分观测内容配备自动记录装置。常规指标观测的有：气温、地温、降水、蒸发量、湿度、风速风向、天气现象等。观测时间采用北京时制，每日 8：00、14：00、20：00 定时完成 3 次观测。

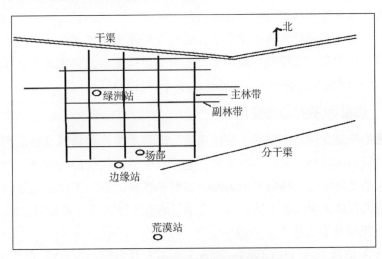

图 11-1　绿洲内外地面气象站布局

11.2.2　绿洲土壤质量变化

利用对该绿洲典型试区土壤定位观测资料进行土壤质量的动态分析，土壤化验分析内容包括养分和盐分指标。试验区设 5 个标准样地，每个样地采用梅花状取样，5 个土样制成混合样，进行相关指标的测定，4 年测定 1 次，对照为新开发绿洲的未种植最初状态的土壤。

全氮的测定采用重铬酸钾–硫酸消化法，仪器为定氮仪；水解氮用碱解蒸馏法，仪器为定氮仪；全磷分析采用氢氧化钠碱熔–钼锑抗比色法，仪器为分光光度计（UV‑9200）；速效磷分析采用碳酸氢钠法，仪器为分光光度计（UV‑9200）；全钾分析采用火焰光度法，仪器为原子吸收分光光度计（WFX‑K 型）；速效钾分析采用火焰光度法，仪器为原子吸收分光光度计（WFX‑K 型）；有机质分析采用重铬酸钾法。

重酸根离子的测定采用双指示剂滴定法，氯离子的测定采用硝酸银滴定法，硫酸根离子、钙离子、镁离子的测定采用 EDTA 容量法，钾钠离子的测定采用差减法，pH 值测定采用电位测定法，仪器为酸度计（PHS‑2 型）。

11.3　结果与分析

11.3.1　绿洲的小气候动态

绿洲作为干旱荒漠背景基质上的异质景观，地表植被形态、温度、湿度、粗糙度等性质在空间上有系统性不均匀分布，它们能够在较小尺度上引起大气的响应和影响大气的运动过程，形成一些特殊的气候特征（张强等，2002），统称其为"绿洲效应"。"绿洲效应"在绿洲系统自我维持过程中扮演着比较重要的角色。初步分析表明（张强等，2000），绿洲"冷岛效应"和其边界层大气逆温层，及临近荒漠区边界层大气逆湿等有利于绿洲自我维持机制发挥。小气候特征的表现强弱，与绿洲植被状况和土壤湿润程度成正比关系，而与大尺度水平风速和大尺度地表感热能量的大小成反比关系，与绿洲空间水平尺度为非单调关系，它表现为在绿洲水平尺度大约为 20km 时最强，而绿洲尺度更大或更小时均会减弱。

11.3.1.1　热量因子的动态变化

近地表的热量变化是由辐射平衡所决定，辐射平衡是在辐射交换过程中，地面吸收与射出辐射的差额，又称为净辐射，它是最主要的气候形成因子，决定了地球上能量收入和支出情况，特别是地表面的辐射平衡量，表示了地面能量的积余与亏缺，它在很大程度上决定着土壤上层与近地层的温度分布（李家春等，2000）。

（1）气温的动态变化

根据长期的观测资料（1983—2005 年），未开发区（旷野）年平均气温为 8.6℃，历年最高年平均气温为 10.0℃，最低年平均气温为 7℃。1983—1989 年，气温的年平均值为 8.0℃，气温较低；1990—1999 年，年均气温较高，为 8.7℃；2000—2005 年，年均气温最高，为 9.1℃。23 年来，未开发区气温变化的总趋势是逐渐升高，这与全球大气变暖的趋势相吻合。以温度 x 为自变量，y 时间（年）为因变量，未开发区的多年平均气温变化趋势线性方程为：$y = 0.073x + 7.715$（$R^2 = 0.661$），表明荒漠气温逐年呈上升趋势。经 F 检验，$F = 16.33 > F_{0.01} = 8.096$，说明未开发区的气温与年份的变化呈极显著的相关关系。

绿洲内部的气温波动趋势与未开发区的相似如图 11-2，幼龄林后期阶段人工绿洲（1988—1989 年）的年均气温为 7.9℃，中龄林阶段为 8.3℃，成熟龄林阶段为 8.8℃，而对应时段对照荒漠区的年均气温分别为 8.3℃、8.8℃、9.1℃，绿洲在 3 个阶段的年均气温分别降低 0.4℃、0.5℃、0.3℃，年均气温降低的百分比分别为 4.8%、5.7%、3.3%，绿洲年降温的最大极差也只有 0.9℃。尽管在 3 个不同阶段，生态功能完善的防护林对人工绿洲年均气温的影响不十分明显，仍表现为中龄林阶段人工绿洲降温作用增强，降温幅度最大；进入成熟龄阶段，人工绿洲降温作用下降，并小于幼龄林后期阶段。

人工绿洲内多年平均气温变化与绿洲建设年限的关系呈线性方程：$y = 0.068x + 7.375$（$R^2 = 0.556$），表明绿洲气温呈逐年上升趋势。经 F 检验，$F = 7.168 > F_{0.05} = 4.49$，说明绿洲内气温与年份的变化呈显著的相关关系。

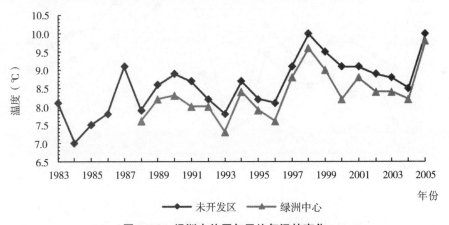

图 11-2 绿洲内外历年平均气温的变化

绿洲气温的年内变化，以未开发区荒漠为对照，做绿洲与荒漠相应月平均气温的差值曲线，见图 11-3。1988—2005 年绿洲内外月平均气温的差值曲线表明，晚秋至冬季，绿洲有增温作用，有利于绿洲经济果林及防护林越冬；春季绿洲月平均气温全体低于荒漠，在 0.1~0.2℃；从 5 月开始，绿洲降温幅度逐渐增强，6、7 月降幅较大，月均气温降幅最高在 1.0℃以上，以 7 月降幅最大，达到 1.2℃，这对作物躲避高温危害甚为有利，特别是减轻干热风对小麦影响具有重要作用。

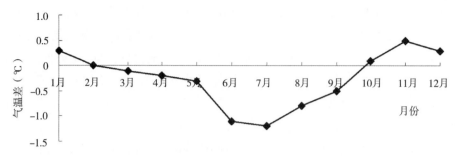

图 11-3　1988—2005 年绿洲内外各月平均气温差变化

（2）地表温度的动态变化

绿洲和荒漠地表获得能量的来源相同，都来自于太阳的净辐射，但由于两者下垫面性质不同，引起绿洲和荒漠地表太阳净辐射的明显差异，这是决定二者热状况差异的重要因子。未开发区沙漠地面吸收的太阳辐射绝大部分用来增加近地层温度，湍流热交换是热量的最主要支出项，但在绿洲中有了根本的改变，夏季几乎全部辐射热都消耗于蒸散，使近地层气温低于荒漠（翁笃鸣等，1988）。

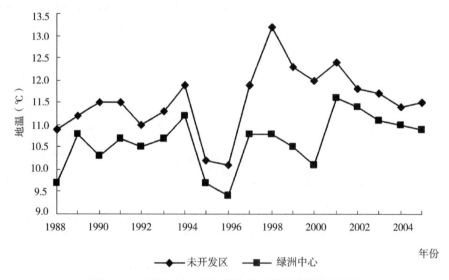

图 11-4　1988—2005 年绿洲内外年平均地表温度变化

图 11-4 表明 1988—2005 年绿洲内外地表温度年均值曲线变动趋势与气温相近，虽都存在年度间的波动，但整体是逐渐升高的趋势。18 年中，绿洲内地表温度年均值为 10.6℃，荒漠对照点地表温度年均值为 11.5℃，绿洲比荒漠地表温度年均值低 0.9℃，地表温度年均值年均降低 7.8%。幼龄林后期阶段人工绿洲，其地表温度年均值为 10.3℃，中龄林阶段人工绿洲的年均气温为 10.6℃，成熟龄林阶段的人工绿洲为 11.0℃，而对应的荒漠分别为 11.1℃、11.6℃、11.5℃，绿洲在 3 个阶段的地温分别降低 0.8℃、1.0℃、0.5℃。中龄林阶段人工绿洲对年均地温的作用较强，年均地温降幅为 1.0℃，其中 1997—2000 年，绿洲对地表温度影响相对较大，年降幅为 1.8℃，说明该阶段人工绿洲防护林生态功能处于强盛期；幼龄林后期阶段人

工绿洲次之，年均降幅均为 0.8℃；成熟龄林阶段的人工绿洲对地温的作用减弱，表明人工绿洲防护林生态功能减弱。绿洲内外年均地温的差值变化曲线图（图11-5）更加直观地说明了这一点。

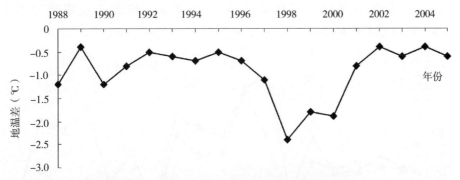

图11-5　1988—2005年绿洲内外历年地温差变化

1988—2005年绿洲内外历年月平均地表温度变化曲线表明（图11-6），绿洲内冬季月平均地温略高于未开发区，绿洲有增温作用，增温幅度0.1~0.4℃；其他季节，绿洲内月平均地温均低于荒漠未开发区，平均低1.6℃，6月降温幅度最大，月平均地表温度降低值为2.2℃。主要原因在于绿洲内土壤含水量大，热容量大，升温慢，同时地表蒸发降温所致。

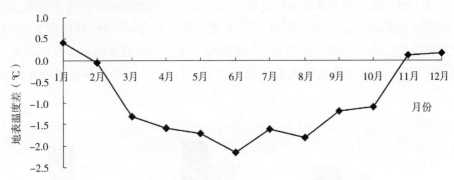

图11-6　1988—2005年绿洲内外历年月平均地温差变化

11.3.1.2　水分因子的动态

（1）降水量变化

图11-7表明，1988—2005年绿洲内外降水变化曲线相似，都存在干湿波动，波动周期为5~7年。根据观测资料，18年中，绿洲内年均降水量为137.8mm，荒漠对照点年均降水110.4mm，绿洲比荒漠多降水27.4mm，平均增加降水24.8%。绿洲年降水量的最大值234.5mm出现在1994年，最小值52.7mm出现在1999年；而荒漠对照点降水量的最大值215.2mm出现在1995年，最小值37.4mm出现在2005年。图11-7表明，从年降水量的分布来看，不论绿洲内外，1988—1993年为干旱期，绿洲内年均降水量为109.7mm，荒漠对照点同期年均降水量为99.1mm，绿洲比荒漠多降水10.6mm，平均增加降水10.7%；1994—1998年为湿期，绿洲内

年均降水量为 190.2mm，荒漠对照点同期年均降水量为 154.3mm，绿洲比荒漠年均多降水 35.9mm，年均多降水 23.3%，与干期相比，绿洲和荒漠在湿期分别多降水73.4%和 55.7%；1999—2005 年又进入下一个干旱期，绿洲内年均降水量为124.7mm，荒漠对照点同期年均降水量为 88.7mm，绿洲比荒漠年均多降水36.0mm，年均多降水 40.6%。

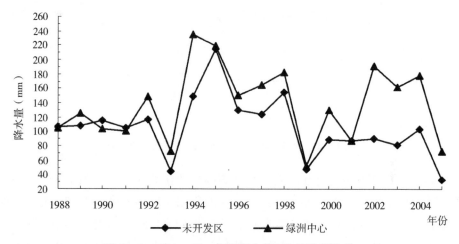

图 11-7 1988—2005 年绿洲内外历年降水量变化

总体上看，随着防护林功能的完善，人工绿洲不同阶段的年均降水量的增长率有不同程度的提高，幼龄林后期阶段降水增长率为 8.3%，中龄林阶段为 20.3%，成熟龄林阶段高达 67.1%，说明具有一定规模、生态功能完善的人工绿洲具有增加降水的作用，3 个阶段降水量直观变化见图 11-8，充分反映了各阶段降水的显著变化。

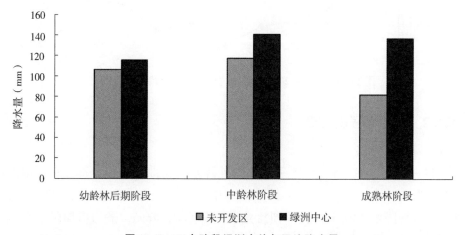

图 11-8 三个阶段绿洲内外年平均降水量

绿洲内外降水量的年内变化情况见图 11-9，1988—2005 年绿洲内外各月降水量变化曲线表明，绿洲内外降水的变化趋势基本一致，降水主要集中分布在 6~9 月，其降水量占绿洲全年的 79%，占未开发区全年的 79.5%。绿洲增加的降水量主要集中在 6、7、8 月，其增加的降水量占全年增加量的 78.7%。

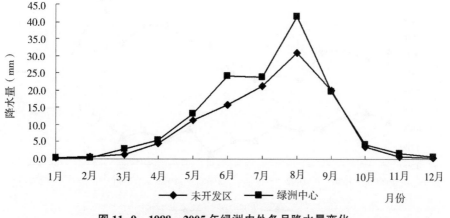

图 11-9　1988—2005 年绿洲内外各月降水量变化

人工绿洲增加降水机理在于绿洲的热力和动力效应容易在干旱区诱发中尺度对流（张林源等，1994），这有利于该地区降水的产生，从而起到增雨的效果。Anthes（1984）研究了在半干旱地区植被覆盖度变化对对流性降水影响时指出，在半干旱地区植被宽度为 50~100km，则在有利的大尺度天气条件上会引起对流性降水的增加。根据研究发现（吕世华等，1995），绿洲上空边界层大气中存在明显的低温气柱，高度达 700hPa，低层温差约 4℃；同时，在绿洲上空存在一个湿气柱，高度接近 650hPa。这种绿洲上空边界层中冷湿气柱持续存在，只是夜间低层温差有所减弱，但高度几乎没有改变。并且绿洲上空湿气柱随高度向气流下游方向倾斜，可见下垫面状态突变会形成自然锋区，空气的饱和程度大，水汽易于凝结，造成绿洲上空沿气流下游方向降水量逐渐增加，并在绿洲下游边缘的沙漠区出现降水峰值。同时，绿洲区上空比旷野多凝结核，如花粉、微生物等水汽凝结的催化物也有增加降水的机会。

（2）水面蒸发量的年际变化

水面蒸发量可反映大气控制各种下垫面蒸发过程的能力即大气向植物（或下垫面）夺取水分的能力，可见水面蒸发量可直接度量大气的干旱程度。

人工绿洲与未开发区年均水面蒸发量的变动曲线如图 11-10 所示，两者的变化趋势大致相同。根据观测资料，1988—2005 年，未开发区年均水面蒸发量为 2708.7mm，人工绿洲区仅有 1939.7mm，人工绿洲比未开发区年均减少水面蒸发 769mm，年均减少率为 28.4%。从人工绿洲的三个阶段来看，幼龄林后期阶段年均水面蒸发量为 2024.7mm，与同期未开发区的 2678.3mm 相比，减少水面蒸发 653.6mm，减少率为 24.4%；中龄林阶段多年平均水面蒸发量为 1874.0mm，比开发区的 2765.5mm 减少 891.5mm，减少率为 32.2%；成熟龄林阶段多年平均水面蒸发量为 2167.7mm，与同期未开发区的 2482.9mm 相比，减少水面蒸发 315.2mm，减少率为 12.7%。表明人工绿洲中龄林阶段对水面蒸发的抑制作用最强，成熟龄林阶段人工绿洲对水面蒸发的抑制作用明显减弱。

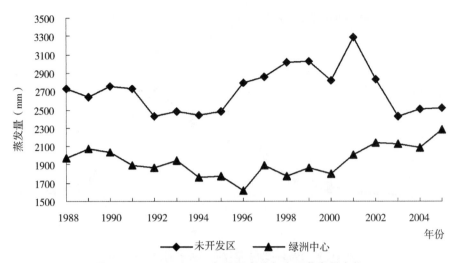

图 11-10　1988—2005 年绿洲内外年水面蒸发量变化

根据绿洲内外年平均水面蒸发量差值变化曲线（图 11-11），人工绿洲对水面蒸发的抑制作用在前两个阶段比较强，其中中龄林阶段的 1996—2001 年是人工绿洲抑制水面蒸发作用最强的阶段，这一时段人工绿洲平均水面蒸发量为 1826.1mm，比开发区的 2865.3mm 减少 1039.2mm，减少率为 36.2%，与成熟龄林阶段人工绿洲水面蒸发量 12.7% 的减少率形成明显的反差。说明人工绿洲随防护林生态功能的完善，对水面蒸发的抑制作用不断增强，到达一定阶段，防护林生态功能开始减弱，对水分水面蒸发的抑制作用也随之减弱，即防护林林龄 22 年时，绿洲对水面蒸发的抑制作用有明显的减弱，进一步证明此时的防护林进入了成熟龄。

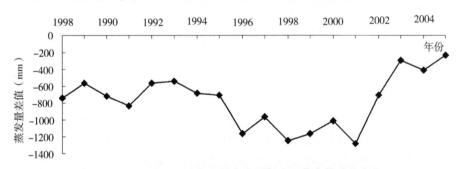

图 11-11　1988—2005 年绿洲内外历年水面蒸发量差值变化

从人工绿洲与未开发区水面蒸发量的年内动态来看（图 11-12），冬季 1、2、12 月，绿洲内外水面蒸发量基本相当，说明冬季绿洲对水面蒸发的抑制作用有限。其他月份，绿洲内水面蒸发量均低于荒漠区，水面蒸发量显著减少的时段集中在 5~11 月，其中以 6~11 月降幅较大，月水面蒸发量降低率均在 30% 以上，降低幅度最大为 7 月，降低了 40.2%。

5~10 月，正值防护林和农作物的生长季节，气温较高，绿洲内强烈的蒸散使空气中的水汽含量增加，同时蒸散活动大量消耗热量，使绿洲内气温相对较低，反过来抑制了水面蒸发。刘树华（1995）的研究结果表明，在绿洲区潜热输送量最大达 630W/m² , 沙漠区仅 100W/m² , 致使绿洲上低层大气较周围荒漠上冷而湿, 形成一个气块, 因有冷而湿的特征又称为 "冷岛" 或 "湿岛" 效应 (张源林, 1994)。冷湿气团的存在, 形成绿洲上空的稳定层结, 抑制了绿洲上水气向外逸散, 这样可使林带保护下的农田有效地保存水分, 减缓大气和土壤干旱程度, 并有利于绿洲自身的维持。

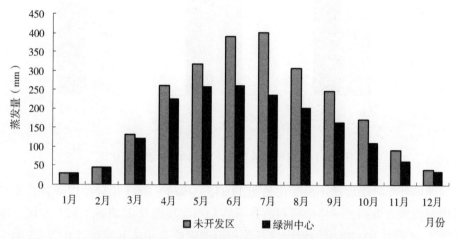

图 11-12　1988—2005 年绿洲内外各月水面蒸发量变化

（3）年相对湿度的变化

如图 11-13 所示, 人工绿洲年均相对湿度变化曲线的变动趋势与未开发区的一致。根据观测资料, 1988—2005 年, 未开发区多年平均相对湿度为 50.2%, 同期人工绿洲的为 54.6%, 比未开发区的提高了 4.4%。从人工绿洲的三个阶段来看 (图 11-14), 幼龄林后期阶段年均相对湿度为 52%, 比同期的未开发区的 47.5% 提高 4.5%; 中龄林阶段多年平均相对湿度为 54.9%, 比未开发区的 50.2% 提高 4.7%; 成熟龄林阶段为 54.7%, 比未开发区的 52.0% 仅提高 2.7%。人工绿洲中龄林阶段与幼龄林后期阶段的相对湿度差别不大, 但明显高于成熟龄林阶段的相对湿度, 说明人工绿洲防护林进入成熟阶段后, 绿洲对相对湿度的影响减弱。

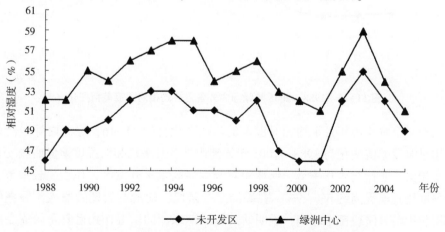

图 11-13　1988—2005 年绿洲内外历年平均相对湿度变化

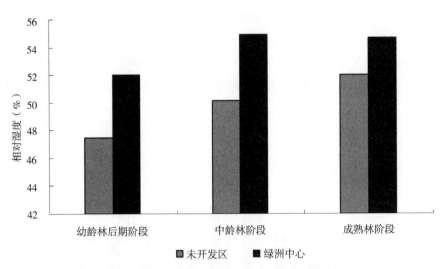

图 11-14　三阶段绿洲内外年平均相对湿度变化

　　绿洲内外相对湿度的年内变化见图 11-15，1988—2005 年绿洲内外各月平均相对湿度差值曲线表明，一年中绿洲的月平均相对湿度整体上都高于未开发区，非生长季节 1~4 月及 10~12 月，绿洲内月均相对湿度略高于未开发区，在 2% 左右，这是由于在作物非生长季节绿洲土壤湿度高于未开发区且温度较低并有一定的蒸发所致；在作物和防护林生长季节的 5~9 月，绿洲内月均相对湿度明显高于荒漠，平均高出 7.4%，最大升幅出现在 6 月，月均相对湿度比未开发区提高了 9.1%，7 月提高了 7.8%。说明绿洲有增湿作用，特别是在植物生长季节，绿洲能明显提高大气湿度，在盛夏高温、易引发干热风的 6、7 月，月相对湿度提高7.8%~9.1%，对农作物的生长是非常有益的。

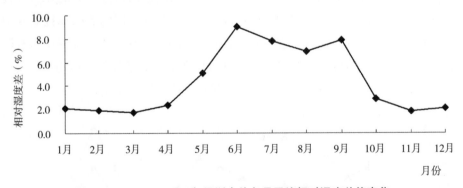

图 11-15　1988—2005 年绿洲内外各月平均相对湿度差值变化

　　绿洲三个阶段历年月平均相对湿度的年内变化见图 11-16，绿洲内外三阶段月平均相对湿度差值变化与 1988—2005 年绿洲内外各月平均相对湿度差值曲线变化趋势基本相同，非作物生长季节，绿洲相对湿度略高于未开发区，作物生长季节，绿洲内湿度比荒漠提高约 6%~9%。在绿洲三个阶段，幼龄林后期阶段人工绿洲的增湿作用与中龄林阶段基本相当，说明幼龄林后期绿洲的增湿作用已具备较完备的功能，而成熟龄林阶段人工绿洲的增湿作用表明该阶段人工绿洲在非作物生长季节相对湿度与其他两个阶段的人工绿洲相近，而在作物生长季节其增湿作用又略低于其他两个阶段，这是绿洲防护林生态功能开始下降的缘故。绿洲增湿作用的机理与其抑制蒸发的机理一致，可以减缓绿洲的大气和土壤干旱程度，并有利于绿洲自身的维持。

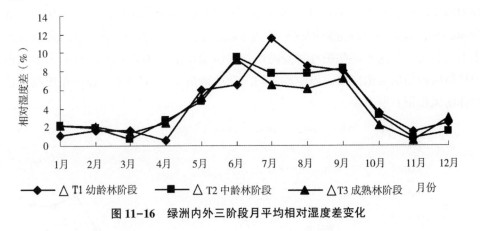

图 11-16　绿洲内外三阶段月平均相对湿度差变化

11.3.1.3　风的动态变化

人工绿洲与未开发区年均风速的变动曲线如图 11-17 所示，两者的变化趋势大致相同，表明年际间平均风速的波动主要受天气系统的影响。未开发区的年均风速总体上呈下降趋势，以 1988—2005 年荒漠旷野 18 年的年平均风速变化为例，拟合直线方程为 $y=-0.03x+3.92$（$R^2=0.4735$），说明乌兰布和沙漠旷野的风速是在逐渐减小的。根据观测资料，1988—2005 年，未开发区年均风速为 3.6m/s，人工绿洲区仅有 2.0m/s，人工绿洲区年均风速降低 1.6m/s，平均防风效能为 44.4%。从人工绿洲的三个阶段来看，幼龄林后期阶段人工绿洲年均风速为 2.4m/s，与同期未开发区的 4.1m/s 相比，降低风速 1.7m/s，平均防风效能为 41.5%；中龄林阶段人工绿洲多年平均风速为 1.9m/s，比未开发区的 3.6m/s 降低 1.7m/s，平均防风效能为 47.2%；成熟龄林阶段人工绿洲多年平均风速为 2.2m/s，与同期未开发的 3.5m/s

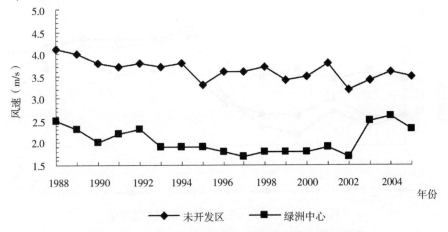

图 11-17　1988—2005 年绿洲内外历年年平均风速变化

相比，降低风速 1.3m/s，平均防风效能为 37.1%。表明人工绿洲中龄林阶段对风速的降低作用最强，成熟龄林阶段人工绿洲对风速的降低作用减弱，比幼龄林后期阶段低 4.4%，表明该阶段人工绿洲防风效果有所下降。

根据绿洲内外年平均风速差值变化曲线（图 11-18），人工绿洲对年均风速降低分为两个阶段，1988—2002 年为人工绿洲降低风速强化稳定阶段，风速年均降低率为 46.4%，该阶段对应的防护林林龄为 8~22 年，期间防护林对风速的降低强度变化不大，防风作用不随防护林林龄的增加而明显增加；2003—2005 年为人工绿洲防护林防风作用的衰退阶段，该阶段年均风速的降低率为 37.1%，表明在成熟期的防护林防风作用有所下降。

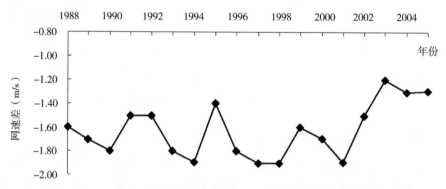

图 11-18　1988—2005 年绿洲内外年平均风速差值变化

绿洲防风作用的年内变化具有明显的季节特征，根据人工绿洲内外 3 个阶段历年各月风速平均值计算绿洲相应各月的防风效能，能更好地反映人工绿洲防风作用变化情况（图 11-19）。人工绿洲三个阶段各月防风效能曲线变化的趋势相同，在作物生长季节 5~10 月，人工绿洲防护林处于着叶期，对气流的阻挡和摩擦作用很强，同时绿洲上空常呈现逆温稳定层结，湍流交换弱，这些因素都具有抑制绿洲内风力增强的作用，使风速明显降低；1~4 月和 11、12 月防护林进入无叶期，绿洲植物呈现冬季相，防护林疏透度增大，且绿洲上空常呈不稳定层结，风速降低明显减弱。

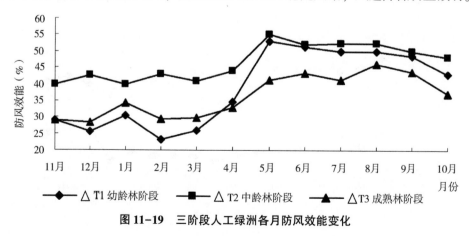

图 11-19　三阶段人工绿洲各月防风效能变化

图 11-19 表明，中龄林阶段人工绿洲不论在生长季还是在非生长季，防风效能

均高于其他两个阶段，这与中龄林阶段林木枝干生物量大、生态功能增强有关；而人工绿洲在成熟龄林阶段，则表现为生长季的防风效能明显小于中龄林阶段，而略高于幼龄林后期阶段。成熟龄林阶段（2003—2005年），生长季的防风效能为42.1%，而中龄林阶段、幼龄林后期阶段人工绿洲生长季的防风效能分别为51.7%和49.3%；在非生长季，其防风效能为30.6%，又低于中龄林阶段人工绿洲的41.8%，而高于幼龄林后期阶段人工绿洲的28.3%。

11.3.2 绿洲土壤的质量变化

本区土壤形成的主要过程包括土地沙漠化过程、土壤盐渍化过程、草甸化和沼泽化过程以及人为绿洲化过程，这些地理过程形成了不同的土地类型，主要有灰漠土、灌淤土、草甸土、沼泽土、盐碱土、风沙土等。乌兰布和沙漠绿洲土壤大多是在地带性土壤——灰漠土、固定风沙土、半固定风沙土经过大量泥沙的黄河水灌溉、落淤与耕作、熟化的作用过程形成，成为绿洲农业经营的宝贵资源。

11.3.2.1 土壤肥力变化

（1）土壤有机质

土壤有机质是反映土壤肥力高低的重要指标之一。由表11-1看出，在0~30cm表土层，在绿洲化过程中土壤有机质含量变化为0.15~5.27g/kg之间，均值为3.18g/kg，对照土壤有机质含量为0.13g/kg，绿洲化过程中土壤有机质均值较对照高出3.05g/kg，为对照的23.47倍；30~60cm土层，与对照相比，有机质也有明显的增加，含量由0.24g/kg增长为5.15g/kg，因为该层是深根性作物和林木根系主要分布的层次，有机质的多少决定植物根系死亡后归还给土壤的数量，同时亦取决于根系分泌物遗留在土壤中的含量；其余层次均有类似情况。以土壤各层的实测数据与对照的差值为例，图11-20表明，通过24年的人工绿洲建设，土壤有机质增量总体呈上升趋势，其增量与对照相比，在24年中土壤表层（0~30cm）增长了5.14g/kg，平均每年增加0.21g/kg，其增长率为161.51%。另外，如图所示，在绿洲化过程初期，土壤有机质是明显下降的趋势，出现负增长。这与人为干扰使原有的荒漠土壤有机质积累停止以及农作物生长和发育大量消耗有机质有关，随着人工绿洲经营年限的增加，有机质增量整体上呈上升趋势，耕作层0~30cm土壤有机质增长量曲线符合二次多项式方程：$y = -0.0048x^2 + 0.117x - 0.1375$（$R^2 = 0.9559$）。增加的机理在于随经营年限的增长，土壤根茬大量积累，不断地分解，还给土壤的有机物较多。同时土壤有机质含量大幅度增加，提高了土壤微生物活性和养分的转化速度，加上有机肥的施用等，这些都为土壤团粒结构的形成及水肥气热的协调作用提供了良好的物质条件。

表 11-1　土壤有机质（%）随绿洲化过程（年）的变化

深度（cm）	对照	1980 年	1984 年	1988 年	1992 年	1996 年	2000 年	2004 年
0~30	0.013	0.015	0.232	0.284	0.352	0.385	0.432	0.527
30~60	0.026	0.024	0.281	0.247	0.372	0.412	0.428	0.515
60~90	0.038	0.039	0.173	0.263	0.315	0.372	0.392	0.453
90~110	0.071	0.027	0.212	0.268	0.273	0.296	0.318	0.394

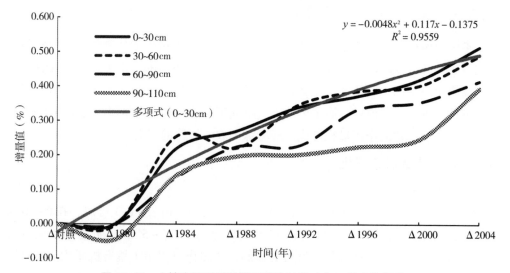

图 11-20　土壤有机质增量随绿洲化过程（年）的变化规律

（2）土壤全量养分

①土壤全氮量　土壤全氮为土壤肥力重要指标之一，它与土壤有机质存在极大的相关性，一般而言，土壤全氮的 95% 来源于有机质，土壤含氮量的高低可反映出生命化过程的强弱，亦反映出绿洲化土壤的发育进程。由表 11-2 所示，0~30cm 表土层，在绿洲化过程中土壤全氮量变化在 0.08~0.54g/kg 之间，均值为 0.29g/kg，对照土壤全氮量为 0.08g/kg，绿洲化过程中土壤全氮均值较对照高出 0.21g/kg，为对照的 3.625 倍；在 30~60cm 土层，土壤全氮含量亦明显增多，其含量由 0.07g/kg 增长为 7.4g/kg，其余层次均有类似情况。由图 11-21 可见，24 年的人工绿洲化过程，土壤全氮量增量总体呈上升趋势，其增量与对照（0.08g/kg）相比，在 24 年中土壤表层（0~30cm）增长了 0.46g/kg，平均每年递增 0.06g/kg，其增长率为82.14%。另外，在绿洲化过程初期，绿洲土壤全氮量有明显的下降趋势，出现负增长，其变化趋势与有机质的变化基本相同。土壤耕作层 0~30cm 全氮量增量变化曲线符合三次多项式方程：$y = 0.003x^3 - 0.0033x^2 + 0.0212x - 0.0217$（$R^2 = 0.9422$）。

表 11-2   土壤全氮量（%）随绿洲化过程（年）的变化

深度（cm）	对照	1980年	1984年	1988年	1992年	1996年	2000年	2004年
0~30	0.008	0.008	0.027	0.030	0.031	0.025	0.033	0.054
30~60	0.008	0.007	0.035	0.032	0.042	0.048	0.055	0.074
60~90	0.009	0.008	0.025	0.031	0.036	0.058	0.067	0.083
90~110	0.007	0.007	0.029	0.033	0.028	0.047	0.075	0.086

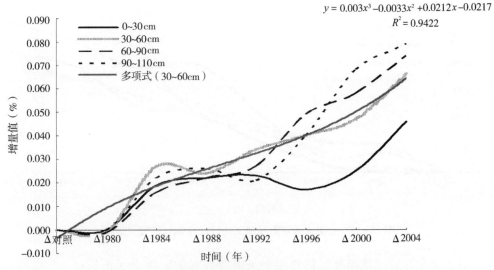

图 11-21   土壤全氮增量随绿洲化过程（年）的变化过程

②土壤全磷量　氮、磷、钾为植物营养的"三要素"，可以说明磷在植物生长和发育过程中的重要地位和作用。一般情况下全磷的 35%~65% 来源于土壤有机质，可见土壤全磷与土壤有机质有较大的相关性，与绿洲土壤肥力的积累息息相关。磴口绿洲是建立在荒漠化草原基础上的人工绿洲，土壤营养元素的循环与荒漠化过程直接相关，土壤磷素与矿物质存在着天然联系。磷元素存在于次生黏土矿物之中，其形态以闭蓄态为主，荒漠土壤磷的储藏和转化与微生物的活动较少有关，因此荒漠植物磷循环弱。人工绿洲化以后，土壤生物代谢过程加强，磷的循环加强，由此可见随着绿洲化过程，土壤磷素必然从闭蓄态转化为可交换态，可见全磷含量的多少与绿洲化进程密切相关。由表 11-3 及图 11-22 可知，全磷增量从总体来看呈"S"型增长趋势，从绝对值来看，土壤表层（0~30cm）24 年中全磷含量从 0.36g/kg增长到 1.24g/kg，平均年增长 0.037g/kg，增长率为 12.33%，数据显示，绿洲化进程可明显促进土壤全磷含量的释放，同时也说明绿洲化过程有利于增加土壤全磷的供给。图 11-22 表明，从绿洲化进程的总趋势来看，其全磷含量明显增加，绿洲土壤耕作层（0~30cm）全磷含量增长变化完全符合生物活动的"S"型生长曲线，说明绿洲化过程是生命活动过程，其增量在 24 年当中由对照的 0 起点增长为 0.88g/kg。其全磷含量增长量趋势方程为：$y = 0.0138x - 0.0262$（$R^2 = 0.9499$），呈极显著相关关系，绿洲土壤其他各层次（30~110cm）均有类似规律。

表 11-3　土壤全磷量（%）随绿洲化过程（年）的变化规律

深度（cm）	对照	1980 年	1984 年	1988 年	1992 年	1996 年	2000 年	2004 年
0~30	0.036	0.036	0.042	0.058	0.079	0.085	0.114	0.124
30~60	0.027	0.030	0.032	0.057	0.069	0.107	0.095	0.116
60~90	0.025	0.039	0.036	0.067	0.104	0.102	0.121	0.135
90~110	0.027	0.046	0.050	0.061	0.075	0.098	0.097	0.102

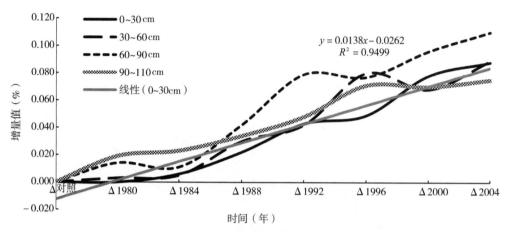

图 11-22　土壤全磷增量随绿洲化过程（年）的变化规律

③土壤全钾量　荒漠地区的钾主要来源含钾素的矿物质（正长石、云母类），由于降雨稀少，主要以土壤物理风化为主，速效钾含量偏低。随着人工绿洲化进程的发展，土壤的水分条件发生了一定改变，特别是引灌黄河水后，极大地改变了绿洲土壤的水盐循环，土壤的化学风化明显加强，可释放出大量的离子态钾（即速效钾），同时绿洲化进程淤积了大量河洪物质，这些物质主要以土壤腐殖质和次生黏土矿物为主，同时降沉中含有大量的离子态钾和盐基离子，这也是土壤速效钾增加的途径之一，悬浮物质还为绿洲土壤增加了大量的土壤胶体，离子态钾大多被土壤胶体所吸附，为大量种植的根茎类植物［马铃薯（*Solanum tuberosum*）、萝卜（*Raphanus satirus*）、甘草（*Glycyrrhiza uralensis*）等］提供了物质生长条件。由表 11-4 可知：在绿洲土壤的表层(0~30cm)，土壤速效钾的增长最为显著，其含量由 1980 年的 72mg/kg 增加到 2004 年的 190mg/kg，平均年增长为 4.92mg/kg，其他各层也有类似的增长趋势。

由图 11-23 表明，随着绿洲化过程的延伸，土壤表层（0~30cm）速效钾增量趋势线呈二次曲线增长，其增长方程为 $y = 0.9256x^2 + 10.818x - 5.3482$，其增量曲线呈典型的"S"型，与植物生长曲线相吻合，表明植物的生长与地下土壤速效钾的积累趋势一致，为绿洲土壤积累了大量的有机物，同时土壤速效钾也较好地响应了该变化趋势。

表 11-4　土壤速效钾含量（mg/kg）随绿洲化过程（年）的变化规律

深度（cm）	对照	1980 年	1984 年	1988 年	1992 年	1996 年	2000 年	2004 年
0~30	50.0	72.0	99.0	104.0	113.0	130.5	177.0	190.0
30~60	80.0	78.0	81.0	119.0	124.0	148.0	167.0	188.0
60~90	42.0	55.0	71.0	90.0	88.0	105.0	106.0	153.0
90~110	30.0	52.0	97.5	121.0	120.0	131.5	139.5	159.0

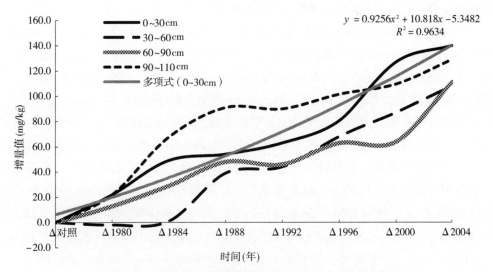

图 11-23　土壤速效钾增量随绿洲化过程（年）的变化规律

11.3.2.2　土壤盐分的变化

在北方干旱地区，土壤盐分的动态既是土壤自然地理过程，又是矿质元素循环的地球化学过程，同时土壤盐分的积累也可视为土壤的自然成土过程。由于乌兰布和东北部平原属于断陷盆地，自然排水条件极差，在气候干燥、强烈蒸发的环境条件下，土壤的水盐动态主要表现为显著的垂直方向的运动特征。人工绿洲的建立，大量引进黄河水灌溉，引黄灌溉水既成为绿洲土壤盐分的补给源，又是调节绿洲土壤盐分的廉价能源（王伦平，1993）。因此，绿洲土壤的易溶盐分随着灌溉水的入渗而下移，又随着土壤水及潜水的蒸发而上移至地表，具有强烈的垂直分异分布规律与再分配规律。总之，绿洲土壤的盐分变化对土壤的性质和质量具有重要影响，必须予以高度重视。

（1）土壤八大离子含量

八大离子为土壤的主要盐基离子，一般占土壤盐分的 95% 以上，其中四种阳离子均为植物营养的大量元素，阳离子含量的多少直接反映土壤供肥能力的强弱，某种程度上也可作为土壤肥沃程度的指标之一。土壤阳离子种类的不同也反映出地球化学过程的差异，草原土壤以 Ca^{2+}、Mg^{2+} 循环为主，也就是说 Ca^{2+}、Mg^{2+} 在盐分中占绝对优势；荒漠土壤则以一价的 Na^+、K^+ 离子循环为主，Na^+ 和 K^+ 在盐分中占主导地位。四大阴离子当中 SO_4^{2-} 和 Cl^- 为强酸离子，在土壤中溶解度极大，其水盐运动速度快、幅度大，二者更容易与一价的 Na^+ 和 K^+ 结合形成中性盐，在土壤中常表现为季节性的淋溶和电解，对荒漠植物生存影响较大。CO_3^{2-} 和 HCO_3^- 与自然界 CO_2 呈动态平衡过程，HCO_3^- 是 CO_3^{2-} 的溶解形态，二者随着温度、湿度的变化也成动态平衡状态，它们更容易与 Ca^{2+}、Mg^{2+} 结合形成固定态物质沉积于土壤的不同深度。但是当地下水位保持高位时，由于荒漠土壤水分的强烈蒸发，土壤水分向地表运动，盐分大部分积累在地表形成盐壳或盐霜，这时 HCO_3^- 和 CO_3^{2-} 很容易与一价的钠和钾离子结合，打破了原有的化学平衡，使土壤发生碱化，形成荒漠碱土。

表 11-5 及图 11-24a、图 11-24b 表明，随着荒漠的绿洲化进程的发展（1980—2004 年），阳离子中 Ca^{2+}、Mg^{2+} 总体处于增长状态，其中钙离子由绿洲初期（1980 年）的 1.000mmol/kg 增加到 2004 年的 1.675mmol/kg，而一价的 Na^+ 和 K^+ 则处于显著的下降趋势（由 1980 年的 12.520mmol/kg 降至 2004 年的 3.347mmol/kg），表明绿洲化进程中土壤盐分的垂直运动主要受控于绿洲农田灌溉的影响，土壤中易溶的 Na^+ 和 K^+ 被灌溉淋洗，导致土壤不易被碱化。而四大阴离子中强酸性的 SO_4^{2-} 和 Cl^- 变化平稳并略有降低，表明绿洲土壤水分仍以蒸发型为主，二者大多与一价离子结合形成中性盐；土壤中 HCO_3^- 的含量呈明显下降趋势，从绿洲初期（1980 年）的 11.229mmol/kg 下降到 2004 年的 4.787mmol/kg，可以解释为在绿洲化进程中 HCO_3^- 转化为 CO_3^{2-}，并与 Ca^{2+}、Mg^{2+} 镁结合形成沉淀固定于土层中，同时也减少了 HCO_3^- 和 CO_3^{2-} 与 Na^+、K^+ 结合量，使荒漠土壤由强碱性转变为绿洲化进程后的碱性。

表 11-5　土壤八大离子含量随绿洲化过程（年）的变化规律

离子含量 （mmol/kg）	对照	1980 年	1984 年	1988 年	1992 年	1996 年	2000 年	2004 年
Cl^-	2.366	2.056	0.535	1.460	2.900	1.775	1.465	0.282
CO_3^{2-}	1.250	0.416	1.670	1.033	1.450	0.550	0.216	0.416
HCO_3^-	13.721	11.229	14.490	11.033	5.705	6.246	5.409	4.787
Ca^{2+}	0.400	1.000	3.450	0.400	1.525	1.175	1.575	1.675
Mg^{2+}	1.625	0.792	1.083	0.826	1.041	1.792	1.208	0.625
SO_4^{2-}	2.375	0.989	4.896	0.396	1.479	0.979	1.094	1.094
$Na^+ + K^+$	19.347	12.520	13.869	13.000	7.434	5.174	3.918	3.347

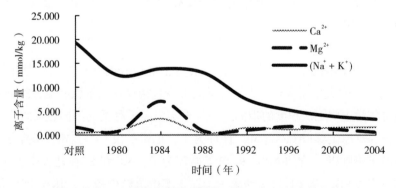

图 11-24a　土壤阳离子随绿洲化过程（年）的变化规律

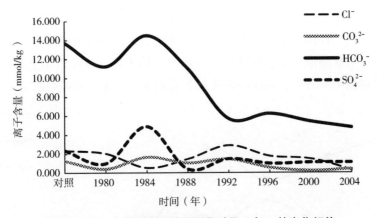

图11-24b 土壤阴离子随绿洲化过程（年）的变化规律

（2）土壤八大离子组成的主要盐类变化情况

表11-6及图11-25a、11-25b表明，八大离子转化为各种组合盐类后，可明确看出各种盐类的含量及存在形态，直接反映出绿洲化进程中盐分的变化规律。在绿洲初期，NaHCO$_3$在所有盐类中占主导地位，说明荒漠化的地球化学循环是以钠循环为主，土壤呈强碱性反应，随着绿洲化进行，土壤中NaHCO$_3$的含量显著下降，由绿洲初期1980年的7.645mmol/kg下降至2004年的0.187mmol/kg，并且在1992年以后NaHCO$_3$的含量均处在很低水平。与此形成鲜明对照的是土壤中Ca（HCO$_3$）$_2$和Mg（HCO$_3$）$_2$的含量总体上明显增加，其中Ca（HCO$_3$）$_2$的含量由对照（1980年以前）的0.400mmol/kg增长到2004年的1.675mmol/kg，而土壤中的中性盐（Na$_2$SO$_4$和NaCl）的变化平稳并略有下降，这与Na$^+$的整体下降有关。以上变化表明绿洲化进程中，随着绿洲生态功能的增强，土壤的水分蒸发显著减少，使土壤溶质（盐分）表聚减弱；同时植物蒸腾作用的明显加强，生物地球化学循环加快，水盐运动变缓。

表11-6 土壤盐分组成及含量随绿洲化过程（年）的变化规律

盐分含量（mmol/kg）	对照	1980年	1984年	1988年	1992年	1996年	2000年	2004年
Ca（HCO$_3$）$_2$	0.400	1.000	3.450	0.400	1.525	1.175	1.575	1.675
Mg（HCO$_3$）$_2$	1.625	0.792	1.083	0.826	1.041	1.792	1.129	0.625
MgCO$_3$	0.000	0.000	0.000	0.000	0.000	0.000	0.079	0.000
NaHCO$_3$	9.671	7.645	5.425	8.581	0.573	0.312	0.000	0.187
Na$_2$CO$_3$	1.250	0.416	1.670	1.033	1.450	0.550	0.138	0.416
Na$_2$SO$_4$	2.375	0.989	4.896	0.396	1.479	0.979	1.094	1.094
NaCl	2.366	2.056	0.209	1.460	1.003	1.775	1.455	0.170

注：由八大离子转化为各种盐分组成。

由图11-25b可以看出，荒漠土壤的四大阴离子中HCO$_3^-$占绝对优势，在生物地球化学循环（土壤和植物营养元素的循环）中占主导地位，表明绿洲初期土壤的生物地球化学循环具有典型的荒漠化特征。随着绿洲化进程的发展，土壤HCO$_3^-$含量显著下降，而其他阴离子 SO_4^{2-}、Cl^- 变化不大并略有下降。图 11-25a 表明，随着绿洲进程的发展，在四大阳离子中，生物地球化学过程明显由钠循环转变为钙循环，土壤盐分含量明显降低，生物地球化学循环占主导地位。这是由于土壤水盐运动中的溶质表聚现象明显减弱，表明绿洲化进程有利于改良土壤和提高肥力。

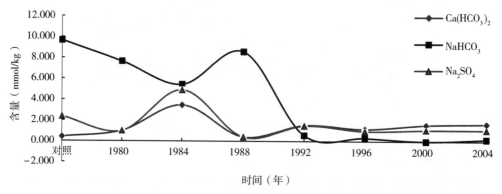

图 11-25a　土壤盐分组成及含量随绿洲化过程（年）的变化规律

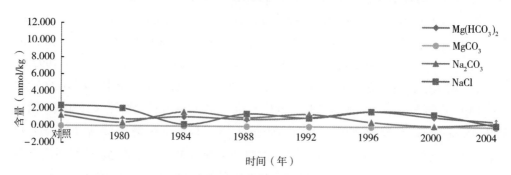

图 11-25b　土壤盐分组成及含量随绿洲化过程（年）的变化规律

（3）土壤全盐量

土壤全盐量反映了土壤中各种盐基离子总量的多少，也是植物营养元素水平高低的反映，同时还可表明土壤自然地理过程。在西北内陆荒漠地区，全盐量的高低直接反映土壤的酸碱程度，进而影响土壤的生物地球化学过程。表 11-7 及图11-26 表明，自1980 年绿洲建设开始至 2004 年，20 余年间土壤的全盐量总体呈显著的下降趋势，这说明绿洲化进程彻底改变了原有的荒漠化地球化学过程，土壤水盐运动溶质表聚过程减弱，而土壤植物地球化学循环加剧，导致土壤全盐量下降，其物理性状得到明显改善，使绿洲土壤的性质和质量向良性转化。

表 11-7　土壤全盐量（%）随绿洲化过程（年）的变化规律

深度（cm）	对照	1980 年	1984 年	1988 年	1992 年	1996 年	2000 年	2004 年
0~30	1.720	1.230	1.430	1.160	0.985	0.780	0.680	0.590
30~60	1.374	1.034	1.100	0.978	0.866	0.772	0.671	0.536
60~90	0.774	0.772	0.746	0.790	0.803	0.811	0.827	0.821
90~110	0.683	0.691	0.707	0.697	0.711	0.723	0.754	0.760

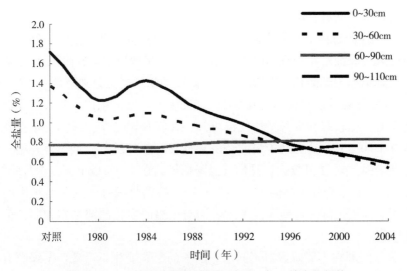

图 11-26 土壤全盐量随绿洲化过程（年）的变化规律

（4）土壤 pH 值

土壤 pH 值与八大离子及全盐量存在密切关系，八大离子中钠离子占主导地位时，土壤 pH 值就会明显升高，在干旱和半干旱地区，钠离子以 Na_2CO_3 或 $NaHCO_3$ 存在于土壤中，pH 值一般均大于 8.5。表 11-8 及图 11-26 表明，随着绿洲化进程的发展，土壤生物地球化学循环由钠循环转变为钙循环，土壤盐分则以中性盐（Na_2SO_4 和 NaCl）为主，少量存在 $NaHCO_3$，因而土壤表层（0~30cm）pH 值呈下降趋势，由对照年（1980 年以前）的 8.7 下降为 8.1（2004 年），土壤由中度碱性转变为弱碱性；而土壤下层（60~90cm、90~110cm）则呈现相反趋势，说明碴口以荒漠化过程为主时，各种盐基离子表聚明显，土壤下层离子以钙、镁为主，而经过绿洲化过程之后，土壤溶质的表聚明显减弱，土壤下层钠离子反而增加，故土壤 pH 值呈增加趋势。

表 11-8　土壤 pH 值随绿洲化过程（年）的变化规律

深度（cm）	对照	1980 年	1984 年	1988 年	1992 年	1996 年	2000 年	2004 年
0~30	8.7	8.5	8.4	8.4	8.2	8.3	8.2	8.1
30~60	8.5	8.6	8.6	8.3	8.4	8.3	8.4	8.3
60~90	8.2	8.1	8.2	8.3	8.3	8.3	8.3	8.4
90~110	8	7.9	8.1	8.2	8.2	8.4	8.3	8.2

11.4　小结

防护林体系作为绿洲生态系统的重要组成部分，其气候效应是人工绿洲最重要的生态功能，在干旱区人工绿洲的可持续经营中具有十分重要的作用，其生态功能主要表现为降低风速、减轻风沙危害、调节气温、改善水文状况等。

通过对沙林中心第二实验场人工绿洲内外长期连续的气象资源观测，研究表明人工绿洲防护林不同林龄阶段的气象效应呈动态变化。

（1）人工绿洲总体上具有降低气温的作用，幼龄林后期阶段、中龄林阶段、成熟龄阶段的人工绿洲对年均气温的影响相差不大，呈现出中龄林阶段降温幅度最大，成熟龄阶段降幅小于幼龄林后期阶段，3个阶段的年均气温分别降低0.4℃、0.5℃、0.3℃，绿洲年降温的最大极差为0.9℃。与荒漠未开发区相比，从人工绿洲气温的年内变化来看，比较绿洲月平均气温可知，在晚秋至冬季，绿洲有增温作用，增温幅度为0.1~0.5℃，这有利于绿洲经济果林及防护林越冬；从5月开始，绿洲降温幅度逐渐增强，6、7月较大，月均气温降幅最高在1.0℃以上，以7月降幅最大，达到1.2℃，这对作物躲避高温危害甚为有利，特别是减轻干热风对小麦的影响具有重要作用。而人工绿洲对地表温度的影响与气温的变化趋势基本相同，但降温幅度要高于气温。

（2）人工绿洲在不同阶段对不同水分因子的影响变化不一致：①绿洲有增加降水量的作用，主要集中在6、7、8月，其增加的降水量占全年增加量的80%。人工绿洲有增雨作用，在幼龄林后期阶段、中龄林阶段、成熟龄阶段有逐渐增加的作用，与荒漠相比增加率分别是8.3%、20.3%、67.1%。②人工绿洲抑制蒸发作用明显，三个阶段人工绿洲的蒸发量分别减少为24.4%、32.2%、12.7%，表明人工绿洲中龄林阶段对水分蒸发的抑制作用最强，成熟龄林阶段人工绿洲对水分蒸发的抑制作用明显减弱。人工绿洲蒸发量显著减少的时段集中在5~11月生长季，其中以7月减少幅度最大，达40.2%。③人工绿洲三个阶段的相对湿度与荒漠相比有不同程度的提高，幼龄林后期阶段年均相对湿度提高4.5%，中龄林阶段提高4.7%，成熟林阶段提高2.7%，人工绿洲相对湿度的年内变化在作物非生长季节略高于未开发区，而在作物生长季节，绿洲内比荒漠提高约6%~9%。

（3）人工绿洲三个阶段防风作用的变化，幼龄林后期阶段、中龄林阶段、成熟龄林阶段的防风效能分别为41.5%、47.2%、37.1%。防风效能的年内变化为人工绿洲成熟龄林阶段在非生长季的防风效能高于幼龄林后期阶段、而在生长季的防风效能正好相反的现象。

（4）人工绿洲化过程中，土壤有机质含量大幅度增加，提高了土壤微生物活性和养分的转化速度，土壤全氮、全磷、全钾含量总体上都呈增加趋势。土壤速效养分随着绿洲化过程的深入，土壤各层速效氮含量总体也呈明显的增加趋势；速效磷增量在绿洲化进程的初期（1980—1984年）呈现负增长的趋势，此后土壤的有机质归还量加大，土壤速效磷、速效钾含量表现为正增长。

（5）在绿洲化进程中，自1980年绿洲建设开始至2004年，土壤的全盐量总体呈显著的下降趋势，这说明绿洲化进程彻底改变了原有的荒漠区地球化学过程，土壤水盐运动溶质表聚过程减弱，而土壤植物地球化学循环加剧，导致土壤全盐量下降，其理化性状得到明显改善，土壤上层0~60cm的pH值趋小，而下层60~110cm的pH值呈现增加趋势。

第 12 章
绿洲防护林体系建设对风尘天气的抑制与降减作用

风沙活动和风沙天气造成的风沙灾害影响了绿洲内的区域生态环境，并给农牧业生产带来严重的威胁。沙尘暴天气频发是区域生态环境恶化的重要标志，我国沙尘暴天气多发区主要位于新疆和田及吐鲁番地区、甘肃河西走廊、宁夏黄河灌区及河套平原、青海柴达木盆地、阿拉善高原、鄂尔多斯高原、陕北榆林及长城沿线（夏训诚等，1996）。乌兰布和沙源物质丰富，在干旱多风的情况下，极易起沙，常常造成风沙活动，而且乌兰布和沙漠地处中纬度内陆，终年为西风环流控制，过境的冷锋常常造成大风天气，大风将上游裸露的沙尘物质携带过境而引发恶劣的风沙天气。风沙活动是干旱、半干旱地区沙漠形成与扩张及沙漠化的发生与加剧的直接因素。乌兰布和沙漠东北缘所在的磴口县位于华北和西北的接合部，东临黄河，三面环沙，风沙危害十分严重（郝玉光等，2004；董智等，2004）。乌兰布和沙漠处于我国西北地区以民勤为中心的沙尘暴多发区范围内，并位于从巴丹吉林沙漠东部，经腾格里沙漠、乌兰布和沙漠，至库布齐沙漠和毛乌素沙地的沙尘暴传输路径沿线（王式功等，1996），每年要出现数次至几十次不同强度的沙尘暴与扬沙天气，风沙所到之处，大气污染、表土流失及农业减产，对农民的生产、生活和生态环境造成严重的破坏，严重危害工农业生产。

胡海波（2001）研究指出，在中国干旱和半干旱地区，防护林具有改善小气候和区域性大气候的功能，可改善农作物生长环境、提高人们生存质量、促进社会经济的可持续发展。与小气候相比，防护林对区域性气候影响较小，但可显著降低风速和沙尘暴发生频率。沙尘暴的发生与植被盖度有很大关系。森林覆盖率高，风速减小，沙尘暴就轻，危害就小。防护林体系是干旱沙区人工绿洲的重要生态屏障，绿洲地区营造农田防护林网和周边大型防风阻沙林带，对于削弱和遏制沙尘暴特别是强沙尘暴对绿洲的危害具有显著作用（夏训诚等，1996）。

为了减轻和遏制风沙危害，全面改善绿洲农田的小气候，保证农牧稳产、高产，1951—1958 年间，磴口县从三盛公到四坝乡，营造起一条长 154km、宽 50m、面积近 4500hm^2 的大型防风固沙林带和 0.5 万 hm^2 封沙育草区，并且在沙漠的东北缘建成了大面积的人工绿洲，初步战胜了风沙危害（郝玉光等，2004）。而后又经多年的林业建设，特别是三北防护林工程建设以来，在乌兰布和沙漠绿洲边缘及内部营造了大面积的人工植被和防护林，在区域内形成了一个比较完善的以防护林为主体，由各林种组成的防护体系，不仅减轻了风沙和沙尘暴对农田的影响，也改善了区域小气候，风沙灾害性天气得到了有效的控制（王葆芳等，1998；王君厚等，1998）。

在干旱、半干旱地区，减少风沙危害的关键在于控制地表沙尘的输送，营造防护林体系是最有效地控制风沙危害的方法之一。因受干旱、半干旱地区防护林体系建设工作的限制，有关防护林体系总体效益的研究尚不全面。此外，我国对沙尘暴的研究工作绝大多数集中在新疆、河西走廊、内蒙古阿拉善等西北地区以及北京、河北等华北地区，主要针对沙尘暴的成因及气候分析方面，但对于乌兰布和沙漠绿洲沙尘天气的报道很少。而且，探讨防护林体系对沙尘天气的影响也是近年来有所关注（郝玉光，2004；汪季等，2005）。为此，本章以磴口县的区域防护林体系作为整体研究对象，并与沙林中心新建人工绿洲内外的野外定位观测分析相结合，探讨人工绿洲防护林体系与风沙天气之间的关系，为三北防护林体系建设总体效益的综合评价和绿洲的合理开发提供科学依据。

12.1　研究方法与内容

12.1.1　区域防护林体系对沙尘天气的影响

风沙灾害是当地的主要自然灾害，为研究防护林对沙尘天气的变化规律，选定年均大风日数、扬沙日数和沙尘暴日数 3 个主要指标，同时选取气温、风速、降水等相关指标，搜集了磴口县气象局 1970—2000 年 31 年的气象统计资料。针对防护林体系对风沙天气形成的制约作用，按我国三北防护林每期工程建设年限为标准，划分为建设前期（1970—1977 年）、一期工程（1978—1985 年）、二期工程（1986—1995 年）、三期工程（1995 年以后）4 个阶段，并从磴口县森林资源清查核实档案资料搜集各期每年防护林面积、林木蓄积量指标。然后利用 SPSS 统计分析软件，通过线性趋势估计和多项式函数拟合等方法，分别对年大风日数、年沙尘暴日数和扬沙日数在三北防护林建设工程前后 4 个阶段的数据资料进行分析，探讨其变化规律及其对防护林体系建设的响应。

12.1.2　典型防护林体系对沙尘天气的影响

利用沙林中心第二实验场林网中心气象站和荒漠气象站（前文已有叙述）风沙天气资料，选择第三实验场的新疆杨窄带防护林网和第二实验场的二白杨宽带防护林网作为两个大气降尘测点，分别设置降尘收集装置，并在荒漠气象站同时做对照观测，研究防护林体系对风沙天气和降尘的影响。

降尘观测点沿主害风方向 WN→ES 设置，每隔 500m 设 1 个测点，3 个测点为一组，每个测点位于林网中心，在每一测点设置一组集尘装置。集尘缸为内径 15cm、高 30cm 的圆柱形铁皮桶，内衬撑架与沙网。按月收集各测点的降尘量，分析其水平与垂直分布特征。

在以上各测点集尘架的 2m 和 5m 高度处，按 120°夹角在 3 个方向上各布设一组集尘缸。为防止 5m 高度的集尘缸影响 2m 高度集尘缸内的降尘量，上下两层集尘缸的位置相互错开 60°夹角。样品收集采用干法收集，每月进行一次测定。

将每次收集到的尘样及时在 105℃条件下烘干，烘 8h 后用电子天平称重，并计算降尘量。降尘量为单位面积单位时间内从大气中沉降的颗粒物的重量。用下面公式进行降尘量的计算：

$$M = \frac{W_1 - W_0}{s \times n} \times 30 \times 10^4 \tag{12-1}$$

式中：M 为降尘总量 $[t/(km^2 \cdot mon)]$；W_1 为烘干至恒重后降尘 + 铝盒的重量 (g)；W_0 为烘干至恒重后铝盒的重量 (g)；s 为集尘缸缸口面积 (cm^2)；n 为采样天数（准确到 1d）。

此外，在第二实验场西南部的荒漠旷野气象站，同步监测沙尘天气的发生程度与强度。

12.1.3　典型防护林体系对近地层风沙特征的影响

通过"内蒙古磴口荒漠生态系统国家定位观测研究站" 2 座 50m 高的风沙监测铁塔来监测近地层风沙特征。荒漠→绿洲过渡带（简称过渡带）和绿洲内各 1 座风沙监测塔。塔上安装有自记式风速风向采集仪，沙尘水平通量和降尘量采集器。风速风向采集仪型号为 AV-30WS，启动风速 0.5m/s，精度 ±0.3m/s，安装在距地面高 1、2、4、8、12、16、24、36、48m 的位置；沙尘通量采集器安装在距地面高 0.5、1、2、4、8、12、16、20、24、28、32、36、40、44、48m 的位置。其中，沙尘水平通量采集器为能跟踪风向变化的铁质仪器，集尘口大小为 20mm×50mm；降尘量采集器为圆柱形平底玻璃容器，直径 15cm、高 30cm。为使降尘接近自然界实际的风沙沉积过程，集尘方式为干集尘，按月收集各监测样地的降尘。

本研究中的数据采集于 2013 年 1~12 月，风速风向、沙尘样品的采集频率为 30d。风速风向为每 1min 自动记录 1 组数据。沙尘样品的采集均避开降水过程，样品带回实验室，拣去其中的昆虫尸体、鸟粪等杂质后烘干，然后用电子天平（精度 1/1000）称质量，最后将其换算为沙尘水平通量和降尘量。水平通量和降尘量的监测均采用梯度法。

沙尘水平通量和降尘量通过公式（12-2）和（12-3）计算：

$$M_H = W_H / ab \tag{12-2}$$

$$M_V = W_V / \pi r^2 \tag{12-3}$$

式中：M_H 为水平通量 $[g/(m^2 \cdot min)]$；W_H 为集尘器内收集的沙尘净质量 (g)；a 为集尘器集尘口宽度 (mm)；b 为集尘器集尘口高度 (mm)；M_V 为降尘量 $[g/(m^2 \cdot min)]$；W_V 为集尘缸内接收的沙尘净质量 (g)；r 为集尘缸缸口半径 (cm)。

12.1.4 典型防护林体系对低空沙尘暴结构特征的影响

沙尘暴结束后 1d 内完成沙尘采集工作，为保证收集样品处于自然风干状态，采样过程需避开降水。风速及沙尘数据均为每月的 1~5 号进行采集，本研究所用沙尘数据为 2017 年 5 月~2018 年 5 月期间收集的 8 次沙尘暴数据；风速风向数据为该时间段内自动记录，数据采集频率为 10min。

沙尘采集及通量计算同 12.1.3 中计算公式。

沙尘浓度计算公式如下：

$$C_{(x)} = \frac{Q_{(x)}}{V_{(x)} TA} \qquad (12-4)$$

式中：$C_{(x)}$ 为高度 x 处的沙尘浓度（g/m^3）；$Q_{(x)}$ 为高度 x 处收集到的总沙尘量（g/m^2）；$V_{(x)}$ 为高度 x 处的平均风速（m/s）；T 为沙尘暴过程的持续时间（s）；A 为取样口面积（m^2）。

将 2017 年 5 月至 2018 年 5 月期间的观测高度为 12m 的原始风速、风向数据以 10min 为统计单位，参考相关研究，计算每月风速≥5m/s 的起沙风的平均风速、最大风速及起沙风频率。统计计算 N、NNE、NE、ENE、E、ESE、SE、SSE、S、SW、SSW、WSW、W、WNW、NW 和 NNW 16 个方位起沙风频率，为了更好地表述风速风向分布特征，每个方位的起沙风均按照 5m/s≤V<7m/s、7m/s≤V<9m/s、9m/s≤V<11m/s、V≥11m/s 4 个风速段进行分段统计，根据以上统计分析数据绘制起沙风玫瑰图。

12.2 结果与分析

12.2.1 区域防护林体系对沙尘天气的影响

12.2.1.1 沙尘天气的季节变化规律

磴口县大风和沙尘天气具有明显的季节变化特征，该区大风和沙尘天气一年四季均能出现，但主要发生于春季，出现频率分别为 38.3% 和 55.1%；冬季次之，出现频率分别为 29.0% 和 18.5%；秋季最少，出现频率分别为 15.0% 和 8.5%。按月份分析，大风和沙尘天气主要集中出现在 3~5 月份，且以 4 月为最多，分别占总数的 15.5% 和 22.3%；5 月次之，分别占总数的 13.4% 和 16.9%；8~10 月较少，大风和沙尘出现日数分别为 11.3% 和 6.1%；以 9 月最少，分别为 3.5% 和 1.1%。由此看出，该区沙尘天气分布集中，每年 11 月起开始出现并逐渐加强，至 4~5 月达到高峰，之后逐渐下降，至 9 月降至一年最低。这一分布规律与我国北方地区沙尘天气分布的季节变化相一致。造成这种变化规律的原因是由于春季大气层不稳定，冷空气和蒙古气旋活动频繁，冷锋过境时常出现 6~7 级西北大风，造成风沙天气出现频率高、持续时间长。

12.2.1.2 沙尘天气的年际变化规律

持久的强风是沙尘天气发生的基本条件，只有当风速等于或大于起沙临界值，才能裹挟沙粒进入大气层，形成沙尘天气。对磴口县31年的大风、扬沙和沙尘暴发生日数进行统计，并依据其距平值作图（图12-1）。

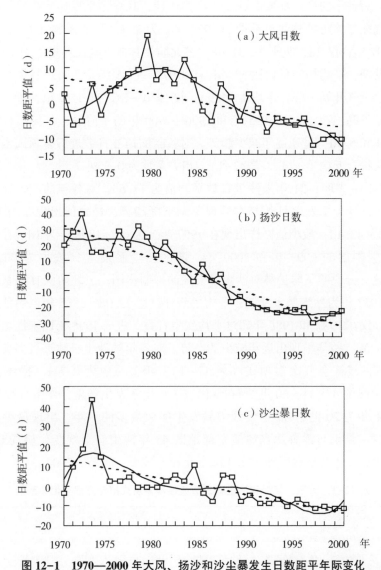

图 12-1　1970—2000 年大风、扬沙和沙尘暴发生日数距平年际变化

注：图中折线为大风、扬沙和沙尘暴年发生日数距平，虚直线为线性趋势，曲线为多项式拟合。

图 12-1-a 表明，1970—2000 年 31 年大风日数平均值为 13.5d，大风年发生日数随年代呈波动变化，有增有减，但总体呈现递减趋势。由图看出，大风日数最大值出现在 1979 年，为 33d，距平为 19.5d；最小值出现在 1997 年，大风日数仅 1d，距平为 -12.5d。1970—1985 年为相对高值年代，平均大风日数为 18.4d，特别是1978—1985 年大风日数明显增多，平均为 21.9d，较 1970—1978 年约多 7d。1985年以后大风日数明显减少，只有在 1987、1988 和 1990 年大风日数超过 31 年平均值

3.1d，基本呈现逐年减少的态势。在1991—2000年达到相对低值区，1997年仅为1d。对各年的大风日数进行线性趋势估计和多项式函数拟合发现，其曲线符合线性方程和五次多项式（表12-1），相关系数为0.565和0.846。

图12-1-b表明，31年来扬沙日数平均值为33.0d，扬沙年发生日数随年代呈波动变化，对各年的扬沙日数进行线性趋势估计，其总体呈现递减趋势。扬沙日数最大值出现在三北防护林建设前期的1972年，为73d，距平为30.0d；最小值同样出现在1997年，仅2d，距平为-31.0d。三北防护林体系建设前期的1970—1977年为扬沙多发期，平均扬沙日数达55.6d，在1978—1985年三北防护林体系建设第一阶段，扬沙天气开始下降，平均为46.9d，较1970—1977年少8.7d。1985年以后扬沙日数明显下降，在1986—1995年和1996—2000年两个阶段，其扬沙日数分别下降为16.7d和6.3d，呈现逐年减少趋势。对各年的扬沙日数进行多项式函数拟合发现，其曲线符合五次多项式（表12-1），相关系数为0.959。

图12-1-c表明，31年来沙尘日数平均值为11.6d，对各年的沙尘日数进行线性趋势估计，沙尘暴发生日数基本呈现单调下降趋势，最大值出现在1973年，为55d，距平为43.4d；最小值同样出现在1997年，为0d，1998年为1d。在北方地区沙尘暴发生剧增的1999年和2000年，该区沙尘暴发生日数也为0d，距平为-11.6d，这充分说明了防护林对沙尘暴天气的抑制作用。三北防护林体系建设前期的1970—1977年为沙尘暴多发期，平均扬沙日数达23.0d，1985年以后沙尘暴天气明显下降，仅在1987和1988年超过平均发生日数。进入1996年以来沙尘暴天气下降为平均0.3d，整体呈现出逐年减少的态势。对各年的沙尘日数进行多项式函数拟合发现，其曲线符合五次多项式（表12-1），相关系数为0.771。据该区1961—1969年沙尘暴统计资料，20世纪60年代该区沙尘暴发生频繁，发生日数仅次于70年代，1966年为20世纪60年代沙尘暴发生次数最多的一年，出现最少的一年为1961年。这一结果与浑善达克沙地东部地区45年沙尘暴天气变化格局基本一致，但与浑善达克沙地西部地区沙尘暴年际变化相差较大（董智，2004）。

表12-1 大风、扬沙和沙尘暴日数线性和多项式拟合方程与相关系数

天气类型	线性回归	五阶多项式回归
大　风	$W=-0.4847t+7.8032$（$r=0.565^{**}$）	$W=-0.00005t^5+0.0040t^4-0.1126t^3+1.2176t^2-3.5332t+0.6857$（$r=0.846^{**}$）
扬　沙	$B=-2.1956t+35.1600$（$r=0.928^{**}$）	$B=-0.00004t^5+0.0036t^4-0.1004t^3+0.9920t^2-3.9080t+28.6340$（$r=0.959^{**}$）
沙尘暴	$S=-0.8827t+14.1350$（$r=0.707^{**}$）	$S=0.00010t^5-0.0080t^4+0.2383t^3-3.1061t^2+15.4320t-9.0311$（$r=0.771^{**}$）

注：W为大风日数；B为扬沙日数；S为沙尘暴日数；** 为极显著（$p=0.01$）相关。

12.2.1.3 沙尘天气对防护林体系建设的响应

以三北防护林建设工程前8年风沙天气指标的平均数为基准，其他各阶段沙尘天气指标的平均数与基准值的相对比率见表12-2。由表12-2看出，除大风日数在防护林建设第一阶段增加47.9%外，大风日数、扬沙日数和沙尘暴日数在防护林体系建设不同阶段均较建设前期显著降低。一方面，这与我国北方大部分地区沙尘暴的发生规律有关，另一方面，也与磴口县三北防护林体系建设有关，在三北防护林建设各阶段，当地的沙尘天气明显好转，特别是防护林体系建设的第三阶段，各指标相对下降73.0%～97.4%。大规模植树造林，地表覆盖度增加，抑制风沙作用增强，从而使得大风、扬沙和沙尘暴发生日数减少，特别是沙尘暴日数明显下降，由建设前期的年均23.0d锐减为第三阶段的0.6d，减少了97.4%，充分显示出防护林体系对风沙天气有显著的改善作用。

表12-2 防护林体系建设不同阶段沙尘天气变化状况

天气类型	建设前期(1970—1977年)		第一阶段(1978—1985年)		第二阶段(1986—1995年)		第三阶段(1996—2000年)	
	平均日数(d)	相对变率(%)	平均日数(d)	相对变率(%)	平均日数(d)	相对变率(%)	平均日数(d)	相对变率(%)
大 风	14.8	100	21.9	+47.9	10.7	-27.7	4.0	-73.0
扬 沙	55.6	100	46.9	-16.5	16.7	-70.0	7.4	-86.7
沙尘暴	23.0	100	13.5	-41.3	6.5	-71.7	0.6	-97.4

对表12-2中防护林建设前期和防护林建设不同阶段的大风、扬沙和沙尘暴发生日数进行方差分析和F检验，其结果表明，防护林建设前后的4个阶段大风、扬沙和沙尘天气间有极显著差异（表12-3），表明防护林在各个阶段对沙尘天气的降减作用有显著的差异，降减功能显著增强。随着防护林建设进程，造林面积及林木蓄积量的增加与大风和沙尘天气的降低步调一致，说明风沙天气的变化规律对防护林建设有积极响应。

表12-3 防护林建设不同阶段大风、扬沙和沙尘暴日数方差分析

天气类型	变差来源	自由度	离差平方和	均方	均方比F	$F_{0.01}$
大 风	阶段类型间	3	1103.21	367.74	13.71**	4.60
	误 差	27	724.48	26.83		
	总 变 异	30	1827.68			
扬 沙	阶段类型间	3	12163.47	4054.49	63.44**	4.60
	误 差	27	1725.50	63.91		
	总 变 异	30	13888.97			
沙尘暴	阶段类型间	3	2404.75	801.58	9.51**	4.60
	误 差	27	2275.80	84.29		
	总 变 异	30	4680.55			

注：** 表示在0.01水平上差异显著。

防护林体系的建设，增加了地面植被，使得防护林体系的防风阻沙及其对沙尘暴的降减功能增强，绿洲生态环境日趋变好，沙尘暴发生频率降低。事实上，磴口县20世纪50年代营造的大型防沙林带有效地遏制了流沙的扩展并降低了风沙危害的发生。但1966年、1969年由于相继组建和成立生产建设兵团，并执行"以粮为纲"及"向沙漠要粮，一切为粮食生产让路"的指导思想，开始大规模毁林毁草开荒造田，截至1970年末，开垦耕地面积$1.33×10^4 hm^2$，毁坏梭梭林面积$3.4×10^4 hm^2$，毁

坏人工林面积 7734hm^2，防护林两侧 3km 左右地带的优良固沙植被基本砍伐殆尽，植被覆盖度由 50 年代末的 25%减少到不足 5%。大面积植被和防护林带的破坏，其直接后果是流沙蔓延，沙尘天气增多。恶劣的自然条件加上不合理的人为活动，导致沙尘天气在 1966 年后开始增加，1966 年磴口县沙尘暴天气可达 42d，仅次于 1973 年的发生日数。随着乱砍滥伐的加剧，沙尘天气在 20 世纪 70 年代迅猛发展，并在

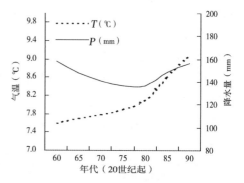

图 12-2　研究区气温和降水年际变化

1972 年和 1973 年达到最大。1978 年以后，由于三北防护林体系建设工程的开展，使得人工植被得以恢复，风沙天气开始减少，但在第一阶段，由于植被体系尚未发挥功效，且该阶段降水比多年平均降水减少 20.0mm，温度升高 1.0℃（图 12-2），因而风沙天气降低较为缓慢。随着第二阶段和第三阶段的建设，防护体系功能逐渐增强，防护林面积和蓄积量增加，且该阶段降水略有增加，尽管干旱区的降水量少量增加，其雨量并不显著，但微湿的地表面也会提高地面起沙的临界风速，从而减少沙尘暴的发生机率，使得沙尘天气下降明显。

由表 12-3 可知，乌兰布和沙漠东北缘风沙天气在三北防护林工程建设前后的 4 个阶段差异极显著。大量研究表明防护林能显著降低风速和沙尘暴发生频率，为进一步阐述风沙天气对防护林体系建设的响应关系，对 31 年的大风、扬沙和沙尘发生日数与防护林建设面积和蓄积量进行回归分析，建立灾害性风沙天气指标与防护林指标间的回归方程，其结果如表 12-4 所示。

表 12-4　大风、扬沙和沙尘暴日数与防护林指标的回归方程及相关关系

天气类型	相关关系	负相关系数
大　风	$W = 25.9916 - 12.9543X_1 - 0.064X_2$	0.8128 **
扬　沙	$B = 54.6949 + 28.8164X_1 + 1.1029X_2$	0.8303 **
沙尘暴	$S = 16.9836 - 15.1238X_1 + 0.0495X_2$	0.7521 **

注：W 为大风日数；B 为扬沙日数；S 为沙尘暴日数；X_1 为防护林面积（万 hm^2）；X_2 为蓄积量（万 m^3）。
*表示在 0.05 水平上显著，** 表示在 0.01 水平上差异显著。

由表 12-4 中的相关关系可知，大风、扬沙和沙尘暴年发生日数与防护林建设因子呈负相关关系，其中大风日数和扬沙日数与防护林建设负相关系数分别为 0.8128 和 0.8303，沙尘暴发生日数与防护林因子的负相关系数为 0.7521。对 3 个回归方程进行 F 检验的结果表明，大风、扬沙日数与防护林因子的回归关系极为显著，沙尘暴日数与防护林指标的回归关系显著。大风、扬沙和沙尘发生日数与防护林的负相关关系表明，防护林体系建设工程对风沙天气具有降减和抑制作用，特别是对扬沙和大风的抑制作用更为明显。

12.2.1.4 防护林体系对大风与扬沙及沙尘暴天气演化的影响

大风是产生扬沙天气和沙尘暴天气的动力条件，每年4、5月，是磴口县大风和沙尘天气的主要活动期。该季节植被稀少，广袤的干旱区因地表裸露，地表升温快，极易形成不稳定的大气层结，发生扬沙天气和沙尘暴天气。因此，扬沙日数或沙尘暴日数与同一阶段大风日数的比值，一定程度上可以反映大风演变成扬沙天气或沙尘暴天气的程度。在三北防护林工程建设前后的4个阶段，扬沙日数或沙尘暴日数与同一阶段大风日数的比值存在明显差异（表12-5）。

由表12-5可知，大风天气变为扬沙天气的程度呈急剧的下降趋势，工程建设前扬沙日数与同一阶段大风日数的比值为3.8∶1，一期工程仅为2.1∶1，二期工程降为1.6∶1，这表明了随着三北防护林工程建设，乌兰布和沙漠东北缘的防护林体系日趋完善，植被覆盖度增加，防护功能明显提高，抑制了扬沙天气的形成。

表12-5　防护林体系建设不同阶段扬沙与沙尘暴天气与大风天气比值

天气类型	建设前期(1970—1977年)		第一阶段(1978—1985年)		第二阶段(1986—1995年)		第三阶段(1996—2000年)	
	平均日数(d)	与同期大风日数比值	平均日数(d)	与同期大风日数比值	平均日数(d)	与同期大风日数比值	平均日数(d)	与同期大风日数比值
大　风	14.8	1.0	21.9	1.0	10.7	1.0	4.0	1.0
扬　沙	55.6	3.8	46.9	2.1	16.7	1.6	7.4	1.8
沙尘暴	23.0	1.6	13.5	0.6	6.5	0.6	0.6	0.15

大风天气变为沙尘暴天气的转换率虽呈现出与扬沙天气相同的趋势，但却有本质的不同，三北防护林工程建设前，沙尘暴日数与同一阶段大风日数的比值为1.6∶1，转化率大于1∶1，说明这一时期大风天气极易形成沙尘暴天气，防护林防护功能很不完善，不能有效地抑制沙尘暴产生。而在三北防护林一期工程、二期工程和三期工程期间，沙尘暴日数与同一阶段大风日数的比值均小于1∶1，分别为0.6∶1、0.6∶1和0.15∶1，与工程建设前相比表明防护林体系的生态屏障功能发生了质的提升，进一步说明防护林建设后期防护功能增强，能有效地降减沙尘暴天气的形成。

12.2.2　典型防护林体系对沙尘天气的影响

12.2.2.1　防护林体系抑制风沙天气的机理

防护林体系改变了区域下垫面特征，增加了地表粗糙度，降低风速，提高了地表的抗蚀能力。同时改变了风沙流的结构，抑制了风沙流的强度，这是防护林体系降减风沙天气的内在机理。但不同结构的林带其防风作用不同，防护林带因疏透度不同，可分为紧密结构、疏透结构和通风结构三种林带类型（曹新孙，1983）。依据周士威对沙漠林业实验中心第一实验场的三种结构林带防风效应的观测，绘制的流场图（图12-3）可知，当气流到达林带边缘时，由于受林带的阻挡，气流大部分或一部分抬升，在越过林带时在林带上方形成高速区，而在林带背风面，由于从林带上方越过的气流下沉或部分穿林而过的气流与越过林带正上方的气流相互作用而产生方向相反的涡旋，使得风速下降而在林后形成低速区。之后，风速逐渐恢复，距离林带愈远，速度恢复愈大，但不同结构的林带其防护距离及垂直防护高度不同。

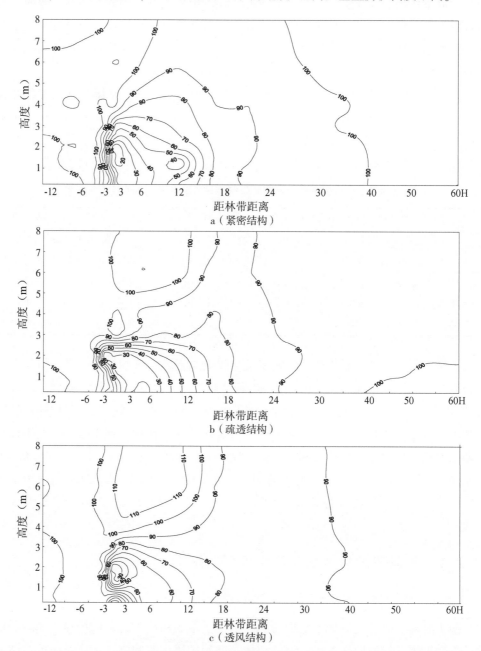

图 12-3 不同结构防护林带相对风速等值线图（据周士威等资料整理）

对于紧密林带，气流在到达林带时，大部分气流被迫抬升而在林带正上方加速形成高速区，一小部分在林带前下部形成涡旋。在林带背风面林缘，越过林带的气流下沉形成涡旋而减速，在林内及其背风林缘风速降低最大，常常形成静风区，背风面涡旋回流区为 2H。林带上方高速区的高度为 1.6～2.4H，最大相对风速为 111%，由于林后的湍流强度和速度剪切大而使得防风距离不大，垂直有效防护距离为 1.9H，水平有效防护距离为 15.2H，影响高度及水平范围分别为 3.3H 和 41.6H。在迎风面水平有效防护距离为 1.5H（图 12-3-a）。

疏透结构林带，一部分气流在林带前受阻后抬升，从林带上越过形成高速区，最高风速值为 110%；一部分气流从树冠间穿过，林带前不形成涡旋区，在林带后由于受穿过气流的影响而形成许多小涡旋，使得风速降低，背风面涡旋回流区可达 15H，但湍流度较小，上下层剪切也较小。因林带后湍流度低、速度剪切小，故此防护距离较大，水平与垂直有效防护距离分别为 18.5H 和 3.2H，垂直与水平防护范围则可延伸到 3.2H 和 38.1H。在林带迎风面，有效防护距离为 2.1H（图 12-3-b）。

对于通风结构来说，气流到达林带前方时被分成三部分，上层气流受阻抬升并在林带上方形成高速区；中层气流穿过林冠，下层气流则从林带下部树干间穿过，在林带下部背风面形成涡旋和高速区，背风面涡旋回流区为 2H，最大相对风速为 120%。由于湍流度和速度剪切小，故其水平有效防护距离可达 16H，垂直有效防护距离为 1.3H。防护范围垂直高度为 3.2H，水平距离为 48.0H。迎风面的有效防护距离为 0H（图 12-3-c）。

以上所述说明，不论何种结构的防护林带，均可对气流形成阻滞，使之在林带前、林带后降低风速，特别是可有效地降低林带后的风速，使风速下降至起动风速之下或减弱风速强度，其吹蚀地表和携带较粗颗粒的能力下降，从而不利于气流对地表沙粒的分离和搬运；而在林带上方气流因气流受阻抬升形成高速区，有利于风沙流的运行，从而减少大气降尘。

12.2.2.2 防护林对大风的抑制作用

大风对农作物的危害十分明显，大风加强蒸腾、使农作物叶片气孔关闭、影响同化作用，当风速达到 10m/s，同化作用降低为无风时的 1/20（Taichi Maki, 1985）。大风可影响作物授粉、落果、倒伏，并造成土壤风蚀沙化、增大土壤蒸发，使土壤干旱化、沙化和盐碱化，而建立防护林体系则是减少大风影响的有益途径。前文的防风机理与效应也表明，防护林体系可有效地降低风速，减小风对绿洲内作物的影响。荒漠区与绿洲内 2 个气象站点多年大风天气的统计资料计算结果见表 12-6。

表 12-6　荒漠与绿洲内年均防风效能与最大风速降幅

年度	1988	1989	1990	1991	1992	1993	1994	1995	1996	1997	1998	1999	2000	平均
年均防风效能（%）	39.0	42.5	42.5	40.5	40.0	50.0	51.3	44.1	50.0	52.8	51.4	48.6	51.4	46.3
最大风速降幅（%）	32.5	28.2	36.8	32.1	35.0	41.2	35.3	45.0	35.6	40.7	30.5	40.5	38.2	36.2

由图 12-4 可知，林网内年大风日数远远少于旷野。1991—2000 年间，荒漠旷

野大风日数波动于13~58d，1992年最大为58d，1994年最小为13d；而绿洲内林网中心的大风日数则为1~21d，1992年最大为21d，1994年最小仅出现1d。

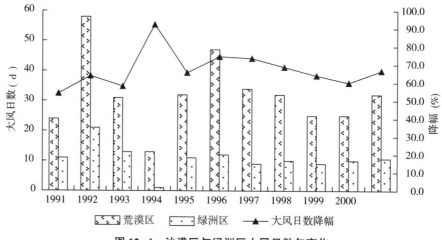

图12-4　沙漠区与绿洲区大风日数年变化

与荒漠相比，绿洲防护林体系对大风日数的削减程度为54.2%~92.3%，平均为66.7%，最大达92.3%（图12-4）。这说明，绿洲防护林体系发挥了减少大风日数的良好功能，而大风日数的减少，有力地减轻了风沙危害，同时也减少了就地起沙形成风沙流和沙尘暴的概率。

12.2.2.3　绿洲防护林体系降减沙尘暴的典型天气分析

1993年5月5日，我国北方发生特大沙尘暴灾害，被称为"1993.5.5黑风暴"，造成重大的生命及财产损失，116人丧生，264人受伤，直接经济损失人民币5.6亿元。这次黑风暴在磴口过境，强度有所减弱，仍造成绿洲大面积农田毁坏，虽没有人员伤亡发生，但也造成较大的经济损失，同时也彰显出防护林体系强大的生态屏障作用。根据对沙林中心第二实验场新开发的南站作业区的调查，1100亩籽瓜、甘草等作物由于没有防护林保护，全部绝产，损失约10万元，而有防护林保护的1300亩籽瓜、油料葵花等作物基本未受损失，籽瓜亩产61kg。

这次特大沙尘暴发生由强冷空气南下造成，风速变化过程如图12-5，中心第二实验场绿洲内外气象站记录本次沙尘暴发生的风速变化过程，此次沙尘暴天气风力强劲，持续时间长，强沙尘暴发生至沙尘天气结束长达26h。为了便于分析，根据沙尘暴天气强度划分标准，5月5日18：10~21：00沙尘暴天气可划为中沙尘暴，21：00之后至次日20：00的沙尘暴天气可划为弱沙尘暴。5月5日18：10特大沙尘暴前锋到达，当地顿时天昏地暗，飞沙走石，能见度极低，荒漠站测得风速达到17.0m/s，至21：00特大沙尘暴天气结束，持续时间2h50min，平均风速为15.6m/s；此后沙尘暴强度减弱，直至翌日20：00时属于弱沙尘暴天气，持续过程近23h，荒漠中平均风速10.2m/s。

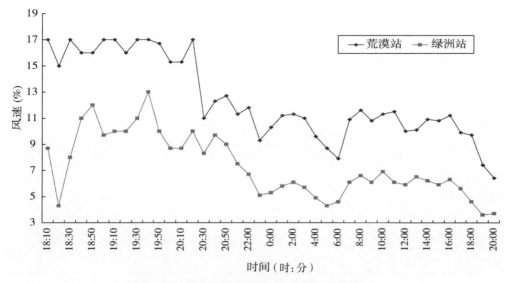

图 12-5　绿洲内外强沙尘暴天气风速变化曲线

　　人工绿洲防护林体系抑制和降减沙尘暴天气的作用明显，见图 12-6，沙尘暴天气绿洲防风效能变化曲线表明，中沙尘暴天气过程，绿洲防护林体系的防风效能变化幅度较大，防风效能较小，防风效能平均值为 38.4%；而弱沙尘暴天气过程，绿洲防护林体系的防风效能较高，为 44.7%，与中沙尘暴天气中防护林降减作用相比，防风效能提高了 6.3%。说明防护林体系对同一过程不同强度沙尘暴天气降减作用的效果有所不同，对中沙尘暴天气的降减作用小于弱沙尘暴天气，这是由于中沙尘暴天气大气层结不稳定性强，上下层空气能量交换强度大，造成防护林体系防风效能减弱的缘故。

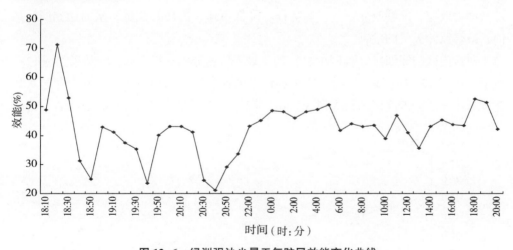

图 12-6　绿洲强沙尘暴天气防风效能变化曲线

12.2.2.4　防护林体系对沙尘天气的影响

　　研究还表明，防护林体系对灾害性风沙天气具有明显的减灾作用。由表 12-7 可见，年均沙尘暴日数、年扬沙日数、年浮尘日数、年尘卷风日数、年大风日数等各项指标在防护林林网中心较林网外分别减少 56.5%、56.8%、38.7%、63.9%、55.2%，进一步说明防护林体系对风沙天气具有较显著的减缓作用。从气象站测定的各风沙天气的发生日数和强度来看，防护林体系的建立可以有效缓解风沙天气的强度和程度，这与上述防护林体系对风速的降低和沙尘的降减结果相互印证。

表 12-7　防护林体系内外风沙天气变化　（单位：d）

风沙天气类别	林网外			林网中心		
	1988	1989	1990	1988	1989	1990
年沙尘暴日数	43.0	45.0	34.0	25.0	15.0	13.0
年扬沙日数	95.0	95.0	90.0	46.0	49.0	26.0
年浮尘日数	11.0	12.0	5.0	4.0	8.0	5.0
年尘卷风日数	36.0	26.0	7.0	9.0	10.0	6.0
年大风日数	10.0	9.0	9.0	8.0	4.0	4.0

森林或防护林林带可以有效地削弱、减轻和防治风蚀和风沙危害。防护林林带作为一个庞大的树木群体，是有害风前进方向上的一个较大障碍物，林带的防风作用体现在有害风通过林带后，气流动能受到极大的削弱。实际上有害风遇到林带后一部分气流通过林带，如同通过空气动力栅一样，由于树干、树枝、树叶的摩擦作用将较大的涡旋分割成无数大小不等、方向相反的小涡旋。这些小的涡旋又互相碰撞和摩擦，又进一步消耗了气流的大量能量。此外，除去穿过林带的一部分气流受到削弱外，另一部分气流则从林冠上方越过林带迅速和穿过林带的气流互相碰撞、混合和摩擦，气流的动能再一次削弱。因此，防护林的防风效应主要体现在对近地面层气流运动的削减作用，包括降低风速、改变流场结构和流态，绿洲防护体系通过其动力效应，能够改变空气流场特征、降低风速、削弱其能量，从而达到防治风蚀、减轻风沙天气的危害。

对沙漠区与绿洲区（林网中心）的年最大风速分别进行统计，其结果如图 12-7 所示。由图 12-7 可知，在绿洲防护林体系的保护下，绿洲内林网中心的年最大风速远远小于旷野沙漠区的最大风速，由绿洲外沙漠区最大风速 14.0~20.3m/s 降低

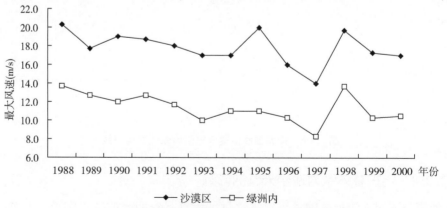

图 12-7　沙漠区与绿洲内年最大风速变化

为绿洲内林网中心的 8.3~11.7m/s，林网内年最大风速较旷野平均降低 6.2m/s，最大降低 9m/s，下降幅度为 28.2%~45.0%，平均下降 36.2%（表 12-6）。从整体上分析，年最大风速随着绿洲防护林体系年限的增加而降低，防护林体系逐渐趋于完善，防风效能逐渐增强，可以有效削弱最大风速及灾害性天气造成的影响。在 1996 年以后，其防风效能基本上稳定在 50% 左右，较 1996 年以前的防风效能明显增加，这表明，随着防护林体系的不断完善，其防风作用达到一个较为稳定的高效期。

12.2.2.5　防护林体系控制地表沙尘的作用

在近地层，风速受到地面摩擦阻力的影响而降低。因随着高度的增加摩擦力减少，故风速随高度而增大。风速的变化同时会导致风沙流结构的改变。一般来说，风沙流中 90% 以上的沙量集中分布于 30cm 高度范围内，特别是 0~10cm 层内更为集中，含沙量随高度呈指数规律递减，随风速的增加上层沙量增加而下层沙量减少。但在绿洲防护林体系内，防护林在降低风速的同时，限制了沙尘的输移，使得风沙流结构与特征均发生了较大的变化。

根据沙林中心对第二实验场防护林体系建设前期关于林网内外风沙流结构的研究的成果（高尚武等，1991），林网内外近地表 0~60cm 高度上风沙流结构状况见表 12-8。由表可知各测点上沙量垂直分布情况，绿洲外沙漠区对照点依然保持着原始风沙流结构的基本特性，总沙量高达 64.308g/（40min·20cm²），0~10cm 高度内为沙粒集中分布高度，其沙量占总沙量的 76.18%；0~30cm 高度内为沙粒集中分布高度，其沙量占总沙量的 91.7%。但在防护林体系的作用下，风沙流结构发生了改变（林内 1~4 号测点），近地表 0~10cm 的沙量明显减少，平均总沙量高达 1.573g/（40min·20cm²），仅为对照点的 2.4%，而在较高层位相对含沙量的值较高。同时，从表中也可看出，在防风效应越明显的地方，其含沙量随高度的变化越不明显。如林内 2 测点，其风速由沙漠区的旷野风速 7.4m/s 下降为 5.2m/s，近地表 0~10cm 层次内的沙量由沙漠区 48.990g/（40min·20cm²）降为 0.194g/（40min·20cm²），相对含沙量也由 76.18% 下降为 24.65%，且在 10cm 以上的各层内沙量基本相差不大，即通过单位截面的各层总沙量在垂直梯度上分布更加均匀。

表 12-8　各测点沙量的垂直分布　　单位：g/（40min·20cm²）

测点	沙漠对照点		林内 1		林内 2		林内 3		林内 4	
风速（m/s）	7.4		5.2		5.4		5.9		6.1	
高度（cm）	沙量	%	沙量	%	沙量	%	沙量	%	沙量	%
0~10	48.990	76.18	0.194	24.65	0.249	43.46	0.980	53.88	2.128	70.00
10~20	6.323	9.85	0.098	12.45	0.112	19.55	0.304	16.71	0.355	11.68
20~30	3.646	5.67	0.086	10.93	0.057	9.95	0.146	8.03	0.125	4.11
30~40	1.982	3.08	0.094	11.94	0.045	7.85	0.152	8.36	0.118	3.88
40~50	1.951	3.03	0.157	19.95	0.059	10.30	0.117	6.43	0.164	5.39
50~60	1.407	2.19	0.072	9.15	0.051	8.90	0.120	6.60	0.150	7.93
总沙量	64.308	100	0.787	100	0.573	100	1.819	100	3.040	100

注：% 指各层沙量占总沙量的百分数。

林网内风沙流结构的改变，使得近地表层含沙量大大减少，总沙量趋于均匀分布。

12.2.2.6　不同防护林网降尘量的差异

防护林体系具有减少降尘量的作用，主要是由于防护林体系改变了下垫面的状况，增加了地表粗糙度。从整体上看，防护林体系作为一种障碍物，迫使携带大量尘埃的气流抬升，并有相当一部分越过防护林体系。此外，防护林体系还可以改变林网内的小气候条件，减弱林内的湍流交换，起到抑制沙尘垂直输送的作用。

对照区降尘量的时空分布如图 12-8 所示，由图可知，降尘量在时间上表现为从 1 月开始到 4 月呈逐渐升高趋势，至 4 月达到一年中最高值，此后降尘量逐渐下降，至 8 月降至一年中最低值，8 月之后降尘量又呈小幅波动上升。从空间上来看，各月 5m 高度的降尘量均小于 2m 高度的降尘量（图 12-8）。5m 高度降尘量的最高值、最小值和平均值分别为 206.47t/（km² · mon）、7.49t/（km² · mon）和 46.578t/（km² · mon）；而 2m 高度降尘量的最高、最小和平均值分别为 344.99t/（km² · mon）、4.31t/（km² · mon）和 76.203t/（km² · mon）（表 12-9）。

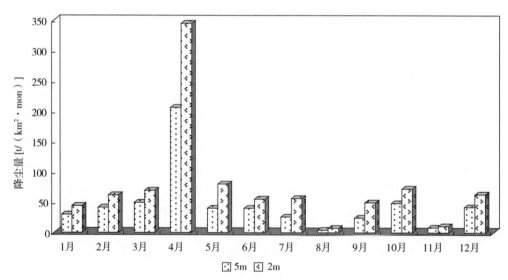

图 12-8　旷野 5m 与 2m 降尘量的月变化

表 12-9　不同防护林网格与旷野 5m、2m 降尘量月均值　　　　单位：t/（km² · mon）

测点	最大值		平均值		最小值	
	5m	2m	5m	2m	5m	2m
旷野	206.47	344.99	46.578	76.203	7.49	4.31
三场网格 1	21.76	54.51	11.268	22.073	1.51	0.34
三场网格 2	21.07	48.91	10.587	20.433	0.71	0.15
三场网格 3	20.61	42.51	9.406	19.198	0.31	0.18
二场网格 1	26.84	39.81	12.235	19.212	1.65	1.57
二场网格 2	24.38	41.93	11.759	18.354	2.24	0.95
二场网格 3	39.56	69.96	12.383	20.395	5.07	1.05

第三实验场新疆杨防护林网与第二试验场二白杨防护林网第 1、2、3 网格降尘量的空间变化规律与旷野降尘量的空间变化一致，即均表现为 2m 降尘量高于 5m 降尘量；在时间变化规律上也基本相同，即均表现为从 1 月开始增加，到 4 月达到一年中的高峰值，从 4 月之后降尘量减少，但最小值均集中于 11 月。不同试验场各网格的最大、最小和平均降尘量见表 12-9。

由表 12-9 和各网格的实测结果分析，因防护林体系的存在，其降尘量远远小于旷野降尘量。从月最大降尘量来看，三场第 1、2、3 网格 5m 降尘量的高峰值分别是旷野 5m 降尘量高峰值的 10.54%、10.20%、9.98%，2m 降尘量的高峰值是旷野 2m 降尘量高峰值的 15.81%、14.18%、12.32%。二场第 1、2、3 网格 5m 降尘量的高峰值分别是旷野 5m 降尘量高峰值的 13.00%、11.81% 和 19.16%，2m 降尘量的高峰值是旷野 2m 降尘量高峰值的 11.54%、12.15% 和 20.28%。从防护林对沙尘的平均降减水平来看，三场 1、2、3 网格 5m 的月平均降尘量是旷野同高度降尘量的 24.19%、22.73% 和 20.19%，2m 月均降尘量是旷野同高度降尘量的 28.97%、26.81% 和 25.19%；3 个网格内整体平均降尘量为旷野降尘量的 26.58%、24.77% 和 22.69%。二场 1、2、3 网格 5m 的月平均降尘量是旷野同高度的 26.27%、25.25% 和 26.59%，2m 高度网格内降尘量是旷野同高度降尘量的 25.21%、24.09% 和 26.76；3 个网格整体平均降尘量为旷野降尘量的 25.74%、24.67% 和 26.67%。

从同一实验场 3 个网格的降尘量及降尘量较旷野降低程度来看，分析 2m、5m 或整体的最高降尘量、最小降尘量、平均降尘量，三场的降尘量均表现为第 1 网格>第 2 网格>第 3 网格，降尘量降低幅度均表现为第 1 网格<第 2 网格<第 3 网格，即三场 1~3 网格 5m、2m 降尘量与对应高度旷野降尘量的降低比例呈逐渐增大的趋势。而对二场来说，其第 1、2 网格与 3 场第 1、2 网格变化的规律相同，但在第 3 网格变化则略有不同，降尘量表现为略有升高而降尘降低幅度略有减少。这一方面可能与不同林网结构、组成和带宽有关；另一方面，防护林网的主带设置方向与沙尘来源方向的不同也可能是造成这一结果的主要原因。

从不同防护林网对沙尘的降解效应分析，防护林可有效地降减沙尘，从而使绿洲内降尘量减少，绿洲内沙尘天气的程度和强度有所缓解。

12.2.3 典型防护林体系对近地层风沙特征的影响

12.2.3.1 近地层风速廓线

近地层风速廓线是衡量近地层风速分布规律的一个重要指标，是揭示近地层气流特性及风沙运动的有效途径，风的脉动与输沙率具有很好的相关性，风速对沙尘的释放及输送有直接影响，因此近地层沙尘物质的输送高度和距离由近地层风速的分布特征决定。

图 12-9 表明，过渡带和绿洲内近地层（0~50m）的风速（V）随高度（h）的增加均呈现出递增的趋势，风速随高度的分布特征均可用幂函数 $V=ah^b$ 来表示。其中，过渡带风速随高度变化的拟合方程为 $V=1.5216h^{0.4226}$（$R^2=0.96$），绿洲内的拟

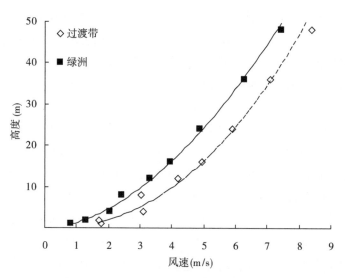

图 12-9　过渡带和绿洲内近地层风速廓线

合方程为 $V = 0.8631h^{0.5492}$（$R^2 = 0.99$）。

　　9 个不同高度上，过渡带的年均风速均大于绿洲内的风速，差值介于 0.4～1.06m/s 之间，均值为 0.86m/s，通过进一步计算风速消减值发现，从过渡带到绿洲内，不同高度上风速消减值为 11.24%～53.18%，平均消减值为 19.16%。表明完整的农田防护林体系具有明显的防风功能，当风从过渡带进入绿洲后，由于防护林的存在，使得近地层气流的流场发生改变，一部分气流由于林带的阻挡被迫抬升，使穿过林带的气流减少，风速明显下降，地表风蚀减轻，进而有效地保护了绿洲内部农作物免受风沙流危害。

　　而在垂直尺度上，风速消减值随高度增加呈减小趋势，风速消减最大值在 1m 处，为 53.18%，风速消减最小值在 48m 处，为 11.24%，主要消减层在 0～24m 高度范围内。

　　图 12-10 表明，在春、夏、秋、冬 4 个季节时，过渡带和绿洲内近地层（0～50m）风速（V）随高度（h）的分布特征均可用幂函数 $V = ah^b$ 来表示（$R^2 = 0.88～0.95$），即风速随高度的增加而逐渐增大。同一季节，过渡带的风速均大于绿洲内的风速，过渡带春、夏、秋、冬的平均风速分别为 4.18、2.92、3.14、3.49m/s，而绿洲内春、夏、秋、冬的平均风速分别为 3.22、1.93、2.16、2.67m/s，表明绿洲防护体系作为高大的粗糙元，对风的阻碍作用相当显著。当风由过渡带吹向绿洲时，在防护体系迎风面距林缘一定距离处，风速开始逐渐减弱，到达林缘附近时，一部分气流被抬升，在林冠上方形成速度相对较高的"自由流"，越过林带后又形成下沉气流，在背风区一定距离处向各个方向进行扩散；另一部分气流进入林带内，由于受树体的阻挡和摩擦，气流在分散的同时被消耗掉大量的能量，从而在林冠层下面形成速度较低的"束缚流"。所以，一年四季绿洲内部风速均低于过渡带的风速。

　　过渡带和绿洲内的风速大小均表现为春季最大，其次为冬季，秋季和夏季风速

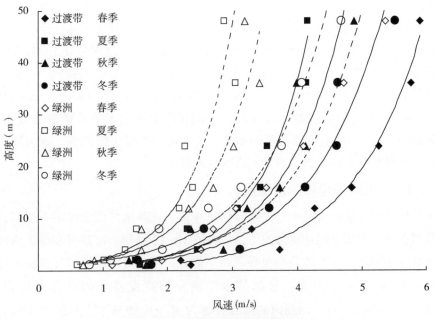

图 12-10　不同季节的风速廓线特征

相对较小。这与当地气象站多年监测数据一致，乌兰布和沙漠地区的风季为11月至翌年5月，与植物枯黄期基本同步，且以春季3~5月风速最大。

12.2.3.2　近地层沙尘水平通量廓线

沙尘在风力作用下进行输送，并在输送过程中沙尘质量会随着高度的变化而产生一定的差异。由图 12-11 可知，过渡带和绿洲内的沙尘水平通量（M_H）随高度（h）增高均显著减小，其随高度的分布特征均符合幂函数关系 $M_H = ah^b$，其中，过渡带水平通量随高度变化的拟合方程为 $M_H = 334.84h^{-0.249}$（$R^2 = 0.78$），绿洲内的拟合方程为 $M_H = 948.76h^{-0.431}$（$R^2 = 0.89$）。

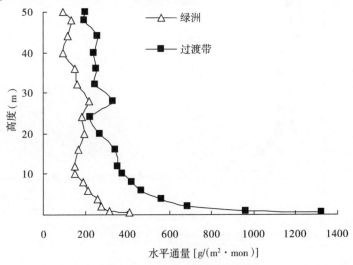

图 12-11　沙尘水平通量廓线

不同高度上，过渡带的沙尘水平通量均显著高于绿洲内。表明当携沙气流从过渡带向防护林带前进的过程中，由于防护林带的存在而降低了风速，使得大量沙尘在林外已经发生了沉降，进而使绿洲内的沙尘含量较少。过渡带 0.5m 处沙尘水平通量值最大，为 1318.65g/(m² · mon)，50 m 处最小，为 201.07g/(m² · mon)；绿洲内也是 0.5m 处的沙尘水平通量值最大，为 413.07g/(m² · mon)，50m 处最小，为 96.65g/(m² · mon)。过渡带和绿洲内不同高度上沙尘水平通量差值为 43.58~905.58g/(m² · mon)，且随着高度的增加，二者的差值呈下降趋势。表明随着高度增加，下垫面状况对沙尘水平通量的影响越来越小。

12.2.3.3　近地层沙尘降尘量廓线

近地层沙尘在输送过程中，大颗粒物质在重力或降水等因素作用下沉降，小颗粒物质则在风力作用下到达更远的地方。由图 12-12 可知，过渡带和绿洲内沙尘降尘量（M_V）随高度（h）增高均呈显著减小趋势，降尘量随高度的分布特征均符合幂函数关系 $M_V = ah^b$，其中，过渡带水平通量随高度变化的拟合方程为 $M_V = 1.785h^{-2.040}$（$R^2 = 0.95$），绿洲内的拟合方程为 $M_V = 0.897h^{-2.073}$（$R^2 = 0.89$）。过渡带 0.5m 处的降尘量达到最大值 2.07g/(m² · mon)，50m 处的降尘量最小，为 0.18g/(m² · mon)；绿洲内 0.5m 处的降尘量达到最大值 1.55g/(m² · mon)，50m 处的降尘量最小，为 0.14g/(m² · mon)。

不同高度上，过渡带降尘量高于绿洲内，但幅度不大。二者 0.5m 处的差值为 0.52g/(m² · mon)，50 m 处的差值为 0.04g/(m² · mon)。总体来看，0~20m 范围内，过渡带与绿洲内的降尘量差值相对较大，而 20~50m 内二者的降尘量差值逐渐减小。

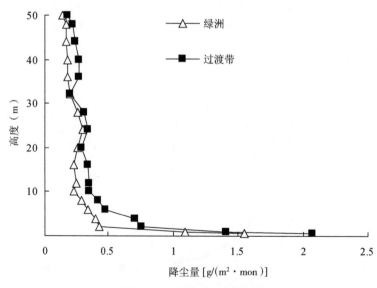

图 12-12　沙尘降尘量廓线

12.2.3.4 近地层沙尘水平通量与降尘量的关系

前人研究表明，离地面较近高度上的沙尘质量较易监测，但是随着高度增加，监测沙尘质量分布特征的难度逐渐增加。因此，通过确定沙尘水平通量与降尘量之间的关系后，则可以通过测定沙尘水平通量而获取同一高度上的沙尘降尘量。

由图 12-13 可知，过渡带、绿洲内的沙尘降尘量与水平通量之间均为极显著正相关关系（$R^2 = 0.91 \sim 0.97$，$P < 0.01$）。其中，过渡带近地层沙尘降尘量与水平通量之间的关系用线性函数表示，而绿洲内沙尘降尘量与水平通量之间的关系则用指数函数表示。模拟关系的函数存在差异可能是因为过渡带地表植被相对较少，而且高度较低，对于沙尘水平通量和降尘通量的影响相对较小，所以二者的拟合关系可用线性函数来描述；而绿洲内由于受到防护林体系的影响，沙尘水平通量和降尘量均发生了很大的变化。高度低于防护林带高度的层次上，沙尘输送与沉降受到的影响相对较大，而高于林带高度的层次上，沙尘输送与降落受到防护林体系的影响相对较小。这种上下层次之间的差距，造成沙尘通量与水平通量的关系要比过渡带复杂，因此线性函数无法模拟二者的关系，而通过指数函数却能很好地模拟二者的关系。

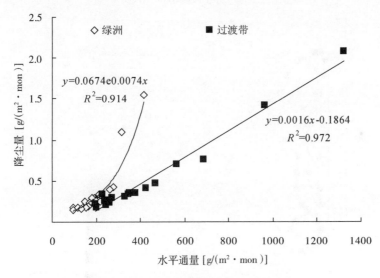

图 12-13　沙尘水平通量和降尘量的关系

12.2.3.5 近地层沙尘水平通量季节变化特征

由图 12-14 可知，一年四季过渡带近地层沙尘水平通量（M_H）总体上表现为随高度（h）增加而减小的趋势，其廓线特征均可用幂函数 $M_H = ah^b$ 表示，但显著水平不同。春、夏、秋、冬分别为 $M_H = 2800.7h^{-0.474}$（$R^2 = 0.97$）、$M_H = 479.41h^{-0.207}$（$R^2 = 0.77$）、$M_H = 377.88h^{-0.255}$（$R^2 = 0.51$）、$M_H = 112.28h^{-0.1227}$（$R^2 = 0.19$）。而绿洲内由于受农田防护林体系的防护作用，使得气流发生了比较大的变化，因此近地层沙尘水平通量分布特征在 4 个季节当中相差较大。其中，春季的沙尘水平通量随高度增加极显著减小，可用幂函数 $M_H = 1024.9h^{-3342}$（$R^2 = 0.82$）表示其廓线特征；

夏季的沙尘水平通量总体上随高度增加而减小；秋季的沙尘水平通量在不同高度上呈现较大的波动，没有明显的变化趋势；冬季的沙尘水平通量总体上随高度增加而减小，存在一定波动。

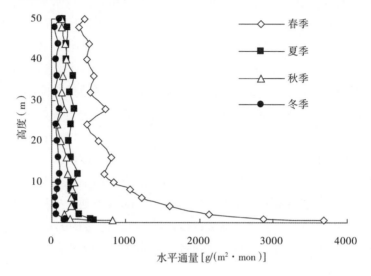

a. 荒漠–绿洲过渡带

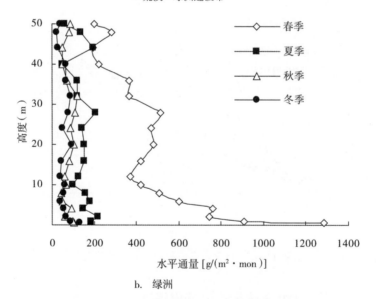

b. 绿洲

图 12-14　不同季节的沙尘水平通量廓线特征

　　春季是乌兰布和沙漠沙尘天气发生集中的季节，过渡带和绿洲内春季的沙尘含量均为一年当中最高水平，且与其他三个季节的沙尘含量有着极显著差异（$P<$ 0.01），而夏、秋和冬季的沙尘水平通量差异相对较小。一年四季当中，过渡带近地层沙尘水平通量值远高于绿洲内沙尘通量值，过渡带春、夏、秋、冬的沙尘水平通量值分别为绿洲内沙尘通量值的 2.17、2.06、2.93 和 1.46 倍。

12.2.3.6　近地层沙尘降尘量季节变化特征

由图 12-15 可知，过渡带和绿洲内近地层四季的降尘量均随着高度的增加逐渐减小，在 0~24m 范围内波动较大，而 24~50m 范围变化曲线较为平缓。过渡带春、夏、秋、冬季的降尘量廓线特征均可用幂函数来描述，分别为 $M_V = 2.5927h^{-0.55}$（$R^2 = 0.91$）、$M_V = 1.1268h^{-0.326}$（$R^2 = 0.82$）、$M_V = 0.6994h^{-0.391}$（$R^2 = 0.80$）、$M_V = 0.294h^{-0.362}$（$R^2 = 0.74$）。绿洲内春季和夏季的降尘量廓线特征可以用幂函数表示，且均达到极显著水平，春季为 $M_V = 1.6646h^{-0.608}$（$R^2 = 0.86$），夏季为 $M_V = 1.0218h^{-0.491}$（$R^2 = 0.92$），而秋季和冬季的不同高度上的降尘量差值相对较大，也可用幂函数来表示，但均未达到极显著水平。

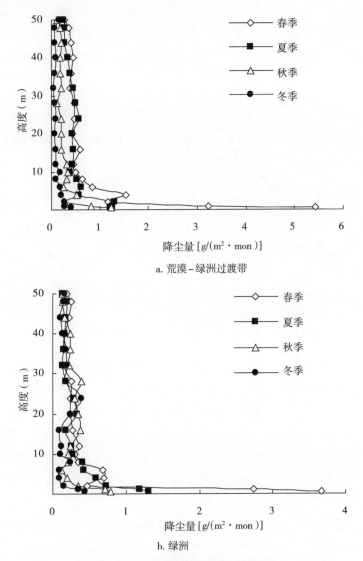

图 12-15　降尘量廓线季节变化特征

春季是乌兰布和沙漠沙尘集中季节，绿洲内和过渡带均在春季沙尘含量最高，夏季沙尘含量次之，而秋季略大于冬季。过渡带和绿洲内春季降尘量大于其他三个季节，但是夏季、秋季和冬季三者之间的差异较小。过渡带降尘量大于绿洲内，过渡带降尘量为绿洲内降尘量的1.34倍。

12.2.4　典型防护林体系对低空沙尘暴特征的影响

12.2.4.1　风速廓线及风玫瑰图

分析全年风速廓线可知（图12-16），防护林外风速明显大于防护林网内风速，风速（V）随高度（h）增加均呈现递增趋势，防护林外风速廓线拟合方程为 $V=1.49h^{0.3716}$（$R^2=0.97$，$P<0.01$），防护林内风速廓线拟合方程为 $V=0.9817h^{0.4593}$（$R^2=0.99$，$P<0.01$）。沙尘暴发生过程中防护林内外风速廓线与全年风速廓线趋势一致，也可用幂函数表示，防护林外风速廓线拟合方程为 $V=3.9687h^{0.22}$（$R^2=0.99$，$P<0.01$），防护林内风速廓线拟合方程为 $V=1.8901h^{0.3768}$（$R^2=0.97$，$P<0.01$）。

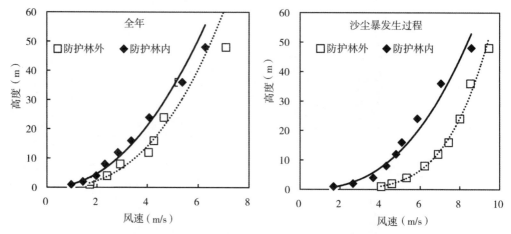

图12-16　全年及沙尘暴发生过程防护林内外风速廓线

沙尘暴发生过程中，9个不同的高度上，防护林外的平均风速均大于防护林内，二者差值在0.88~2.34m/s之间波动，随着高度增加，二者差值逐渐减小，风速消减层主要在24m以下，沙尘暴经过防护林时，不同高度上风速消减范围为9.26%~58.70%，平均消减31.03%，风速消减最大值在1m处（58.70%）。表明农田防护林对于沙尘暴具有显著防风功能，当沙尘暴经过防护林时，近地层气流流场发生改变，因为林带的阻挡使得气流被迫抬升，从而减少进入防护林内的气流，由此在一定程度上减轻沙尘暴对防护林内部农作物侵害。

风速决定近地层风沙运动，但风向决定风沙运动的方向，对风沙运动而言具有同样至关重要的作用。通过对乌兰布和沙漠东北缘防护林内外风向资料的统计分析可知（图12-17），沙尘暴发生过程中，防护林内外均是主要以W、WNW、NE方向为主，但每个方向所占比例不同，防护林内三个方向分别占46.53%、21.54%、15.34%，防护林外三个方向分别占28.59%、22.99%、25.73%。防护林内外的风

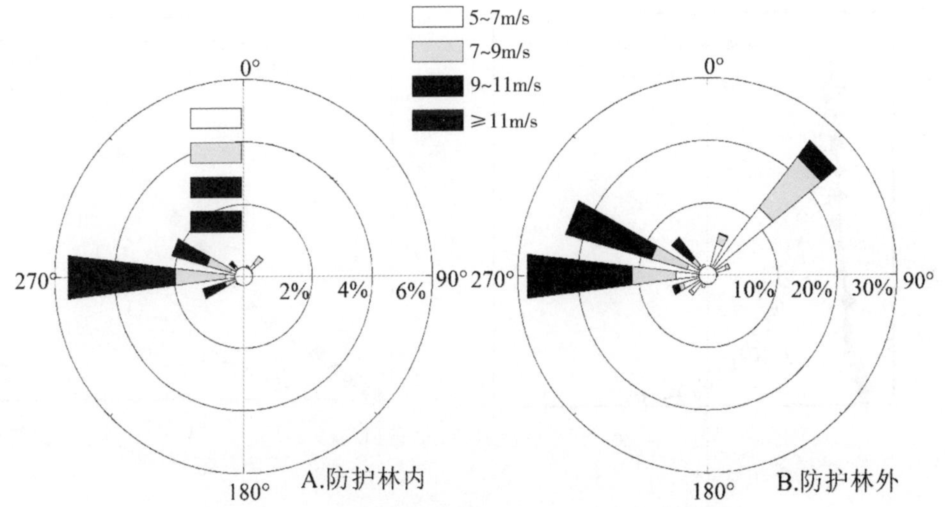

图 12-17　沙尘暴发生过程防护林内外起沙风玫瑰图

向基本一致，但防护林的存在改变了近地层气流流场，防护林内 W 方向起沙风所占比例较大，而防护林外三个风向所占比例较为均匀。

同时，防护林还能够明显削弱风速，防护林外 $V \geqslant 11m/s$ 的起沙风频率为 20.36%，而防护林内 $V \geqslant 11m/s$ 的起沙风频率仅为 5.61%，起沙风频率降低了 14.75%；防护林外 $9m/s \leqslant V < 11m/s$ 的起沙风频率为 20.79%，防护林内 $9m/s \leqslant V < 11m/s$ 的起沙风频率仅为 15.01%，起沙风频率降低了 5.78%；而 $5m/s \leqslant V < 7m/s$ 和 $7m/s \leqslant V < 9m/s$ 的风速均是防护林内大于防护林外。

当沙尘暴经过防护林体系时，防护林体系作为高大的粗糙元，一部分气流被抬升，在林冠上方形成速度相对较高的"自由流"，越过林带后又形成下沉气流，在背风区一定距离处向各个方向进行扩散；另一部分气流进入林带内，由于受树体的阻挡和摩擦，气流在分散的同时被消耗掉大量的能量，从而在林冠层下面形成速度较低的"束缚流"。因此，防护林内部高风速起沙频率降低，低风速频率相对增加。

12.2.4.2　沙尘通量

沙尘在风力作用下进行输送，输送过程中沙尘通量随着高度的变化产生差异。由图 12-18 可知，防护林外围沙尘水平通量（M_H）随高度（h）增高显著减小，水平通量随高度的分布特征符合指数函数关系 $M_H = ae^{bh}$，拟合方程为 $M_H = 760.55e^{-0.027h}$（$R^2 = 0.96$，$P < 0.01$）；而防护林内部沙尘水平通量则随着高度的增高呈现缓慢上升的趋势，但变化幅度不大，在 $107.88 \sim 223.30g/m$ 之间波动，其随高度的分布特征符合幂函数关系 $M_H = ah^b$，拟合方程为 $M_H = 110.58h^{0.1789}$（$R^2 = 0.92$，$P < 0.01$）。此现象表明，沙尘暴发生时，防护林外围的沙尘水平通量主要从低层通过，在总输沙量大致相同的条件下，防护林体系的存在改变了低层气流的路径，随着风速增大，低层气流层中搬运的沙量减少，而上层输沙量则相应增加，因此沙尘主要从高空通过。

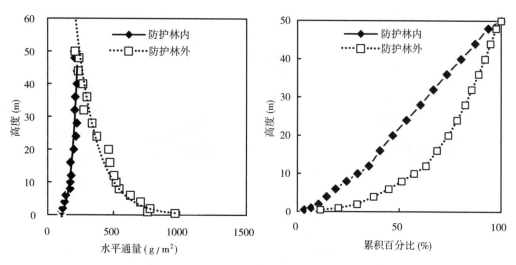

图 12-18　沙尘水平通量廓线及累计百分比

　　沙尘暴通过防护林时，沙尘水平通量降低，防护林外围 0~50m 范围内单次沙尘暴过程的平均沙尘水平通量为 475.51g/m²，而防护林内部只有 177.35g/m²，沙尘浓度降低了 298.16g/m²，并且随着高度的增高，二者差值逐渐减小，呈现出逐渐重合的趋势。从水平通量累计百分比分析，随着高度的增加，沙尘水平通量累计百分比增加幅度逐渐减小，0~24m 高度层防护林外围沙尘水平通量累计百分比增加幅度较大，而防护林内部相对较小，36~48m 高度层防护林内部沙尘水平通量累计百分比增加幅度逐渐增加，而防护林内部则逐渐趋于平稳，其中防护林外围 78.4% 的沙尘水平通量集中在 24m 以内，而防护林内部 24m 以内只占 53.5%，以上数据分析表明随着高度增加，下垫面状况对沙尘暴沙尘水平通量的影响逐渐减弱。

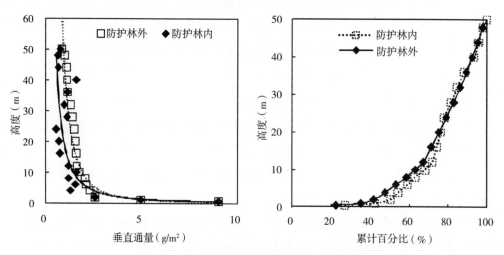

图 12-19　沙尘垂直通量廓线及累计百分比

　　由图 12-19 可知，防护林内外沙尘垂直通量（M_V）均随着高度（h）的增高呈现明显减小趋势，降尘量随高度的分布特征均符合幂函数关系 $M_V = ah^b$，其中，防护林外围水平通量随高度变化的拟合方程为 $M_V = 4.8842h^{-0.398}$（$R^2 = 0.93$，$P < 0.01$），防护林内的拟合方程为 $M_V = 4.1057h^{-0.448}$（$R^2 = 0.76$，$P < 0.01$）。

防护林内外在24m以下的沙尘垂直通量均是呈现逐渐减小的趋势，并且变化幅度相对较大，在24m以上防护林外的垂直通量持续减小，但是变化幅度逐渐变小，而防护林内的垂直通量在24m以上呈现逐渐增加的趋势，但是变化幅度较小。防护林外围0~50m范围内单次沙尘暴过程的平均沙尘垂直通量为2.22g/m²，而防护林内部只有1.85g/m²，二者的差值也随着高度的增高而逐渐减小，呈现出逐渐重合的趋势。防护林内的垂直通量廓线拟合方程的相关系数相对防护林外较小，由此可知防护林的存在能够显著影响沙尘的输送路径及分布特征。

从垂直通量累计百分比分析，随着高度的增加，沙尘垂直通量累计百分比增加幅度逐渐减小，但防护林内部和防护林外围增加幅度基本一致，二者80%的沙尘垂直通量均是集中在28m以内，由此说明，沙尘暴经过防护林体系时，防护林对不同高度的沙尘垂直通量分配比例没有较大影响。

12.2.4.3 沙尘浓度

沙尘暴发生过程中，防护林内外沙尘浓度（C）均呈现出随高度（h）增高而减小的趋势（图12-20），防护林外沙尘浓度随高度的分布特征为指数函数 $C = 65.495e^{-0.052h}$（$R^2 = 0.92$，$P < 0.01$），防护林内沙尘浓度随高度的分布特征为幂函数 $C = 21.946h^{-0.196}$（$R^2 = 0.76$，$P < 0.01$）。

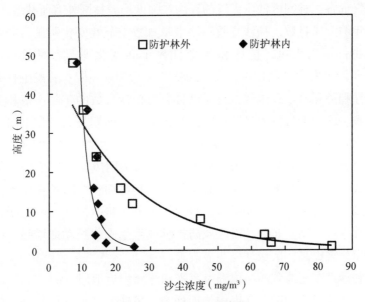

图12-20　沙尘浓度廓线

防护林外沙尘浓度随着高度增加逐渐减小，在1m处最大（83.79mg/m³），8m处迅速下降到44.82mg/m³，12~24m高度层为24.64~14.00mg/m³，36~48m高度层平缓下降；防护林内沙尘浓度在1m处最大（25.16mg/m³），4~48m高度层平缓下降，沙尘浓度范围为8.37~15.42mg/m³。防护林外沙尘浓度平均值为37.24mg/m³，防护林内仅为 14.76mg/m³，随着高度的增加，二者差值逐渐减小，并且有重合的趋势，此现象说明沙尘浓度在高空受下垫面状况影响较小。

12.3 小结

风沙活动是乌兰布和沙漠沙漠化发生和发展的直接因素，也是影响绿洲区域生态环境质量、农业开发和自然资源合理利用的主要原因，防护林体系可有效降低风速、降解沙尘灾害、改善区域生态环境。防护林主要通过阻滞气流流动而降低风速，削弱风能，有效减轻风沙危害。人工绿洲防护林体系对风速有明显的降减作用，且随着绿洲防护林体系年限的增加和功能的完善，防风效能逐渐增强，风沙天气的降幅也呈增加趋势。

防护林体系的建设，改变了下垫面的状况，使得近地表风沙流结构与特征均发生了较大的变化。含沙量在 0~60cm 层次内趋于均匀，且含沙量大幅度减少，仅为沙漠区的 2.4%，近地表 0~10cm 沙尘输送量明显减少，在防风效应越显著的地方，其含沙量随高度的变化越不明显。同时，防护林体系的作用使绿洲内外的降尘量有很大变化，总体表现为防护林体系内的降尘量远小于沙漠区降尘量。绿洲内不同防护林网降尘量的空间变化与旷野沙漠区相同，5m 降尘量小于 2m 降尘量，在时间变化上二者有异，三场 3 个网格间降尘量呈现规律性变化，表现为越接近网格中心降尘量越小，而二场的降尘量没有这种规律性分布。防护林体系可有效地降解沙尘，缓减风沙天气危害，林网内沙尘天气的程度和强度均较林网外有所减缓。

磴口县年均大风日数、扬沙日数和沙尘暴日数季节性变化明显，主要集中于春季，秋季最少；年均大风、扬沙和沙尘日数年际变化明显，呈总体下降趋势，1970—1985 年沙尘发生日数相对较高，1985 年以后明显下降；各发生日数年际变化曲线符合线性趋势和多项式函数，且大风日数与扬沙日数的年际振荡和多年变化趋势基本上一致。沙尘天气发生日数在防护林体系建设前期最高，在不同建设阶段各指标均明显下降，尤其是第三阶段各指标下降幅度可达 73.0%~94.0%。方差分析表明四个阶段沙尘天气差异极显著；相关回归分析表明风沙天气指标（年均大风日数、扬沙日数和沙尘暴日数）与防护林指标（防护林面积、防护林林木蓄积量）存在着显著的线性相关关系，同期扬沙、沙尘暴与大风日数的比值变化明显。随着三北防护林工程建设，乌兰布和沙漠区域防护林体系生态保护功能增强，抑制风沙天气形成的作用显著提高，区域环境明显改善。

乌兰布和沙漠东北缘荒漠→绿洲过渡带和绿洲内近地层（0~50m）的年内平均风速、不同季节的风速均随着高度增加而增大，风速廓线特征可用幂函数表示；荒漠→绿洲过渡带的风速显著大于绿洲内的风速；荒漠→绿洲过渡带和绿洲内近地层沙尘水平通量和降尘量均随着高度增加而减少，分布特征均遵循幂函数关系；荒漠→绿洲过渡带沙尘水平通量显著高于绿洲内，说明绿洲防护体系对沙尘具有明显的削弱作用；在春、夏、秋、冬季，荒漠→绿洲过渡带和绿洲内近地层沙尘水平通量和降尘量均随着高度增加而减小；春季是沙尘水平通量和降尘量集中的季节，其次为夏季，秋季和冬季相对较低；一年四季中，荒漠→绿洲过渡带的沙尘水平通量和降尘量均高于绿洲内。

乌兰布和沙漠东北缘沙尘暴发生过程中，防护林内外风速随高度增加均呈现递增趋势，风速廓线特征遵循幂函数，防护林内外风向均是以 W、WNW、NE 方向为主，但每个方向所占比例不同；防护林外沙尘水平通量及沙尘浓度随高度增高显著减小，其垂直分布特征均符合指数函数关系，防护林内沙尘水平通量及沙尘浓度则随着高度增高缓慢上升，其垂直分布特征均符合幂函数关系；沙尘垂直通量则均随着高度的增高明显减小，其垂直分布特征均符合幂函数关系；沙尘暴经过防护林体系时，风速显著削弱，平均消减 31.03%；沙尘水平通量降低 298.16g/m^2，垂直通量降低 0.37g/m^2，沙尘浓度降低 22.48g/m^2。

第13章
结　论

（1）磴口人工绿洲有着悠久的灌溉农业历史，早在汉代就成为中国北方著名的农垦区，鼎盛时期人口达3万~4万人，人类活动的加强，大规模的农垦开荒，加上政治不稳定，经过历代农垦与战争，反复弃耕与复耕，破坏了原生植被和表土，生态环境恶化，助长了沙漠化的发展，最后导致人工绿洲的衰败，历史的教训仍值得今天汲取。中华人民共和国成立前的30余年间，绿洲粗放经营，忽视生态治理，导致沙漠化迅速扩展，直接侵占、埋压绿洲，造成沙逼人退现象的发生。乌兰布和沙漠东北部真正大规模的绿洲开发建设是在中华人民共和国成立之后，期间经历了多次大规模绿洲开发建设，长期大规模的人工绿洲化过程，以及水、土资源的高强度利用，导致了严重的生态问题，人工绿洲的可持续发展仍然潜伏着生态危机。

近年来，磴口县的景观格局变化明显，单纯从数据上看，人工绿洲增长迅速，增长率57.79%，沙漠化面积减少了11.58%，盐碱化土地面积大幅减少67.19%。表现出绿洲化进程不断加快，荒漠化明显逆转的喜人局面。但这只是一种表面现象，从不同类型沙漠化土地的面积变化数据进一步分析，磴口县人工绿洲潜在的生态危机便会显现出来。研究结果表明：流动沙地的面积显著增加，正处在迅速扩展之中，13年增加了21.69%；而具有较高覆盖度的固定沙地面积减少了31.51%，人工绿洲的扩展主要建立在破坏自己天然保护屏障的基础之上，这种潜在的生态危机，必然会给人工绿洲的持续发展带来威胁；同时从经济上分析，绿洲的迅速扩张也是得不偿失的，农业产值仅增加了11.8%。以上情况充分说明只有资源节约型、生态保护型、集约经营型之路，才是磴口绿洲的可持续发展之路。

（2）磴口新建人工绿洲在24年的绿洲化进程中（1980—2004年），绿洲土壤质量得到明显改善，土壤的全量养分、速效养分总体上都呈增加趋势，表层土壤含盐量和pH值均下降明显，土壤质量的改善，为人工绿洲农业产业高产稳产及持续经营奠定了基础。

土壤有机质含量明显增加，提高了土壤微生物活性和养分的转化速度，也为团粒结构的形成及水肥气热的协调作用提供了良好的物质条件；土壤全氮量变化趋势与土壤有机质的变化规律基本相同；随着土壤生物代谢过程加强，磷的循环加强，明显促进了土壤全磷含量的释放，也说明这有利于增加土壤全磷的供给；全钾含量总体呈显著增加趋势。

在绿洲化进程中，当前肥力的速效养分作为土壤供给作物总体上也呈增长趋势。速效氮含量在土壤各层增加明显，速效钾亦有增加，而土壤速效磷含量变化略有不同，在人工绿洲建设初期（1980—1984 年），由于人工干预，土壤对速效磷的固定作用加剧，其增量呈现负增长的趋势，在以后的 10 年（1984—1994 年）中，随土壤的有机质归还量加大，土壤速效磷含量的增量呈曲线增长方式，其含量的增量曲线方程符合 $y = -0.0162x^3 + 0.2227x^2 - 0.5903x + 0.3691$，呈极相关关系。其他各层也有类似的规律。

在 24 年的绿洲化进程中，土壤的盐分变化为全盐量 0~60cm 呈下降趋势，表层 0~30cm 下降明显，60cm 以下变化不明显；而土壤 pH 值的变化恰好与全盐量变化相反，表层 0~30cm pH 值降低明显，土壤 60cm 以下 pH 值呈现增加趋势。

（3）不论绿洲内部、绿洲边缘，还是绿洲外围，在区域干旱气候的共同背景下，由于受人工绿洲灌溉水分水平运动影响的强度不同，其植被的组成种类、盖度及多样性特征存在着比较大的差异，因而造成其生态功能有显著的差别。

绿洲外缘天然灌草和人工植被由于其结构差异造成地表粗糙度明显不同，其防蚀、阻沙、固沙作用也有明显的差别。流动性沙地表现为强风蚀、强堆积，而高盖度天然灌丛植被区表现为弱风蚀、弱堆积特点。从绿洲边缘向远处沙漠的不同下垫面在水平梯度上的沙尘沉降量差异十分显著，随着植被盖度的增大，沙尘沉降量显著减少。同时，同一下垫面不同高度上沙尘沉降量的差异显著，下层 0.5m 高度处的降沉量明显大于 1.5m 高度处。

需要特别强调的是，绿洲边缘白刺群落具有高盖度、高生物量的特点，具有巨大的阻沙固沙生态功能，应给予特别的保护。

（4）典型人工绿洲在幼龄林后期阶段、中龄林阶段、成熟龄阶段 3 个阶段的气候生态效应表明（与荒漠相比）：①人工绿洲具有降低气温的作用，但对年均气温的影响不大，平均降幅在 0.4~0.5℃，在年内高温季节的 6、7 月，降温幅度最大，在 1.0~1.2℃；人工绿洲对地表温度的影响与气温的变化趋势基本相同，但降温幅度要高于气温。②具有一定规模、生态功能完善的人工绿洲有增加降水的作用，3 个阶段降水增长率分别为 8.3%、20.3%、67.1%，绿洲增加的降水量主要集中在 6、7、8 月，其增加的降水量占全年增加量的 78.7%。③人工绿洲在 3 个阶段，年均空气相对湿度有不同程度的提高，分别为 4.5%、4.7%、2.7%，在作物生长季节绿洲比荒漠提高约 6%~9%。④人工绿洲抑制蒸发作用明显，3 个阶段年均蒸发量分别降低 24.4%、32.2%、12.7%，最热月 7 月降低幅度最大，降低了 40.2%。人工绿洲成熟林龄阶段的多项气候因子与荒漠接近，表现出生态功能明显下降，说明此时一些防护林进入了成熟期，可作为农田防护林更新年龄的参考。

（5）乌兰布和沙漠绿洲 5 种典型防护林带（网）模式野外实验结果：①在风向与林带走向接近垂直的情况下，各防护林网模式防风效果野外试验研究显示，疏透结构大网格林网、窄林带小网格乔木纯林林网及乔灌混交林网模式在绿洲及外围均发挥着较好的防风效果。各防护林林网内的防风效能范围为，300m×90m 的 8 行乔木纯林林网在65%~95%之间，300m×140m的2行乔木纯林林网在67%~85.4%之间，240m×90m的2行乔木+2行灌木的乔灌混交林网在46%~82%之间，240m×90m的2行乔木纯林林网在44%~67%之间，90m×160m的2行乔木纯林林网在56%~72%之间。8行乔木林网和2行大网格乔木林网内96%面积上的防风效能均在70%以上，但2行1带疏透结构的大网格林网模式可以在有限水土资源承载力下发挥出与多行紧密栽植防护林网相近的防护效果，在干旱区绿洲具有更广阔的推广前景。乔灌混交林网在55%防风效能以上的有效防护面积均大于纯林林网，防风效能在60%以上时，乔灌混交林网的有效防护比约为纯林林网的2.5倍。两种林网模式在低防风效能（防风效能小于55%）均具有较好的防风效果。②风向变化使各林网内的防风效能分别减少了约5%、10%、18%、15%及0%，对大网格林网内的风速流场分布及防风效能影响较大，对窄林带小网格影响并不明显。风向对不同配置类型林网内的风速流场及防风效能影响显著，如"U"型配置林网其开口处要避免朝向主害风风向，以免扰乱和降低林网内的防风效能；"长方"型配置的窄长纯林林网可以将风向夹角带来的影响降到最低，充分发挥长副林带的防护作用，林网内的风速流场及防风效能较为稳定。在不同的防风效能，2行大网格乔木林网及乔灌混交林网依旧发挥着较好的防风效果。

（6）不同结构典型林带模型风洞模拟研究显示：从防风效果分析，紧密结构的林带及高度较高的林带发挥着较好的防护效应，在相对较高防风效能以上，林带的有效防护面积及防护比大小均为6cm紧密林带>8cm疏透林带>6cm疏透林带。林带结构对林带防风效果具有显著的影响，当防风效能较低在20%以上，不同林带的有效防护比较为接近，6cm紧密林带的有效防护面积及防护比比6cm疏透林带大330.5cm²（5.1%）；当防风效能在30%以上，6cm紧密结构林带的有效防护面积及防护比比疏透林带大285.2cm²（10.3%）；当防风效能在40%以上，6cm紧密结构林带的有效防护面积及防护比比疏透林带大1503.0cm²（23.2%）；当防风效能较高在50%以上时，由林带结构造成的差异最大，6cm紧密结构林带的有效防护面积及防护比比疏透林带大2367.9cm²（47.3%）。林带高度对林带防风效果的影响为，当防风效能较低在20%、30%及40%以上时，8cm疏透结构林带的有效防护面积及防护比比6cm疏透林带最大多395.3cm²（6.1%）；林带高度在较高防风效能发挥着较大的防护效应，当防风效能在50%以上，8cm高林带的有效防护面积比6cm高林带大1373.8cm²，有效防护比之差为21.2%。林带前后的加速率等值线分布规律可以划分为3个区域：林带前的风速减弱区、林带上方偏下风向的风速加速区及林带后大范围的风速减弱区三个区。

（7）不同配置林网（$D=10H$）模式防风效能风洞模拟试验研究显示：6cm林带高度纯林林网的防风效能范围在12%~68%，乔灌混交林网的防风效能在10%~85%，乔木+灌木混合林网的防风效能在10%~100%。8cm林带高度纯林林网的防风效能范围在10%~85%，乔灌混交林林网的防风效能在15%~95%。16m/s风速下，当防风效能在50%以上即削弱一半以上的风速，各林网模式的有效防护面积及防护比大小依次为 8cm 乔灌混交林网 5407.2cm^2（75.1%）>6cm 乔灌混交林网 5025.6cm^2（69.8%）>6cm 乔木+灌木混合林网 4816.8cm^2（66.9%）>8cm 纯林林网 4161.6cm^2（50.3%）>6cm 纯林林网 3038.4cm^2（42.2%），乔灌混交配置的林网模式及乔木+灌木混合的林网模式发挥了较好的防护效应。当防风效能在 60% 以上，各林网模式的有效防护面积及防护比大小依次为 8cm 乔灌混交林网 5162.4cm^2（71.7%）>6cm 乔木+灌木混合林网 4327.2cm^2（60.1%）>6cm 乔灌混交林网 4276.8cm^2（59.4%）>8cm 纯林林网 3088.8cm^2（42.9%）>6cm 纯林林网 316.8cm^2（4.4%）。与防风效能在 50% 以上不同的是，在该防风效能优化的 6cm 乔木+灌木混合林网的有效防护比开始发挥较好的防护效果。随着防风效能的增加，各林网有效防护面积及防护比的大小顺序与防风效能在 60% 以上相同，优化的 6cm 乔木+灌木混合林网在高防风效能所发挥的防护效果最显著，这种外围营建高大乔木林网并通过林网内的灌木林带来增加防护效果的防护林网模式具有广阔的发展空间。林带高度对不同配置林网的影响为，在 60% 以上的较高防护效能，8cm 纯林林网的防护效果要明显优于 6cm 纯林林网，纯林林网由林带高度增高的最大有效防护面积约占林网总面积的 38.5%。在 70% 以上的较高防护效能，8cm 乔灌混交林网的防护效果要明显优于 6cm 乔灌混交林网，乔灌混交林网由林带高度增高的最大有效防护面积约占林网总面积的 44.0%。

（8）不同配置林网（$D=6H$）模式防风效能风洞模拟试验研究显示：6cm 窄林带纯林林网的防风效能范围在 16%~68% 之间，乔灌混交林林网的防风效能范围在 15%~85% 之间。8cm 窄林带纯林林网的防风效能范围在 22%~80% 之间，乔灌混交林林网的防风效能范围在 20%~94% 之间。当防风效能在 50% 以上，各防护林林网模式的有效防护面积依次为 8cm 乔灌混交林网>6cm 乔灌混交林网>8cm 纯林林网>6cm 纯林林网。其中，6cm 和 8cm 两种林带高度的窄林带乔灌混交林网配置模式其有效防护比比纯林林网模式分别高 2.1 倍（38.1%）和 1.6 倍（29.1%），可见乔灌混交配置的防护林林网模式可以发挥出较好的防护效果。林带高度对相同配置防护林网模式防风效果的影响为，8cm 纯林林网的有效防护比比 6cm 纯林林网大 14.3%，8cm 乔灌混交林网的有效防护比比 6cm 乔灌混交林网大 5.3%，纯林林网的防风效果受林带高度的影响相对较大。当防风效能在 60% 及以上时，各防护林林网模式的有效防护面积均为 8cm 乔灌混交林网>6cm 乔灌混交林网>8cm 纯林林网>6cm 纯林林网。防风效能在 60% 以上时，6cm 和 8cm 两种林带高度的窄林带乔灌混交林网配置模式其有效防护比比纯林林网模式分别高 3.7 倍（45.4%）和 3.4 倍（49.7%），随着防风效能的增加，乔灌混交配置的防护林林网模式所发挥的防护效果均增大。林带高度对同配置防护林网模式防风效果的影响为，8cm 纯林林网的有效防护比比 6cm 纯林林网大 4.2%，8cm 乔灌混交林林网的有效防护比比 6cm 大 8.5%，较高防风效能下乔灌混交林网的防风效果受林带高度的影响相对较大。随着防风效能的增加，纯林林网的防风效果越来越小以至于无法达到该防风效能，具有较高林带高度的乔灌混交林模式发挥着较好的防护效果。

（9）两种典型小网窄带防护林连续 6 个林网叠加的风洞模拟试验结果表明：小网窄带防护林叠加后随着林网数量的增加各林网内的风速逐渐减小且在中间林网位置趋于稳定，乔木纯林林网在第三林网基本达到稳定，乔灌混交林网在第二林网达到稳定。两种类型防护林各林网内风速均符合正态分布特征，风速稳定后多为右偏态高狭峰。16m/s 风速下，乔木纯林林网叠加（0~252cm）的防风效能分布范围为 16%~74%，整体在 60% 防风效能下发挥着良好防风效果，乔灌混交林林网叠加的防风效能分布范围为 15%~89%，整体在 70% 防风效能下发挥着良好防风效果；16m/s 风速下，乔木纯林林网叠加（$0~42H$，$H = 6cm$）的风速加速率分布范围为 0.25~0.94，乔灌混交林林网叠加的风速加速率分布范围为 0.1~0.94。根据风速加速率的分布特征划分出 4 个不同的风速分布区，分析还发现灌木对林带枝下高范围的近地层气流影响显著，对削弱近地层风速起到了重要作用。

（10）区域防护林体系建设能有效抑制和减弱风沙天气，随着三北防护林工程的建设，磴口县人工绿洲区域防护林体系生态保护功能增强，抑制风沙天气形成的作用显著提高，生态环境明显改善。1970—2000 年，磴口县年均大风日数、扬沙日数和沙尘暴日数总体上呈明显的下降趋势，1970—1985 年沙尘发生日数相对较高，1985 年以后明显下降；风沙天气发生日数的年际变化曲线符合线性趋势和多项式函数，且大风日数与扬沙日数的年际振荡和多年变化趋势基本上一致。沙尘天气发生日数在防护林体系建设前期最高，在不同建设阶段各指标均明显下降，尤其是第三阶段，风沙天气各指标下降幅度可达 73.0%~94.0%。方差分析表明 4 个阶段沙尘天气差异极显著；相关回归分析表明风沙天气指标（年均大风日数、扬沙日数和沙尘暴日数）与防护林体系的面积和蓄积量存在着显著的线性相关关系，同期扬沙、沙尘暴与大风日数的比值在 4 个阶段存在明显差异。

典型人工绿洲的监测研究表明，防护林体系对灾害性天气具有明显的减灾作用。年均沙尘暴日数、年扬沙日数、年大风日数 3 项指标，防护林林网内较荒漠旷野分别减少 56.5%、56.8%、55.2%。这与区域防护林体系对风沙天气的降减作用相一致，可相互印证。同时，防护林体系可有效地降减沙尘，使得绿洲内降尘量减少，沙尘天气的程度和强度均有所缓解。

（11）乌兰布和沙漠东北缘荒漠→绿洲过渡带和绿洲内近地层（0~50m）的年内平均风速、不同季节的风速均随着高度增加而增大，风速廓线特征可用幂函数表示；过渡带的风速显著大于绿洲内的风速；过渡带和绿洲内近地层沙尘水平通量和降尘量均随着高度增加而减少，分布特征均遵循幂函数关系；过渡带沙尘水平通量显著高于绿洲内；在春、夏、秋、冬季，过渡带和绿洲内近地层沙尘水平通量和降尘量均随着高度增加而减小；春季是沙尘水平通量和降尘量集中的季节，其次为夏季，秋季和冬季相对较低；一年四季中，过渡带的沙尘水平通量和降尘量均高于绿洲内。沙尘暴发生过程中，防护林内外风速均随高度增加均呈递增趋势，风速廓线遵循幂函数关系，林带内外均以 W、WNW、NE 风向为主，但每个风向所占比例分布不同；林带外沙尘水平通量及沙尘浓度随高度增高显著减小，其垂直分布特征均符合指数函数关系，林带内沙尘水平通量及沙尘浓度则随着高度增高缓慢上升，其垂直分布特征均符合幂函数关系；沙尘垂直通量则均随着高度的增高明显减小，其垂直分布特征均符合幂函数关系；沙尘暴经过防护林体系时，风速显著削弱，平均消减 31.03%；沙尘水平通量降低 298.16g/m^2，垂直通量降低 0.37g/m^2，沙尘浓度降低 22.48g/m^2。

参考文献

包岩峰，丁国栋，吴斌，等. 2013. 毛乌素沙地风沙流结构的研究 [J]. 干旱区资源与环境，27（2）：118-123.

曹新孙. 1983. 农田防护林学 [M]. 北京：中国林业出版社.

陈隆亨. 1995. 荒漠绿洲的形成条件和过程 [J]. 干旱区资源与环境，9（3）：49-55.

丁国栋，李素艳，蔡京艳，等. 2005. 浑善达克沙地草场资源评价与载畜量研究——以内蒙古正蓝旗沙地地区为例 [J]. 生态学杂志，24（9）：1038-1042.

董光荣，李保生，高尚玉，等. 1983. 鄂尔多斯高原第四纪古风成沙的发现及其意义 [J]. 科学通报，28（16）：998-1001.

董光荣，吴波，慈龙骏，等. 1999. 我国荒漠化现状、成因与防治对策 [J]. 中国沙漠，19（4）：318-332.

董慧龙，杨文斌，王林和，等. 2009. 单一行带式乔木固沙林内风速流场和防风效果风洞实验 [J]. 干旱区资源与环境，23（7）：110-116.

董旭. 2011. 青海黄土丘陵区不同退耕还林模式生态效应 [J]. 林业资源管理，4：71-75.

董智. 2004. 乌兰布和沙漠绿洲农田沙害及其控制机理研究 [D]. 北京：北京林业大学.

杜海燕，周智彬，刘凤山，等. 2013. 绿洲化过程中阿拉尔垦区土壤粒径分形变化特征 [J]. 干旱区研究，30（4）：615-622.

樊自立. 1993. 塔里木盆地绿洲形成与演变 [J]. 地理学报，48（5）：421-426.

范志平，孙学凯，王琼，等. 2010. 农田防护林带组合方式对近地面风速作用特征的影响 [J]. 辽宁工程技术大学学报（自然科学版），29（2）：320-323.

范志平，曾德慧，刘大勇，等. 2006. 单条林带防护作用区风速分布特征 [J]. 辽宁工程技术大学学报，25（1）：138-141.

封玲. 2004. 历史时期中国绿洲的农业开发与生态环境变迁 [J]. 中国农史，23（3）：123-129.

傅伯杰. 1995. 黄土区农业景观空间格局分析 [J]. 生态学报，15（2）：113-120

高华君. 1987. 我国绿洲的分布和类型 [J]. 干旱区地理，10（4）：25-29.

高尚武，程致力. 1990. 大范围绿化工程对环境质量作用的研究 [J]. 林业科学研究（3）：1-20.

关德新，朱廷曜. 1998. 林带结构与抗风能力关系的理论分析 [J]. 北京林业大学学报（4）：119-121.

郭学斌，梁爱军，郭晋平，等. 2011. 晋北风沙特点、防风林带结构及效益 [J]. 水土保持学报，2011，25（6）：44-54.

郭学斌. 2002. 山西北部农田防护林的防风功能及结构研究 [J]. 林业研究（英文版），13（3）：217-220.

郭志中, 赵明. 1994. 主要固沙造林树种蒸腾耗水量的观测研究 [J]. 林业科技通报, 8 (3): 21-24.

哈斯. 1997. 河北坝上高原土壤风蚀物垂直分布的初步研究 [J]. 中国沙漠, 17 (1): 9-14.

韩德林. 1992. 绿洲系统与绿洲地理建设 [J]. 干旱区地理, 15 (增刊): 5-11.

韩德林. 1999. 绿洲稳定性初探 [J]. 宁夏大学学报, 20 (2): 136-139.

韩清. 1982. 乌兰布和沙漠的土壤地球化学类型特征 [J]. 中国沙漠, 2 (3): 24-31

韩致文, 刘贤万, 姚正义, 等. 2000. 复膜沙袋阻沙体与芦苇高立式方格沙障防沙机理风洞模拟实验 [J]. 中国沙漠, 20 (1): 40-44.

郝玉光, 丁国栋. 2004. 乌兰布和沙漠东北缘防护林体系建设对风沙灾害性天气影响的数量化研究 [J]. 中国水土保持科学, 2 (1): 79-82.

郝玉光. 2007. 乌兰布和沙漠东北部绿洲化过程生态效应研究 [D]. 北京: 北京林业大学.

何洪鸣, 周杰. 2002. 防护林对沙尘阻滞作用的机理分析 [J]. 中国沙漠, 22 (2): 197-200.

贺山峰, 蒋德明, 阿拉木萨. 2007. 科尔沁沙地小叶锦鸡儿灌木林固沙效应的研究 [J]. 水土保持学报, 21 (2): 84-87.

侯仁之, 俞伟超, 李宝田. 1965. 乌兰布和沙漠北部的汉代垦区 [J]. 治沙研究, (7): 15-34.

侯仁之, 俞伟超. 1973. 乌兰布和沙漠的考古发现和地理环境变迁 [J]. 考古 (2): 92-107.

胡海波, 王汉杰, 鲁小珍, 等. 2001. 中国干旱半干旱地区防护林气候效应的分析 [J]. 南京林业大学学报, 25 (3): 77-82.

黄妙芬, 周宏飞. 1991. 荒漠绿洲交界处近地面层风速和温度的铅直变化规律 [J]. 干旱区地理, 14 (2): 60-65.

黄妙芬. 1996. 绿洲—荒漠交界处辐射差异对比分析 [J]. 干旱区地理, 19 (3): 72-79.

黄妙芬. 1996. 绿洲农田作物的显热与潜热输送 [J]. 干旱区地理, 19 (4): 68-74.

黄培祐. 1998. 再论荒漠——绿洲建立统一观与干旱荒漠生态系统的持续发展 [J]. 新疆环境保护, 20 (3): 1-8.

季国良, 邹基玲. 1994. 干旱地区绿洲和沙漠辐射收支的季节变化 [J]. 高原气象, 13 (3): 323-329.

贾宝全, 慈龙骏, 杨晓辉. 2000. 人工绿洲潜在景观格局及其与现实格局的比较分析 [J]. 应用生态学报, 11 (6): 912-916.

贾宝全, 慈龙骏. 2000. 干旱区绿洲研究回顾与问题分析 [J]. 地球科学进, 15 (4): 381-388.

贾宝全. 1996. 绿洲景观若干理论问题的探讨 [J]. 干旱区地理, 19 (3): 58-64.

贾铁飞, 何雨, 李容全. 1996. 全新世内蒙古自然环境演变及其特点 [J]. 干旱区地理 (4): 19-25.

贾铁飞, 何雨, 裴冬. 1998. 乌兰布和沙漠北部沉积物特征及环境意义 [J]. 干旱区地理, 21 (2): 36-42.

贾铁飞, 石蕴琮, 银山. 1997. 乌兰布和沙漠形成时代的初步判定及意义 [J]. 内蒙古师范大学报 (自然科学版) (3): 46-49.

贾铁飞, 赵明, 包桂兰, 等. 2002. 历史时期乌兰布和沙漠风沙活动的沉积学记录与沙漠化防治途径分析 [J]. 水土保持研究, 9 (3): 51-54.

姜艳, 徐丽萍, 杨改河. 2007. 不同退耕模式林草初夏小气候效应 [J]. 干旱地区农业研究, 25 (2): 162-166+174.

李成烈. 1991. 半干旱地区防护林综合效应研究报告 [J]. 防护林科技 (1): 65-68.

李福兴, 姚建华. 1998. 河西走廊经济发展与环境整治综合开发 [M]. 北京: 中国环境科学出版社.

李家春. 2001. 干旱区陆面过程野外观测研究 [J]. 中国沙漠, 21 (3): 254-259.

李小明, 张希明, 王元, 等. 2000. 塔南绿洲生态系统持续发展近期优化模式 [J]. 应用生态学报, 11 (6): 917-922.

李新. 1992. 塔里木盆地绿洲边缘农田小气候特征分析 [J]. 干旱区地理, 15 (2): 25-30.

李永平, 冯永忠, 杨改河. 2009. 北方旱区农田防护林防风效应研究 [J]. 西北农林科技大学学报 (自然科学版), 37 (6): 92-98.

梁海荣, 王晶莹, 董慧龙, 等. 2010. 低覆盖度下两种行带式固沙林内风速流场和防风效果 [J]. 生态学报, 30 (3): 568-578.

刘芳. 2000. 乌兰布和沙区的植物资源 [J]. 内蒙古师大学报, 29 (3): 215-220.

刘建国. 1992. 当代生态学博论 [C]. 北京: 中国科学技术出版社, 209-233

刘建勋, 蔺国菊, 申桂莲, 等. 1997. 河西走廊中部农田防护林防风效应初探 [J]. 中国沙漠, 17 (4): 432-434.

刘秀娟. 1994. 对绿洲概念的哲学思考 [J]. 新疆环境保护, 16 (4): 13-18.

刘玉平. 1998. 荒漠化评价的理论框架 [J]. 干旱区资源与环境, 129 (3): 74-82.

卢琦等. 2004. 中国治沙启示录 [M]. 北京: 科学出版社.

芦满济, 杨生茂, 胡新元, 等. 2001. 张掖市绿洲农田土壤养分特征及其变化研究 [J]. 甘肃农业科技 (2): 37-39.

吕仁猛. 2014. 乌兰布和沙漠绿洲农田防护林结构配置及其防风效果研究 [D]. 北京: 北京林业大学.

吕世华, 陈玉春. 1995. 绿洲和沙漠下垫面状态对大气边界层影响的数值模拟 [J]. 中国沙漠, 15 (2): 116-123.

罗格平, 许文强, 陈曦. 2005. 天山北坡绿洲不同土地利用对土壤特性的影响 [J]. 地理学报, 60 (5): 779-790.

马彦琳. 2003. 绿洲可持续农业与农村经济发展研究 [M]. 北京: 海洋出版社.

马义娟, 苏志珠. 1996. 晋西北土地沙漠化问题的研究 [J]. 中国沙漠, 16 (3): 300-305.

毛东雷, 雷加强, 曾凡江, 等. 2012. 和田地区绿洲外围防护林体系的防风阻沙效益 [J]. 水土保持学报, 26 (5): 48-54.

牛瑞雪, 赵学勇, 刘继亮, 等. 2012. 黑河中游不同土地覆被土壤水文环境及植被特征 [J]. 中国沙漠, 32 (6): 1590-1596.

潘晓玲. 2001. 干旱区绿洲生态系统动态稳定性的初步研究 [J]. 第四纪研究, 21 (4): 345-351.

裴步祥. 1989. 蒸发和蒸散的测定与计算 [M]. 北京: 气象出版社.

彭少麟, 王伯荪, 鼎湖山. 1983. 森林群落分析 (物种多样性) [J]. 生态科学 (1): 11-17.

钱正安, 宋敏红, 李万元, 等. 2002. 近50年来中国北方沙尘暴的分布及变化趋势分析 [J]. 中国沙漠, 22 (2): 106-111.

热合木都拉 阿迪拉, 塔世根 加帕尔. 2000. 对"绿洲"概念及分类的探讨 [J]. 干旱区地理, 23 (2): 129-132

任世芳. 2003. 历史时期乌兰布和沙漠环境变迁的再探讨 [J]. 太原师范学院学报, 2 (3):

87-91.

桑以琳, 赵宗哲. 1993. 农田防护林学 [M]. 北京: 中国林业出版社.

申元村, 汪久文, 武光和, 等. 2001. 中国绿洲 [M]. 开封: 河南大学出版社.

申元村, 杨勤业, 景可, 等. 2001. 我国的沙尘暴及其防治 [J]. 中国减灾, 11 (2): 27-30.

沈玉凌. 1994. "绿洲" 概念小议 [J]. 干旱区地理, 17 (2): 70-73.

施雅风. 1990. 山地冰川与湖泊萎缩所指示的亚洲中部气候干暖化趋势与未来展望 [J]. 地理学报 (1): 1-9.

宋兆民, 陈建业, 杨立文, 等. 1981. 河北省深县农田林网防护效应的研究 [J]. 林业科学 (1): 8-18.

宋兆民. 1990. 黄淮海平原综合防护林体系生态经济效益的研究 [M]. 北京: 北京农业大学出版社.

苏从先, 胡隐樵, 张永平. 1987. 河西地区绿洲的小气候特征和 "冷岛效应" [J]. 大气科学, 11 (4): 390-396.

苏志珠, 董光荣. 1994. 130ka 来黄土高原北部的气候变迁 [J]. 中国沙漠, 14 (1): 45-51.

孙保平, 岳德鹏, 赵廷宁, 等. 1997. 北京市大兴县北臧乡农田林网景观结构的度量与评价 [J]. 北京林业大学学报, 19 (1): 45-50.

孙祥彬. 1990. 塔里木盆地的气候特点 [C] //李江风. 中国干旱、半干旱地区气候、环境与区域开发研究. 北京: 气象出版社, 131-135.

唐玉龙, 安志山, 张克存, 等. 2012. 不同结构单排林带防风效应的风洞模拟 [J]. 中国沙漠, 32 (3): 647-654.

汪季, 董智. 2005. 荒漠绿洲下垫面粒度特征与供尘关系的研究 [J]. 水土保持学报, 19 (6): 9-11.

汪久文. 1995. 论绿洲、绿洲化过程与绿洲建设 [J]. 干旱区资源与环境, 9 (3): 1-12.

王葆芳, 熊士平. 1998. 乌兰布和沙地新开发人工绿洲防护林体系综合效益评价 [J]. 林业科学, 34 (6): 12-21.

王根绪, 程国栋. 1999. 荒漠绿洲生态系统的景观格局分析——景观空间方法与应用 [J]. 干旱区研究, 16 (3): 6-11.

王根绪, 郭晓寅, 程国栋. 2002. 黄河源区景观格局与生态功能的动态变化 [J]. 生态学报, 22 (10): 1587-1598.

王广钦, 樊巍. 1988. 农田林网内土壤水分变化动态的研究 [J]. 河南农业大学学报, 22 (3): 285-293.

王广钦, 徐文波. 1981. 农田林网防护效益分析 [M]. 北京: 中国林业出版社, 69-72.

王君厚, 周士威. 1998. 乌兰布和荒漠人工绿洲小气候效应研究 [J]. 干旱区研究, 15 (1): 27-32.

王俊勤, 陈家宜. 1994. HEIFE 边界层及某些结构特征 [J]. 高原气象, 13 (3): 299-306.

王平平, 杨改河, 梁爱华. 2010. 安塞县几种典型退耕模式小气候效应研究 [J]. 西北农业学报, 19 (10): 107-115.

王式功, 董光荣, 陈惠忠, 等. 2000. 沙尘暴研究的进展 [J]. 中国沙漠, 20 (4): 349-356.

王式功, 董光荣. 1996. 中国北方地区沙尘暴变化趋势初探 [J]. 自然灾害学报, 5 (2) 86-94.

王涛, 薛娴, 吴薇, 等. 2005. 中国北方沙漠化土地防治区划 (纲要) [J]. 中国沙漠, 25 (6):

816-822.

王秀兰，包玉海. 1999. 土地利用动态变化研究方法探讨 [J]. 地理科学进展，18 (1)：81-87.

王学全，高前兆，卢琦. 2005. 内蒙古河套水资源高效利用与盐渍化控制 [J]. 干旱区资源与环境，19 (6)：195-123.

王雪芹，蒋进，张元明. 2012. 古尔班通古特沙漠南部防护林体系建成 10 年来的生境变化及植物自然定居 [J]. 中国沙漠，32 (2)：372-379.

王玉朝，赵成义. 2001. 绿洲—荒漠生态脆弱带的研究 [J]. 干旱区地理，24 (2)：182-188.

王元，周军莉，徐忠. 2003. 灌草与林带搭配条件下防风效应的数值模拟 [J]. 应用生态学报，14 (3)：359-362.

文子祥，董光荣. 1996. 应重视和加强我国沙漠绿洲的研究 [J]. 地理科学进展，11 (3)：270-274.

翁笃鸣. 1988. 小气候和农田小气候 [M]. 北京：农业出版社.

吴敬之，王尧奇. 1994. 河西地区黑河流域绿洲蒸发力特征及其计算方法 [J]. 高原气象，13 (3)：377-381.

吴正. 2003. 风沙地貌与治沙工程学 [M]. 北京：科学出版社.

夏训诚，杨根生. 1996. 中国西北地区沙尘暴灾害及防治 [M]. 北京：中国环境出版社.

向成华，黄礼隆，蒋俊明，等. 1998. 国内外防护林体系效益研究动态综述 [J]. 四川林业科技 (1)：52-56.

徐丽萍，杨改河，冯永忠. 2010. 黄土高原人工植被对局部小气候影响的效应研究 [J]. 水土保持研究，17 (4)：170-179.

徐鹏，邹春静，李苗苗，等. 2012. 吉林省安农地区农田防护林生态经济效益分析 [J]. 林业科学 (1)：204-209.

杨金龙，吕光辉，刘新春，等. 2005. 新疆绿洲生态安全及其维护 [J]. 干旱区资源与环境，19 (1)：29-32.

杨生茂，李凤民，索东让，等. 2005. 长期施肥对绿洲农田土壤生产力及土壤硝态氮积累的影响 [J]. 中国农业科学，38 (10)：2043-2052.

杨文斌，卢琦，吴波，等. 2007. 低覆盖度不同配置灌丛内风流结构与防风效果的风洞实验 [J]. 中国沙漠，23 (3)：791-796.

杨文斌，王晶莹，董慧龙，等. 2011. 两行一带式乔木固沙林带风速流场和防风效果风洞试验 [J]. 林业科学，47 (2)：95-102.

叶小云，周跃进，黄春兰. 1999. 平原地区农防林对粮食作物产量的影响 [J]. 防护林科技，12 (2)：21-23.

张大勇，王刚，杜国帧，等. 1988. 亚高山草甸弃耕地植物群落演替的数量研究（I 群落组成分析）[J]. 植物生态学与地植物学学报，12 (4)：283-291.

张改文，高麦玲，袁洪振，等. 2006. 泛沙地小网格林网对小麦增产效益的研究 [J]. 山东林业科技 (4)：16-17.

张劲松，孟平，宋兆明，等. 2004. 我国平原农区复合农林业小气候效应研究概述 [J]. 中国农业气象，25 (3)：52-62.

张林源，王乃昂. 1994. 中国的沙漠和绿洲 [M]. 兰州：甘肃教育出版社.

张强，胡隐樵. 2002. 绿洲地理特征及其气候效应 [J]. 地球科学进展，17 (4)：477-486.

张强，于学泉. 2001. 干旱区绿洲诱发的中尺度运动的模拟及其关键因子敏感性实验 [J]. 高原气象，20（4）：58-65.

张延旭. 2011. 乌兰布和沙漠绿洲防护林结构及其防风效果研究 [D]. 呼和浩特：内蒙古农业大学.

张志国，张纯歌. 2012. 关于中国荒漠化问题的思考 [J]. 中国人口 资源与环境，22（5）：350-351.

赵德海. 1990. 风景林美学评价方法研究 [J]. 南京林业大学学报，14（4）：44-49.

赵松乔. 1987. 人类活动对西北干旱区地理环境的作用：绿洲化或荒漠化 [J]. 干旱区研究，4（3）：9-18.

赵松乔. 1987. 人类活动对西北干旱区地理环境的作用：绿洲化或荒漠化 [J]. 干旱区研究，4（3）：9-18.

赵珍. 2004. 清代西北地区的农业垦殖政策与生态环境变迁 [J]. 清史研究（1）：76-83.

赵宗哲. 1985. 我国农田防护林营造概况及其经济效益的评述 [J]. 林业科学，21（2）：174-184.

赵宗哲. 1993. 农业防护林学 [M]. 北京：中国林业出版社.

周宏飞，黄妙芬. 1996. 绿洲棉田蒸散与土壤水热状况关系分析 [J]. 干旱区地理，19（4）：60-6.

周宏飞，李彦. 1996. 绿洲农田土壤水分平衡及变化特征 [J]. 干旱区地理，19（3）：66-71.

周新华，孙中伟. 1994. 试论林网在景观中的宏观度量与评价 [J]. 生态学报，14（1）：28-31.

朱德华. 1979. 辽宁省西部防护林效益及其营造技术 [J]. 辽宁省林业科技（1）：16-19.

朱廷曜，关德新. 2000. 农田防护林生态工程 [M]. 北京：中国林业出版社.

朱廷曜. 1992. 防护林体系生态效益及边界层物理特征研究 [M]. 北京：气象出版社.

朱雅娟，李虹，赵淑伶，等. 2014. 共和盆地不同类型防护林的改善小气候效应 [J]. 中国沙漠，34（3）：841-848.

A. P. 康斯坦季诺夫. 1974. 林带与农作物产量 [M]. 北京：中国林业出版社.

A. Abdulkasimov. 1991. Zonal differentiation and structure of oasis landscape in Central Asia [J]. Mapping Sciences and Remote Sensing, 28（1）：77-89.

Abd EI-Ghani. 1992. Flora and vegetation of Gara oasis, Egypt [J]. Phytocoenologia, 21（1）：1-14.

Anthes R. A. 1984. Enhancement of convective precipitation by mesoscale in vegetative coverage in semi-arid regions [J]. Climate. Appl. Meteorol, 3（4）：541-551.

Bagnold R A. 1941. The physics of blown sand and desert dunes [M]. London：Methuen.

Bagnold R A. 1943. The Physics of Blown Sand and Desert Dunes [M]. London：Methuen.

Baker W L. 1989. Landscape ecology and nature reserve design in the boundary waters canoe area, Minnesota [J]. Ecology, 70（1）：23-35.

Bao YF, Ding GD, Wu B, et al. 2013. Study on the wind-sand flow structure of windward slope in the Mu Us Desert, China [J]. Journal of Food, Agriculture & Environment, 11（2）：1449-1454.

Blocken B, Stathopoulos T, Carmeliet J. 2007. CFD simulation of the atmospheric boundary layer：wall function problems [J]. Atmospheric Environment, 41：238-252.

Bornkamm R. 1986. Flora and vegetation of some small oasis in S-Egypt [J]. phytocoenologia, 14（2）：275-284.

Brandle JR, Hodges L, Zhou X. 2004. Windbreaks in sustainable agriculture [J]. Agroforestry

Systems, 61 (1): 65-78.

Bruelheide H, Jandt U, Gries D, et al. 2003. Vegetation changes in a river oasis on the southern rim of the Taklamakan Desert in China between 1956 and 2000 [J]. Phytocoenologia, 33 (4): 801-818.

C. Loehle and G. Wein. 1994. Landscape habitat diversity: a multiscale information theory approach [J]. Ecological Modeling, 73: 311-329. Cook PS, Cable TT. 1995. The scenic beauty of shelterbelts on the Great Plains [J]. Landscape and Urban Planning, 32: 63-69.

David R, Alain C, Robert L, et al. 2010. Intercropping hybrid poplar with soybean increases soil microbial biomass, mineral N supply and tree growth [J]. Agroforestry Systems, 80 (1): 33-40.

Eimern J, et al. 1964. Windbreaks and shelterbelts [J]. W M O Technial Note, 59: 188.

Faragalla A. 1988. Impact of agro desert on a desert ecosystem [J]. Journal of arid environment, 15 (1): 99-102.

Frank AB, Harris DG, Willis WO. 1976. Influnce of windbreaks on crop performance and snow management in North Dakota, Shelterbelts on the GreatPlains [M]. Proceeding of the Synposium. Denver. colorado. 41.

George EJ, Broberg D, Worthington EL. 1963. Influence of various types of field windbreaks on reducing wind velocities and depositing snow [J]. Journal of Forestry, 61 (5): 345-349.

Gillette DA, Pitchford AM. 2004. Sand flux in the northern Chichuhuan Desert, New Mexico, USA, and the influence of mesquite-dominated landscapes [J]. Journal of Geophysical Research, 109, F04003, doi: 10. 1029/2003JF000031.

Gui DW, Lei JQ, Zeng FJ. 2010. Farmland management effects on the quality of surface soil during oasification in the southern rim of the Tarim Basin in Xinjiang, China [J]. Plant Soil & Environment, 56 (7): 348-356.

Huang YZ, Wang NA, He TH, et al. 2009. Historical desertification of the Mu Us Desert, Northern China: A multidisciplinary study [J]. Geomorphology, 110 (3-4): 108-117.

Jenson M. 1961. Shelter effect investigations into the aerodynamics of shelter and its effects on climate and crop [J]. The Danish Technical Copenhagen, 5 (2): 45-56.

Kim ES, Park DK, Zhao XY, et al. 2006. Sustainable management of grassland ecosystems for controlling Asian dusts and desertification in Asian continent and a suggestion of Eco-Village study in China [J]. Ecological Research, 21 (6): 907-911.

Lin XJ, Barrington S, Choinier D, et al. 2007. Simulation of the effect of windbreaks on odour dispersion [J]. Biosyst Engin, 98: 347-363.

Martinez-Fernadez J, Esteve MA. 2005. A critical view of the desertification debate in southeastern Spain [J]. Land Degradation & Development, 16 (6): 529-539.

McAneney KJ, Judd MJ. 1991. Multiple windbreaks: An Aeolian ensemble [J]. Agric For Meteorol, 39: 225-250.

McNaughton KG. 1988. Effects of windbreaks on turbulent transport and microclimate [J]. Agric Ecosystems Environ, 22/23: 17-39.

Mize CW, Egeh MH, Batchelor WD. 2005. Predicting maize and soybean production in a sheltered field in the cornbelt region of North Central USA [J]. Agroforestry Systems, 64 (1): 107-116.

Normile D. 2007. Getting at the roots of killer dust storms [J]. Science, 317 (5836): 314-316.

Pan XL. Chao JP. 2001. The effects of climate on development of ecological system in oasis [J]. Advances in Atmospheric Sciences, 18 (1): 42-52.

Pankov E I, Kuzmina Z V, Treshkin, S E. 1994. The water availiability effect on the soil and vegetation cover of Southern Gobi oases [J]. Water Resource, 21 (3): 358-364.

Paxie WC, Chin KO, Jumanne M, et al. 2007. Soil water dynamics in cropping systems containing Gliricidia sepium, pigeonpea and maize in southern Malawi [J]. Agroforestry Systems, 69 (1): 29-43.

Pelton WL. 1976. Windbreak studies on the Canadian Prairie. Shelterbelts on the Great Plains [J]. Proceeding of the symposium, 24 (1): 64-68.

Plate EJ. 1971. The aerodynamics of shelter belts [J]. Agric Meteorol, 8: 203-222.

Qi X, Mize CW, Batchelor WD. 2001. A model of soybean production under tree shelter [J]. Agroforestry Systems, 52: 53-61.

Raupach MR. Thom AS. Edwards I. 1980. A wind tunnel study of turbulent flow close to regularly arrayed rough surfaces [J]. Boundary-Layer Meteorol, 18: 373-397.

Robert D, Sudmeyer A, Jane S. 2007. Influence of windbreak orientation, shade and rainfall interception on wheat and lupin growth in the absence of below-ground competition [J]. Agroforestry Systems, 71 (1): 201-214.

Saier HS. 2010. Desertification and migration [J]. Water, Air & Soil Pollution, 205 (S1): 31-32.

Townsend AA. 1956. The structure of turbulent shear flow [M]. London: Cambridge University Press.

Verón SR, Paruelo JM, Oesterheld M. 2006. Assessing desertification [J]. Journal of Arid Environments, 66 (2006): 751-763.

Wang H, Takle ES, Shen JM. 2001. Shelterbelts and windbreaks: Mathematical modeling and computer simulations of turbulent flows [J]. Annual Review of Fluid Mechanics, 33 (1): 549-586.

Wang H, Takle ES. 1995. A numerical simulation of boundary-layer flows near shelterbelts [J]. Boundary-Layer Meteorol, 75: 141-173.

Wang H, Takle ES. 1996. On three-Dimensionality of shelterbelt structure and its influences on shelter effects [J]. Boundary-Layer Meteorol, 79: 83-105.

Wang H, Takle ES. 1997. Momentum budget of boundary layer flow perturbed by a shelterbelt [J]. Boundary-Layer Meteorol, 82: 417-435.

Wang YG, Xiao DN, Li Y. 2007. Temporal-spatial change in soil degradation and its relationship with landscape types in a desert-oasis ecotone: a case study in the Fubei region of Xinjiang Province, China [J]. Environmental Geology, 51 (6): 1019-1028.

William EE, Cynthia JH, Mary ME, et al. 1997. Modelling the effect of shelterbelts on maize productivity under climate change: An application of the EPIC mode [J]. Agriculture Ecosystems & Environment, 61: 163-176.

Wilson JD. 1985. Numerical studies of flow through a windbreak [J]. Journal of Wind Engineering Industrial Aerodynamics, 21: 119-154.

Wilson JD. 1990. A perturbation analysis of turbulent flow through a porous barrier [J]. Quarterly Journal of Royal Meteorolgical Society, 116: 989-1004.

Xue JK, Hu YQ. 2001. Numercial simulation of oasis-desert interaction [J]. Progress in Natural Seience, 11 (9): 675-680.

Yang X. 2001. The oases along the Keriya River in the Taklimakan Desert, China, and their evolution since the end of the last glaciations [J]. Environ Geol, 41: 314-320.

Zhao HL, Zhou RL, Zhang TH, et al. 2006. Effects of desertification on soil and crop growth properties in Horqin sandy cropland of Inner Mongolia, north China [J]. Soil & Tillage Research, 87 (2): 175-185.

Zingg AW, Chepil WS. 1950. Aerodynamics of wind erosion [J]. Agric. Eng, 31: 279-284.

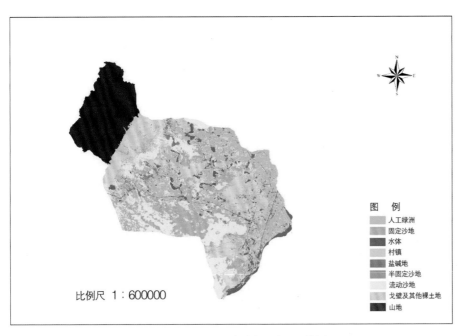

图例
人工绿洲
固定沙地
水体
村镇
盐碱地
半固定沙地
流动沙地
戈壁及其他裸土地
山地

比例尺 1∶600000

图 4-1　磴口县 1990 年各景观类型现状图

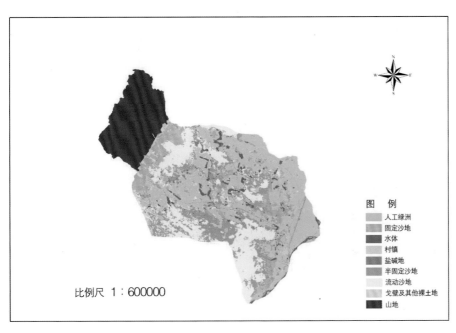

图例
人工绿洲
固定沙地
水体
村镇
盐碱地
半固定沙地
流动沙地
戈壁及其他裸土地
山地

比例尺 1∶600000

图 4-2　磴口县 2003 年各景观类型现状图

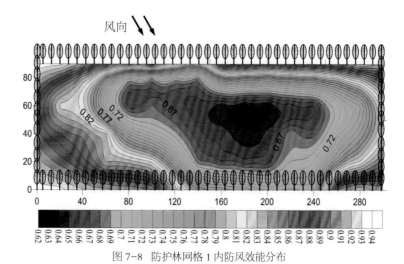

图 7-8　防护林网格 1 内防风效能分布

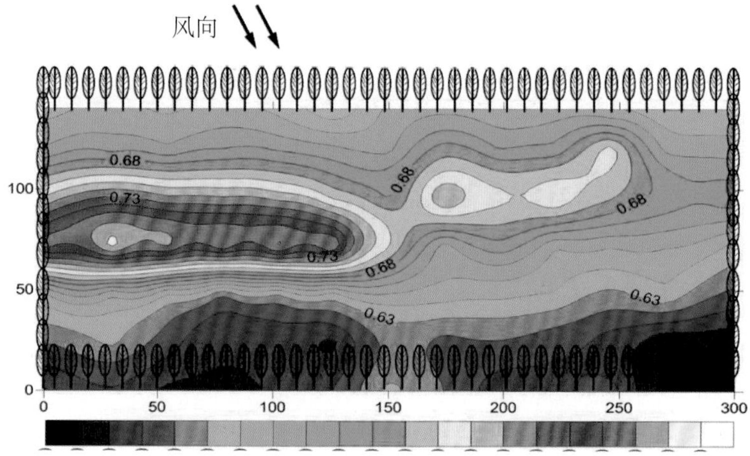

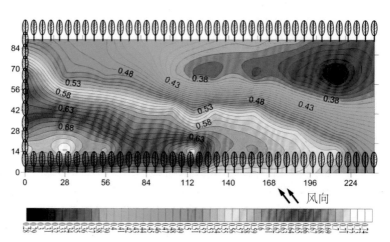

图 7-9　防护林网格 2 内防风效能分布

图 7-10　防护林网格 3 内防风效能分布

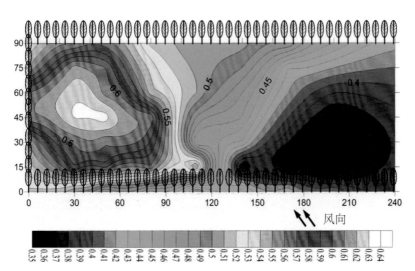

图7-11 防护林网格4内防风效能分布

259

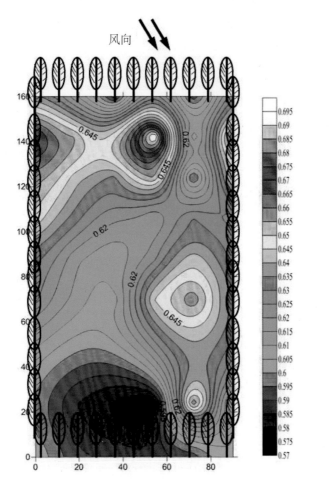

图7-12 防护林网格5内防风效能分布

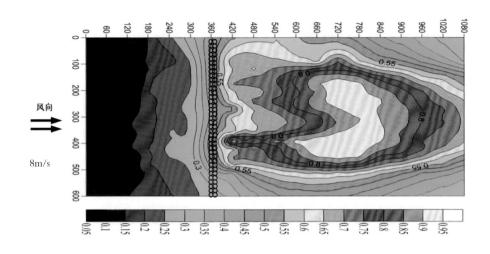

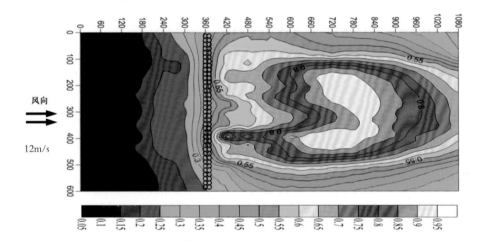

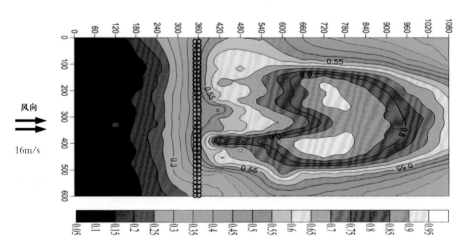

图8-7　不同风速下紧密结构6cm高林带模型防风效能

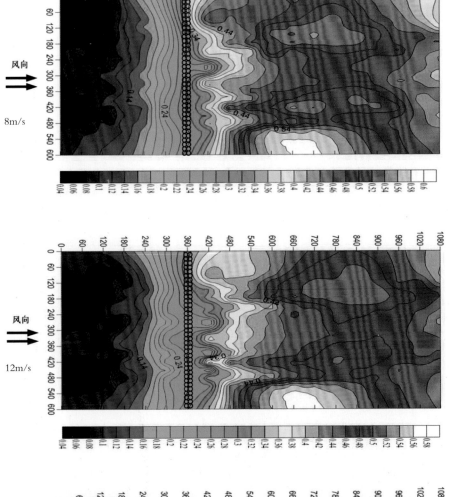

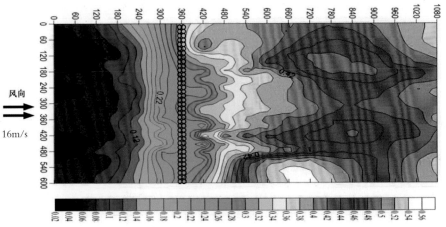

图 8-12　不同风速下疏透结构 6cm 高林带模型防风效能

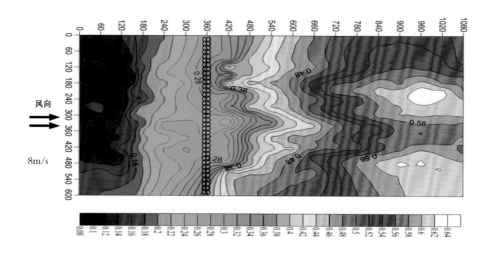

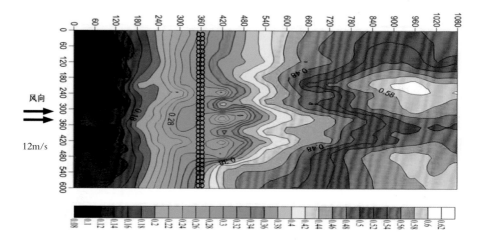

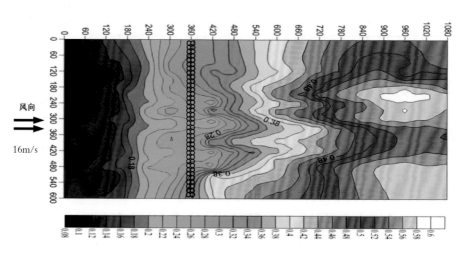

图 8-17　不同风速下疏透结构 8cm 高林带模型防风效能

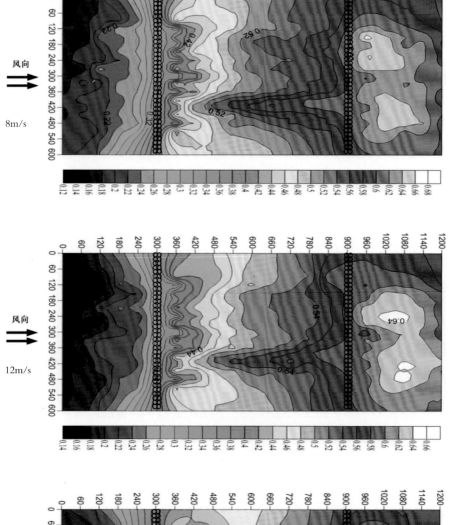

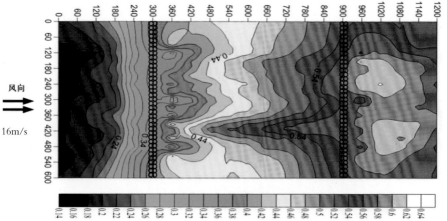

图 9-4　不同风速下 6cm 纯林林网（*D*=10*H*）模型防风效能分布

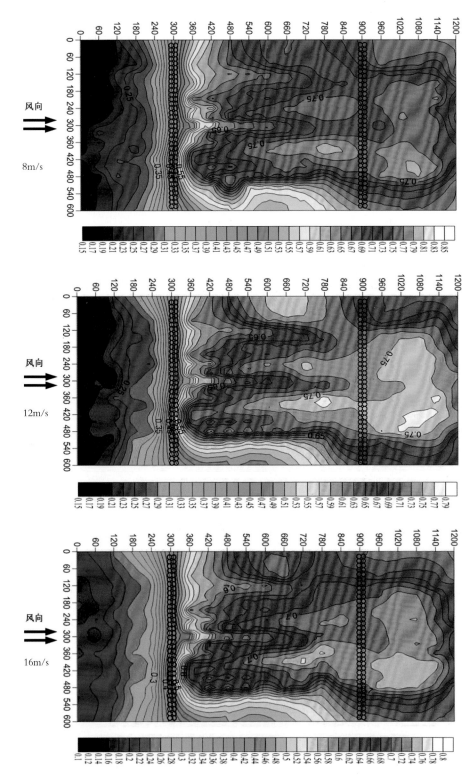

图 9-9　不同风速下 6cm 乔灌混交林网（$D=10H$）模型防风效能分布

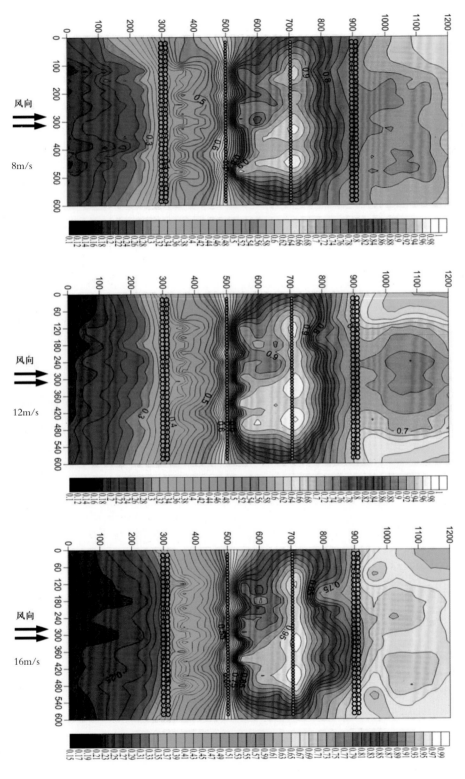

图 9-14　不同风速下乔灌混交林网优化模型（$D=10H$）防风效能分布

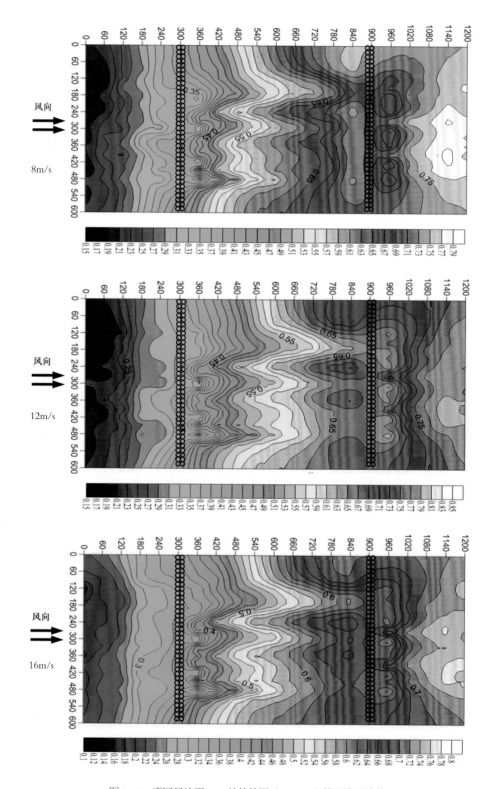

图 9-19 不同风速下 8cm 纯林林网（$D=10H$）模型防风效能

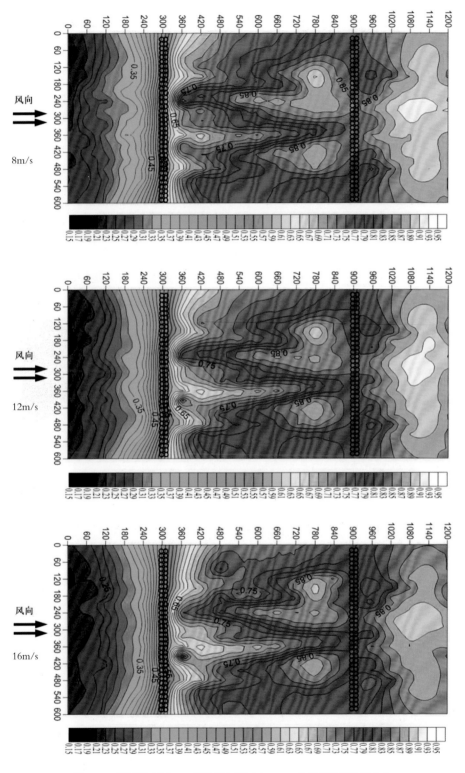

图 9-24　不同风速下 8cm 乔灌混交林网（$D=10H$）模型防风效能分布

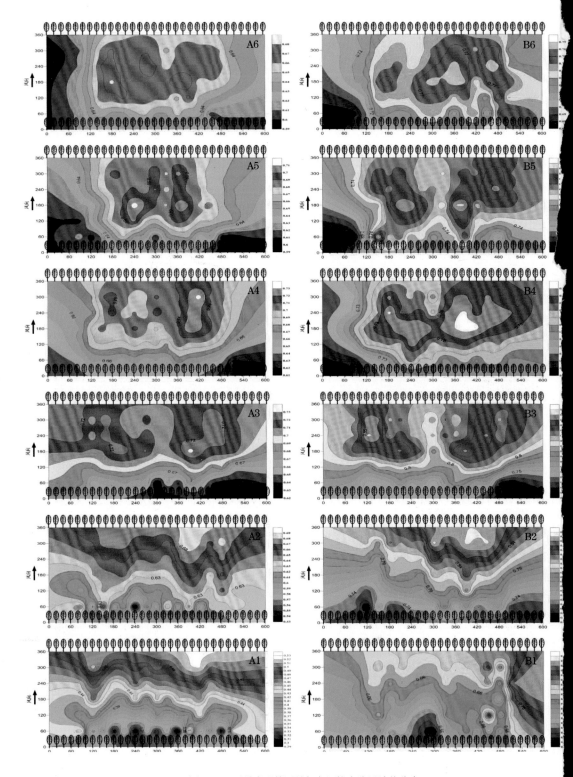

图 10-7　两种类型林网叠加各网格内防风效能分布